世纪英才中职项目教学系列规划教材（机电类专业）

电工电子技术基本功

温宇庆　主编

王国玉　主审

人民邮电出版社

北京

图书在版编目（CIP）数据

电工电子技术基本功 / 温宇庆主编. -- 北京 : 人民邮电出版社, 2010.11
世纪英才中职项目教学系列规划教材. 机电类专业
ISBN 978-7-115-23709-5

Ⅰ. ①电… Ⅱ. ①温… Ⅲ. ①电工技术－专业学校－教材②电子技术－专业学校－教材 Ⅳ. ①TM②TN

中国版本图书馆CIP数据核字(2010)第159054号

内 容 提 要

本书介绍了电工基础与电子技术基础课程的相关内容。本书通过 9 个项目的讲解，将机电专业学生所需掌握的电工、电子技术的基本知识点渗透到各个项目中。本书设计的 9 个项目分别是安全用电、万用表的组装、照明线路安装、变压器及其使用、三相异步电动机的简单控制电路、直流稳压电源的制作（三端稳压器）、亚超声波遥控开关的制作、闪光彩灯控制电路的制作和声光控电子开关的制作。

本书在内容组织、结构编排及表达方式等方面都作了很大的改革，以专业基本功为基调，以“项目教学”为指导思想，充分体现了理论和实践的结合。本书强调“先做后学、边做边学”，使学生能够快速入门，使学习电工基础、电子技术基本知识的过程变得轻松愉快。

本书既适用于中等职业学校机电类专业的教学，又能满足机电类岗位准入培训用书的要求。

世纪英才中职项目教学系列规划教材（机电类专业）

电工电子技术基本功

◆ 主　　编　温宇庆
　主　　审　王国玉
　责任编辑　丁金炎
　执行编辑　洪　婕

◆ 人民邮电出版社出版发行　　北京市崇文区夕照寺街 14 号
　邮编　100061　　电子函件　315@ptpress.com.cn
　网址　http://www.ptpress.com.cn
　北京昌平百善印刷厂印刷

◆ 开本：787×1092　1/16
　印张：13
　字数：287 千字　　2010 年 11 月第 1 版
　印数：1 – 3 000 册　　2010 年 11 月北京第 1 次印刷

ISBN 978-7-115-23709-5

定价：24.00 元

读者服务热线：(010)67132746　印装质量热线：(010)67129223
反盗版热线：(010)67171154
广告经营许可证：京崇工商广字第 0021 号

世纪英才中职项目教学系列规划教材

丛书前言

2008年12月13日，“教育部关于进一步深化中等职业教育教学改革的若干意见”【教职成〔2008〕8号】指出：中等职业教育要进一步改革教学内容、教学方法，增强学生就业能力；要积极推进多种模式的课程改革，努力形成就业导向的课程体系；要高度重视实践和实训教学环节，突出“做中学、做中教”的职业教育教学特色。教育部对当前中等职业教育提出了明确的要求，鉴于沿袭已久的“应试式”教学方法不适应当前的教学现状，为响应教育部的号召，一股求新、求变、求实的教学改革浪潮正在各中职学校内蓬勃展开。

所谓的“项目教学”就是师生通过共同实施一个完整的“项目”而进行的教学活动，是目前国家教育主管部门推崇的一种先进的教学模式。“世纪英才中职项目教学系列规划教材”丛书编委会认真学习了国家教育部关于进一步深化中等职业教育教学改革的若干意见，组织了一些在教学一线具有丰富实践经验的骨干教师，以国内外一些先进的教学理念为指导，开发了本系列教材，其主要特点如下。

（1）新编教材摒弃了传统的以知识传授为主线的知识架构，它以项目为载体，以任务来推动，依托具体的工作项目和任务将有关专业课程的内涵逐次展开。

（2）在“项目教学”教学环节的设计中，教材力求真正地去体现教师为主导、学生为主体的教学理念，注意培养学生的学习兴趣，并以“成就感”来激发学生的学习潜能。

（3）本系列教材内容明确定位于“基本功”的学习目标，既符合国家对中等职业教育培养目标的定位，也符合当前中职学生学习与就业的实际状况。

（4）教材表述形式新颖、生动。本系列教材在封面设计、版式设计、内容表现等方面，针对中职学生的特点，都做了精心设计，力求激发学生的学习兴趣。书中多采用图表结合的版面形式，力求直观明了；多采用实物图形来讲解，力求形象具体。

综上所述，本系列教材是在深入理解国家有关中等职业教育教学改革精神的基础上，借鉴国外职业教育经验，结合我国中等职业教育现状，尊重教学规律，务实创新探索，开发的一套具有鲜明改革意识、创新意识、求实意识的系列教材。其新（新思想、新技术、新面貌）、实（贴近实际、体现应用）、简（文字简洁、风格明快）的编写风格令人耳目一新。

如果您对本系列教材有什么意见和建议，或者您也愿意参与到本系列教材中其他专业课教材的编写，可以发邮件至 wuhan@ptpress.com.cn 与我们联系，也可以进入本系列教材的服务网站 www.ycbook.com.cn 留言。

丛书编委会

前言

Foreword

随着社会经济的快速发展和自动化控制在各行业中的实现，机电专业的学生不仅要掌握牢固的电工基础知识，而且对其电子线路知识也提出了更高的要求。

机电专业的学生既要有电工的基本操作技能，又要具备相应的电工基础与电子技术基础的理论知识。传统教材往往将理论知识的讲授与技能的训练分开来进行，而电工基础与电子技术基础的理论知识对于中职学生来说又比较难学，大部分学生因听不懂课而感到很郁闷，甚至厌烦学习。

本书在内容组织、结构编排及表达方式等方面都作了重大改革，以专业基本功为基础，通过做项目学习理论、学习理论指导实训，充分体现了理论和实践的结合。本书强调“先做再学、边做边学”，使学生能够快速入门，使学习电工基础与电子技术基础理论知识的过程变得轻松愉快，越学越想学。

本书共有 9 个项目，分别是安全用电、万用表的组装、照明线路安装、变压器及其使用、三相异步电动机的简单控制电路、直流稳压电源的制作（三端稳压器）、亚超声波遥控开关的制作、闪光彩灯控制电路的制作和声光控电子开关的制作，内容涵盖了电工基础与电子技术基础中的大部分理论知识。

本书在项目选择上充分考虑各学校教学设备的状况，具有实习材料易得和实用性，兼顾到教学目标与项目的可操作性。

本书由河南省安阳市电子信息学校温宇庆担任主编并完成全书统稿；河南省安阳市电子信息学校张自蕴担任副主编。参编教师分工如下：河南省信息工程学校胡羿编写项目一；河南省新乡市第一职业中专杨运芳编写项目二；河南省安阳市电子信息学校张尧峰编写项目三；河南省漯河市第一中专王永红编写项目四；河南省机电学校倪峰峰编写项目五；河南省安阳市电子信息学校张自蕴编写项目六；河南省安阳市电子信息学校温宇庆编写项目七；河南省禹州职业中专刘海峰编写项目八；河南省安阳市电子信息学校侯爱民编写项目九。

全书完稿后，由河南省学术技术带头人（中职）、河南信息工程学校王国玉高级工程师担任主审并提出宝贵意见。同时，全书在创作中得到丁金炎和杨承毅等老师的指导和帮助，在此向他们表示诚挚的谢意。

另附教学建议学时分配参考表（如下表所示），在实施中任课教师可根据具体情况适当调整。

教学建议学时分配参考表

序　号	内　容	学　时
项目一	安全用电	6
项目二	万用表的组装	12
项目三	照明线路安装	8
项目四	变压器及其使用	8
项目五	三相异步电动机的简单控制电路	16
项目六	直流稳压电源的制作（三端稳压器）	16
项目七	亚超声波遥控开关的制作	16
项目八	闪光彩灯控制电路的制作	14
项目九	声光控电子开关的制作	18
总学时数		114

由于编者水平有限，书中难免存在错误和不妥之处，恳请读者批评指正。

编　者

目录

Contents

项目一　安 全 用 电

项目情境创设

电能的广泛应用有力地推动了人类社会的发展，为人类创造了巨大的财富，也改善了人们的生活水平。但如果在生产和生活中不注意安全用电，则会给使用者带来灾害。因此，如何安全使用电能就显得非常重要。

项目学习目标

学 习 目 标		学 习 方 式	学　　时
技能目标	① 测电笔的使用 ② 万用表的使用	实验	4 学时
知识目标	① 触电及防护 ② 安全电压 ③ 触电急救 ④ 保护接地与保护接零	讲授	2 学时

项目基本功

一、项目基本技能

任务一　用测电笔检测电路带电情况

1．测电笔的结构

测电笔是广大电工经常使用的工具之一，用来判别物体是否带电。测电笔由金属笔尖、限流电阻、氖管、弹簧、笔尾金属体等几部分组成，其结构如图 1-1 所示。

2．测电笔的工作原理

测电笔的工作原理非常简单，当测电笔的金属笔尖与电源火线接触、笔尾金属体与人手接触时，电流便通过笔尖、电阻、氖管、笔尾金属体以及人体与地面回到电源地线，构成了完整的电流通路，于是经过电阻限流的微弱电流便使氖管发光。由于流过人体的电流极其微弱，所以在测带电导体时人体不会有明显触电的感觉，也不会发生触电事故。

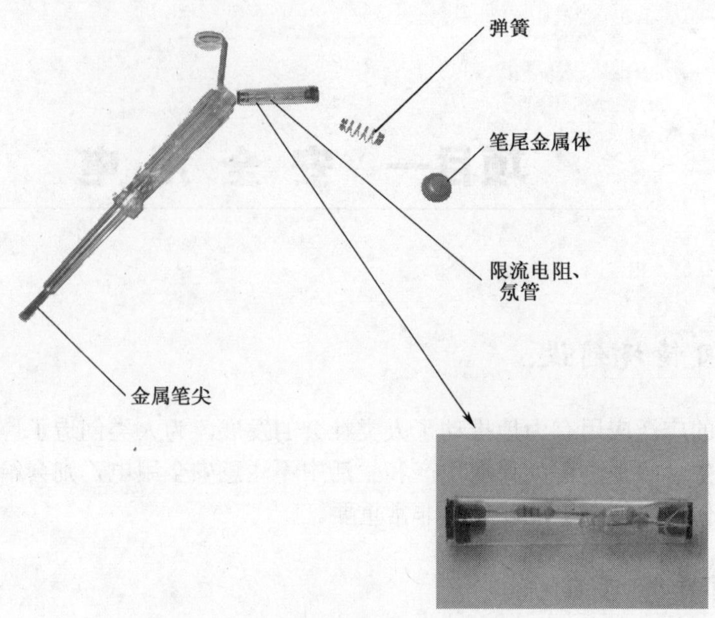

图 1-1　测电笔的结构

在日常维修工作中，无论是检修电气电路还是各类家用电器，一支小小的测电笔确实是必不可少的工具，它能方便快捷地帮助分析各类电器及设备的不少故障。测电笔可分为 3 种，即日常最普通的低压测电笔、专供矿井使用的中压测电笔、专用于配电站使用的高压测电笔，尽管 3 类测电笔适用的测量电压范围不同，但其工作原理基本一致。

3．测电笔的用途

测电笔除了可以判断物体是否带电外，还有以下几个方面的用途。

① 可以用来进行低压核对相线。具体方法是：在判断线路中任何导线之间是否同相或异相时，需要站在与大地绝缘的物体上，双手各执一支测电笔，然后在待测的两根导线上进行测试，如果两支测电笔发光很亮，则这两根导线为异相；反之，则为同相。它是利用测电笔中氖管两极间电压差值与其发光强弱成正比的原理来进行判别的，如图 1-2 所示。

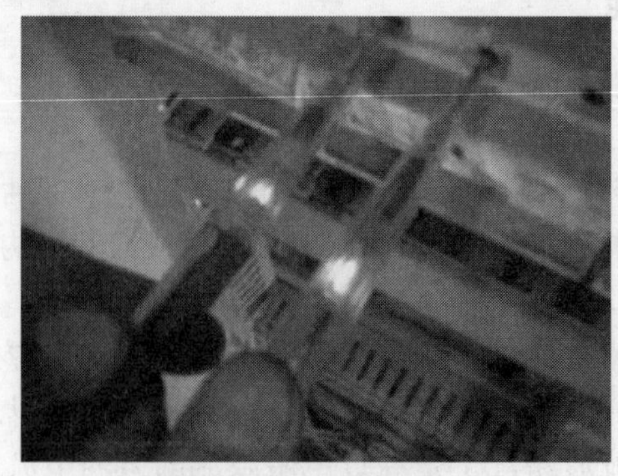

图 1-2　相线的判别

② 可以用来判别交流电和直流电。在用测电笔进行测试时，如果测电笔氖管中的两

个极都发光，则是交流电；如果两个极中只有一个极发光，则是直流电，如图 1-3 所示。

图 1-3　交、直流电的判别

③ 可以判断直流电的正负极。将测电笔接在直流电路中测试，氖管发亮时所测的那一个电极就是负极，不发亮的一极是正极。注意：测量直流电时电压必须高过 100V（根据表笔上的标示），如图 1-4 所示。

图 1-4　直流电的测量

④ 可以用来判断直流电是否接地。在对地绝缘的直流系统中，可站在地上用测电笔接触直流系统中的正极或负极，如果测电笔氖管不亮，则说明没有接地现象；如果氖管发亮，则说明有接地现象，其发亮如在笔尖端，说明为正极接地，如发亮在手指端则为负极接地。但必须指出的是，在带有接地监察继电器的直流系统中，不可采用此方法判断直流系统是否接地。

4. 测电笔的使用步骤和注意事项

（1）使用步骤（如表 1-1 所示）

表 1-1　测电笔的使用步骤

步　骤	图　示	说　明
① 正确握法		使用测电笔时，一定要用手触及测电笔尾端的金属部分，否则带电体、测电笔、人体与大地没有形成回路，测电笔中的氖管不发光，会导致误认为带电体不带电，这是十分危险的

续表

步骤	图示	说明
② 判断测电笔的好坏		在测量电气设备是否带电之前，先要找一个已知电源测试测电笔的氖管能否正常发光，能正常发光的测电笔才能使用
③ 测量待测点电压		在明亮的光线下测试带电体时，应特别注意氖管是否真正发光（或不发光），必要时可用另一只手遮挡光线仔细判别。千万不要造成误判，即将氖管发光判断为不发光，而将有电判断为无电
④ 判断分析结果		如果测电笔氖管发亮，则说明有电；如果测电笔氖管不亮，则说明无电

（2）注意事项

测电笔虽然结构简单、使用方便，但若使用时操作失误，则常常会引起误判。因此，如何正确使用测电笔，对于初学维修的人员来说很有必要了解清楚。

① 若手持测电笔触及带电体后氖管即发光，则说明被测物体带电。如果接触导电体后氖管不发光，则还不能随即就判定被测导体不带电，因为若导电体表面不洁等，也会造成测电笔与导体间接触不良。这时最好用测电笔笔尖在被测物体表面反复磨划几次，若氖管仍不发光，则可判定被测物体不带电。

② 利用测电笔判断输电线路是同相还是异相时，可将测电笔两端接出绝缘导线，分别触及两条线路导线，测电笔不能接触其他物体（包括绝缘的物体），即要使其悬空，当测电笔发光时两线为异相，不发光时两线为同相。

③ 用测电笔判断电路中是交流电还是直流电时，若测电笔氖管只有一端发亮，则说明被测电路存在直流电；若氖管两端同时发亮，则说明电路中为交流电。

④ 在直流电路需要判断正负极时，可以用测电笔触及被测电路的导线，氖管发亮的电极所接的是直流电的负极，氖管不亮的电极所接的则是直流电的正极。

⑤ 当需要判别直流电的负极与正极中哪个电极接地时，可用测电笔触及被测点，若氖管发亮，则说明直流电有一端接地。氖管前端发亮，说明电路正极接地；氖管后端发亮，则为负极接地。

⑥ 当接触电器或设备外壳时有明显的触电感，需要区别是感应电还是电路漏电时，可用测电笔触及电器或设备的外壳，若氖管一端或两端微微发出闪烁的红光，表明其外壳带的是感应电，此时用手接触外壳，氖管会熄灭；若氖管的发光亮度很强，则说明电器或设备内部存在漏电。

任务二　用万用表测电路是否有电

万用表的使用步骤和注意事项如下。

1. 数字万用表使用前的检查与注意事项

将电源开关置于“ON”状态，显示器应有数字或符号显示。若显示器出现低电压符号 [电池符号]，应立即更换内置的9V电池。

表笔插孔旁的⚠符号，表示测量时输入电流、电压不得超过量程规定值，否则将损坏内部测量线路。

测量前旋转开关应置于所需量程。测量交、直流电压或交、直流电流时，若不知被测数值的高低，可将转换开关置于最大量程挡，根据测量值再调整到合适量程重新测量。

若显示器只显示“1”，表示量程选择偏小，应将转换开关置于更高量程。

在高压线路上测量电流、电压时，应注意人身安全。

2. AT 9205B 数字万用表的操作方法（如表1-2所示）

表1-2　AT 9205B 数字万用表的操作方法

项　目	图　　示	操 作 步 骤	注 意 事 项
测直流电压		将黑表笔插入“COM”插孔，红表笔插入“V/Ω”插孔 将功能转换开关置于“V ⎓”范围的合适量程 将表笔与被测电路并联，红表笔接被测电路高电位端，黑表笔接被测电路低电位端	该仪表不得用于测量高于1000V的直流电压
测交流电压		表笔插法同“测直流电压” 将转换开关置于“V～”范围的合适量程 测量时表笔与被测电路并联，但红、黑表笔不用分极性	该仪表不得用于测量高于700V的交流电压

3. MF-47型万用表使用前的检查与注意事项

① 在使用万用表之前，应先进行机械调零，即在没有被测电量时，使万用表指针指

在零电压或零电流的位置上。

② 万用表在使用时必须水平放置，以免造成误差。

③ 万用表在使用过程中不要碰撞硬物或跌落到地面上。

④ 万用表在使用过程中不要靠近强磁场，以免测量结果不准确。

⑤ 在使用万用表过程中，不能用手去接触表笔的金属部分，这样一方面可以保证测量的准确性，另一方面也可以保证人身安全。

⑥ 在测量某一电量时，不能在测量时换挡，尤其是在测量高电压或大电流时更应注意，否则会使万用表毁坏。如需换挡，应先断开表笔，换挡后再去测量。

⑦ 万用表使用完毕，应将转换开关置于交流电压的最大挡。如果长期不使用，还应将万用表内部的电池取出来，以免电池腐蚀表内其他器件。

4. MF 47 型万用表的操作方法（如表 1-3 所示）

表 1-3　　MF47 型万用表的操作方法

项　目	图　示	操 作 步 骤	注 意 事 项
测直流电压		将黑表笔插入“−”或“COM”插孔，红表笔插入“+”插孔 将功能转换开关置于“V ⎓”范围的合适量程 将表笔与被测电路并联，红表笔接被测电路高电位端，黑表笔接被测电路低电位端	该仪表不得直接测量高于 2500V 的直流电压
测交流电压		表笔插法同“测直流电压” 将转换开关置于“V～”范围的合适量程 测量时表笔与被测电路并联，但红、黑表笔不用分极性	该仪表不得用于测量高于 2500V 的交流电压

二、项目基本知识

知识点一　触电及其预防

1. 触电及其危害

人体组织中有 60%以上是含导电物质的水分，因此人体是良导体。当人体接触设备带电部分并形成电流通路时，就会有电流流过人体，电流会使人体的各种生理机能失常或遭受破坏，如烧伤、呼吸困难、心脏麻痹等，严重时会危及生命，这就是触电现象。

触电的危害性与通过人体电流的大小、时间的长短及电流频率都有关系，一般认为，若有 50mA 的电流流经人体即能致命。触电致命的因素还与电流流过人体的部位有关，由于心脏是人体的关键部位，通过心脏的电流越大，危险性亦越大，所以电流沿手到前胸经另一只手触电时，危险性最大。

2. 常见的触电形式

（1）单相触电

单相触电指人体的一部分接触一相带电体而引起的触电。随意玩弄电源插座或导线、接触没有绝缘皮或绝缘皮损坏（如受潮、接线桩头包扎不当）的导线及与导线连通的导体、用电器金属外壳带电（俗称漏电）等是引起单相触电的原因，如图 1-5 所示。

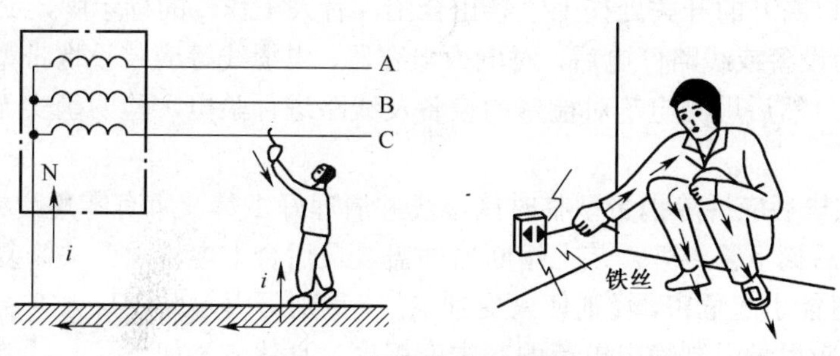

图 1-5 单相触电示意图

（2）双相触电

双相触电是指人体有两处同时接触带电的任何两相电源线时的触电，如图 1-6 所示。若安装、检修电路或电气设备时没有切断电源，则容易发生这类触电事故。

（3）跨步电压触电

高压（6000V 以上）带电体断落在地面上，在接地点的周围会存在强电场，当人走近断落高压线的着地点时，将因两脚之间承受跨步电压而触电，如图 1-7 所示。

图 1-6 双相触电示意图

图 1-7 跨步电压触电示意图

3. 触电预防措施

为了防止发生触电事故，电气设备常采用保护接地和保护接零措施。此外，在各种形式的短路和带负载断开电路等情况下，人体都可能由于发生电弧而烧伤。

为了更好地使用电能，防止触电事故的发生，必须采取一些安全措施。

① 各种电气设备，尤其是移动式电气设备，应建立定期检查制度，如发现故障或与有关规定不符合时，应及时加以处理。

② 使用各种电气设备时，应严格遵守操作制度，不得将三脚插头擅自改为二脚插头，也不得直接将线头插入插座内用电。

③ 尽量不要带电工作，特别是在危险场所（如工作地很狭窄，工作地周围有对地电压在 250V 以上的导体等），禁止带电工作。如果必须带电工作，则应采取必要的安全措施（如站在橡胶毡上或穿绝缘橡胶靴，附近的其他导体或接地处都应用橡胶布遮盖，并需要有专人监护等）。

④ 停电检修的安全操作规程具体如下。

a．将检修设备停电，把各方面的电源完全断开，禁止在只经断路器断开电源的设备上工作。在已断开的开关处挂上“禁止合闸，有人工作”的标示牌，必要时加锁。

b．检修的设备或线路停电后，对电力电容器、电缆线等应装设携带型临时接地线并用绝缘棒放电，然后用测电笔对检修的设备及线路进行验电，验明确实无电后方可着手检修。

c．检修完毕后应拆除携带型临时接地线并清理好工具及所有零角废料，待各点检修人员全部撤离后摘下警告牌，装上熔断器插盖，最后合上电源总开关恢复送电。

⑤ 静电可能引起危害，轻则使人受到电击，重则可引起爆炸与火灾，导致严重后果。消除静电首先应尽量限制静电电荷的产生或积聚。具体方法如下。

a．良好的接地，以消除静电电荷的积累。

b．提高设备周围的空气湿度至相对湿度 70%以上，加快静电电荷的逸散。

c．用电荷中和的措施，在形成电荷最强烈的地方安装放电针，使电荷得到中和，消除静电。

d．采用能防止产生静电的生产过程，如减少摩擦、防止液体摇晃、防止灰尘飞扬等。

e．在低导电性物质中掺入导电性能良好的物质。

⑥ 有条件时，还可在电路中安装性能可靠的漏电保护器。

⑦ 严禁利用大地作中性线，即严禁采用三线一地制、二线一地制或一线一地制。

⑧ 在发生电气火灾时应采取以下措施。

a．发现电子装置、电气设备、电缆等冒烟起火时，要尽快切断电源。

b．发生电气火灾时，应立即拨打 119 报警，并且使用沙土或专用灭火器进行灭火。

c．灭火时避免将身体或灭火工具触及导线或电气设备。

知识点二　安全电压

所谓安全电压，是指为防止触电事故而由特定电源供电时所采用的电压系列。这个电压系列的上限值是在任何情况下，两导体间或任一导体与地之间均不得超过交流（50～500Hz）有效值 50V。安全电压也是指不致使人直接致死或致残的电压。一般环境条件下允许持续接触的安全电压是 36V。

1．人体对电流的反应

以工频电流为例。当 1mA 左右的电流通过人体时，人会产生麻刺等不舒服的感觉；当 10～30mA 的电流通过人体时，人会产生麻痹、剧痛、痉挛、血压升高、呼吸困难等症状，但通常不至于有生命危险；当通过人体的电流达到 50mA 以上时，就会使人心室颤动而有生命危险；当通过人体的电流达到 100mA 以上时，足以置人于死地。

2. 伤害程度与通电时间的关系

电流通过人体的时间愈长，则伤害愈大。

3. 伤害程度与电流途径的关系

电流的路径通过心脏会导致人神经失常、心跳停止、血液循环中断，危险性最大。其中，电流从右手到左脚的路径是最危险的。

4. 伤害程度与电流种类的关系

电流频率在 40～60Hz 对人体的伤害最大。

5. 伤害程度与人体状况的关系

电流对人体的作用，女性较男性敏感；儿童遭受电击较成人危险；同时，伤害程度还与体重有关系。

6. 伤害程度与人体电阻的关系

在一定的电压作用下，通过人体电流的大小与人体电阻有关。人体电阻因人而异，它与人的体质，皮肤的潮湿程度，触电电压的高低，人的年龄、性别以及工种职业等都有关系。

根据生产和作业场所的特点，采用相应等级的安全电压，是防止发生触电伤亡事故的根本性措施。国家标准《安全电压》（GB 3805—1983）规定我国安全电压额定值的等级为 42V、36V、24V、12V 和 6V，应根据作业场所、操作员条件、使用方式、供电方式、线路状况等因素选用。GB/T 3805—1993 是一项判断人是否有危险电压的最权威的基础标准。在最不利的条件下（除医疗及人体浸没在水中外），这种限值是：15～100Hz 交流电压（有效值）不超过 16V；无纹波直流下为 35V。其中 50Hz 交流 16V 的数值，较现今我国工程习惯还采用的 36V 低很多；更低于 GB 4706—1998（家用和类似用途电器的安全）中所规定的安全特低电压不超过 42V 的数值。

知识点三　触电事故的急救

抢救触电者的经验原则是八字方针：迅速、就地、准确、坚持。

迅速——争分夺秒使触电者脱离电源，并且迅速拨打 120 电话请求医疗援助。

就地——从触电时算起，5min 以内及时抢救，救生率在 90%左右；10min 以内抢救，救生率在 60%左右；超过 15min 抢救，则救生希望甚微。迅速拨打 120 电话请求医疗援助后，在医务人员到达之前，施救者可以采取人工呼吸和心脏挤压的急救方法。

准确——人工呼吸法的动作必须准确。

坚持——只要有百分之一的希望，就要尽百分之百的努力去抢救。

下面介绍 5 种触电急救法。

1. 胸外心脏挤压法

胸外心脏挤压法是指双手有节律地按压胸骨下部，间接压迫心脏，使其排出血液，然后双手突然放松，让胸骨复位，心脏舒张，接受回流血液，靠人工维持血液循环，如图 1-8 所示。

胸外心脏挤压法的口诀如下：掌根下压不冲击，突然放松手不离；手腕略弯压一寸，一秒一次较适宜。

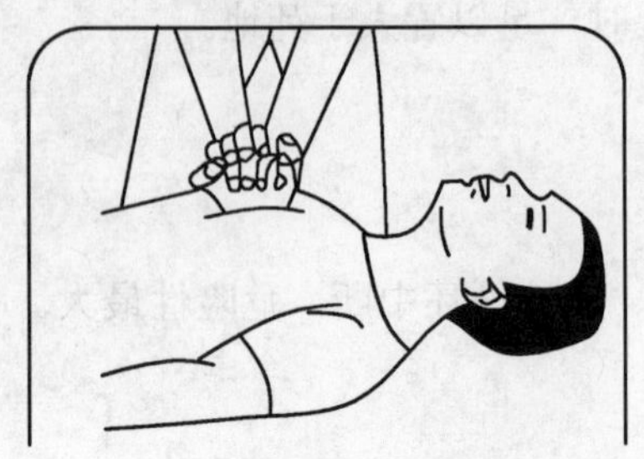

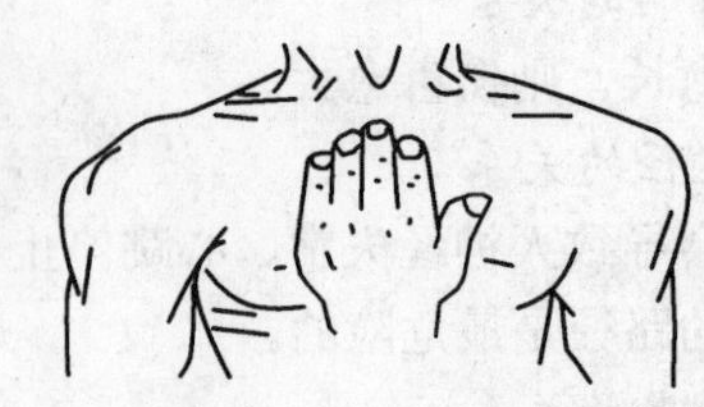
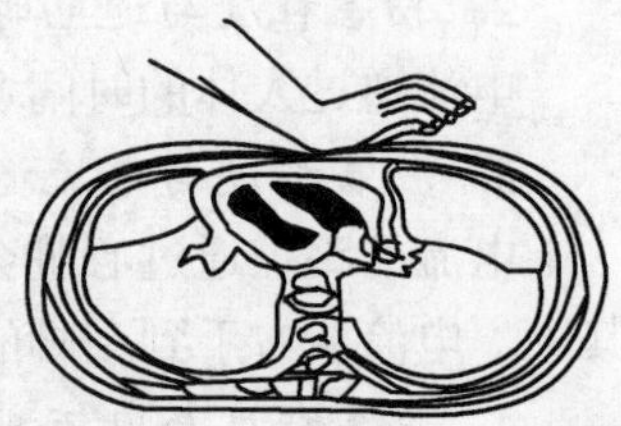

（a）胸外心脏挤压法一　（b）胸外心脏挤压法二　（c）胸外心脏挤压解剖示意

图 1-8　胸外心脏挤压法

2. 口对口吹人工呼吸法

这种方法是用人工方法使气体有节律地进入触电者的肺部，再排出体外，使触电者获得氧气，排出二氧化碳，人为地维持触电者的呼吸功能。其操作要领如下。

① 使触电者仰卧，头部尽量后仰（先拿走枕头）。

② 操作者腰旁侧卧，一手抬高触电者下颌，使其口张开，用另一只手捏住触电者的鼻子，保证吹气时不漏气。但是，如果在触电者嘴上盖一块手帕，可能影响吹气效果，如图 1-9 所示。

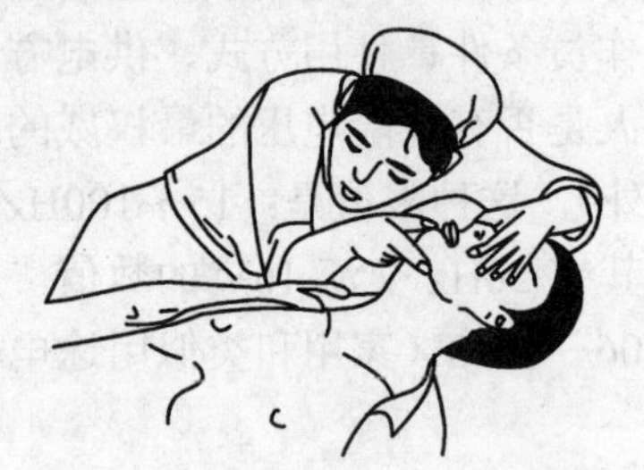
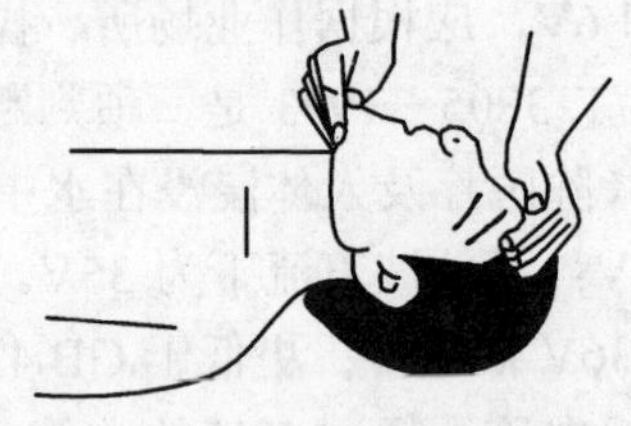
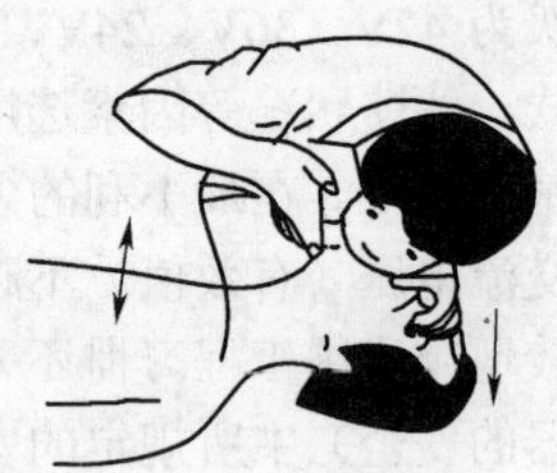

（a）头部后仰　（b）使嘴张开　（c）口对口吹气

图 1-9　口对口吹人工呼吸法

口对口吹人工呼吸法的口诀如下：张口捏鼻手抬颌，深吸缓吹口对紧；张口困难吹鼻孔，五秒一次坚持吹。

3. 摇臂压胸法

其操作要领如下。

① 使触电者仰卧，头部后仰。

② 操作者在触电者头部，一只脚作跪姿，另一只脚半蹲，两手将触电者的双手向后拉直。压胸时，将触电者的手向前顺推，至胸部位置时，将两手向胸部靠拢，用触电者两手压胸部。在同一时间内还要完成以下几个动作：跪着的一只脚向后蹬（成前弓后箭状），半蹲的前脚向前倒，然后用身体重量自然向胸部压下。压胸动作完成后，将触电者的手向左右扩张。完成后，将触电者的两手往后顺向拉直，恢复原来位置。

③ 压胸时不要有冲击力，两手关节不要弯曲，压胸深度要看对象，对小孩不要用力过猛，对成年人每分钟完成 14～16 次，如图 1-10 所示。

摇臂压胸法的口诀如下：单腿跪下手拉直，双手顺推向胸靠；两腿前弓后箭状，胸压力量要自然；压胸深浅看对象，用力过猛出乱子；左右扩胸最要紧，操作要领勿忘记。

4. 俯卧压背法（此法只适用于触电后溺水的情况）

其操作要领如下。

① 使触电者俯卧，触电者的一只手臂弯曲枕在头上，脸侧向一边，另一只手在头旁伸直。操作者跨腰跪，四指并拢，尾指压在触电者背部肩胛骨下（相当于第7对肋骨），如图1-11所示。

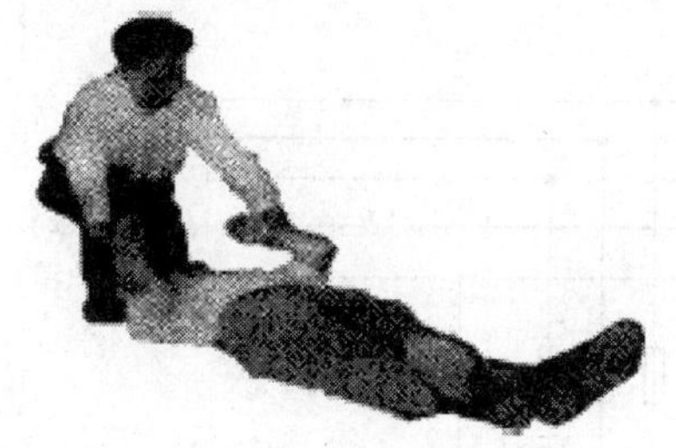

图1-10　摇臂压胸法

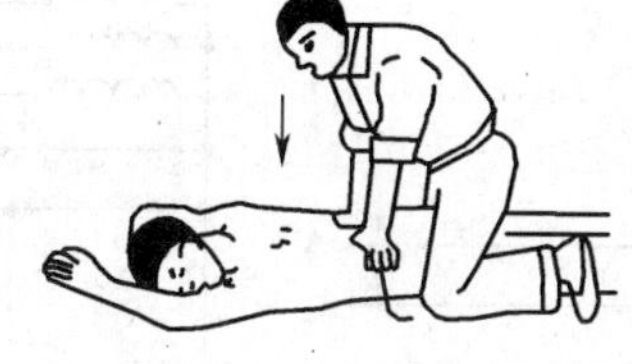

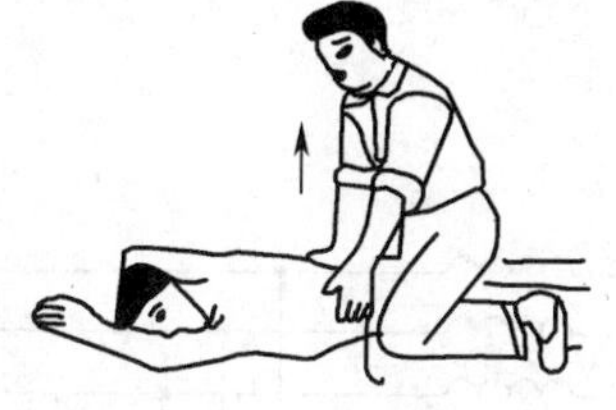

图1-11　俯卧压背法

② 按压时，操作者手臂不要弯曲，用身体重量向前压。向前压的速度要快，向后收缩的速度可稍慢，每分钟完成14～16次。

③ 触电后溺水，可将触电者面部朝下平放在木板上，木板向前倾斜10度左右，给触电者腹部垫放柔软的垫物（如枕头等），这样压背时会迫使触电者将吸入腹内的水吐出。

俯卧压背法的口诀如下：四指并拢压一点，挺胸抬头手不弯；前冲速度要突然，还原速度可稍慢；抢救溺水用此法，倒水较好效果佳。

5. 人工呼吸法的注意事项

① 松衣扣、解裤带，使触电者易于呼吸。

② 清理呼吸道——将触电者口腔内的食物以及可能脱出来的假牙取出，若口腔内有痰，可用口吸出。

③ 维持好现场秩序——非抢救人员不准围观。

④ 派人向医院、供电部门求援，但千万不要打强心针。

知识点四　保护接零和保护接地

在工厂的供配电系统中，需要采用可靠的保护环节来避免触电事故的发生。目前在工厂高、低压系统中，采用了中性点不接地和中性点直接接地两种供电系统，两种系统在设备发生对外壳短路时的漏电电流是不同的，如果不能采用正确的保护措施，就会造成人为的触电危险，使供电系统处于不正常的运行状态。对于接地和接零保护系统、防雷和弱电保护系统，都要注意使用接地电阻和接地体的正确设置方法和应用方法。

1. 保护接地

将用电设备的金属外壳直接与大地相连的措施即保护接地。保护接地可防止在绝缘损坏或意外情况下金属外壳带电时强电流通过人体，以保证人身安全，如图1-12所示。

2. 保护接零

多相制交流电力系统中，把星形连接绕组的中性点直接接地，使其与大地等电位，即为零电位。由接地的中性点引出的导线称为零线。保护接零就是把用电设备的金属外壳和电网的零线相连接，以保护人身安全的一种用电安全措施。在电压低于 1000V 的接零电网中，若电工设备因绝缘损坏或意外情况而使金属外壳带电，形成相线对中性线的单相短路时，则线路上的保护装置（自动开关或熔断器）迅速动作，切断电源，从而使设备的金属部分不致于长时间存在危险的电压，这样就保证了人身安全，如图 1-13 所示。

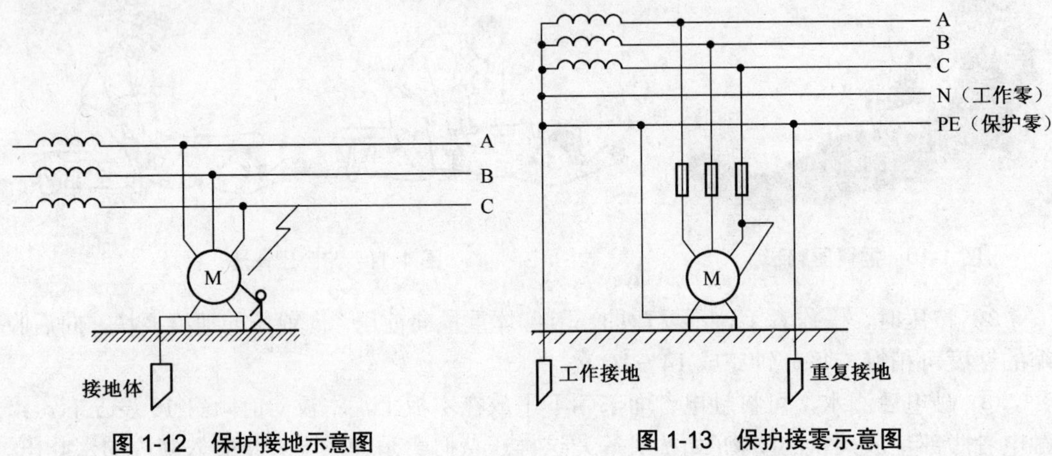

图 1-12　保护接地示意图

图 1-13　保护接零示意图

在同一电源供电的电工设备上，不容许一部分设备采用保护接零，另一部分设备采用保护接地，如图 1-14 所示。因为当保护接地的设备外壳带电时，若其接地电阻 r_k 较大，故障电流 I_k 不足以使保护装置动作，则因工作电阻 r_k 的存在，使中性线上一直存在电压 $U_0=I_k r_k$，此时，保护接零设备的外壳上长时间存在危险的电压 U_0，将会危及人身安全。

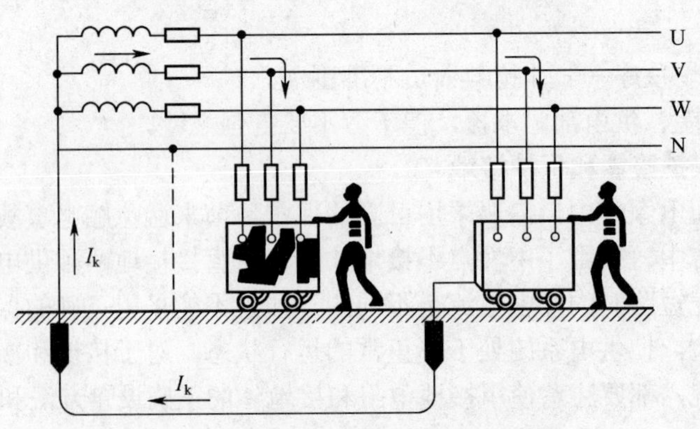

图 1-14　保护接地和保护接零混用情况

保护接地与保护接零的目的都是为了保证用电设备的正常工作和保护操作人员的生命安全。

项目学习评价

一、思考练习题

1．如何使用测电笔判断用电器是否带电？

2．使用万用表时有哪些注意事项？

3．什么是保护接地？什么是保护接零？

4．安全电压现有的标准是什么？36V 是绝对安全电压吗？

5．常见的触电形式有哪 3 种？主要发生在什么场合？

6．如何预防触电事故的发生？如果有人触电了，应该如何处理？

7．如何正确地做胸外心脏挤压和人工呼吸？

二、自我评价、小组互评及教师评价

评价方面	项目评价内容	分值	自我评价	小组互评	教师评价	得分
理论知识	① 安全工作电压的级别	10				
	② 测电笔的作用	10				
	③ 正确预防触电事故的发生	10				
	④ 保护接地与保护接零的选择	10				
实操技能	① 使用测电笔检测用电器是否带电	15				
	② 使用万用表检测相应电源的电压	10				
	③ 用万用表检测用电器的表面是否带电	20				
学习态度	① 严肃认真的学习态度	5				
	② 严谨条理的工作态度	5				
安全文明生产	文明拆装，实习后清理实习现场，保证不漏装元器件和螺丝	5				

三、个人学习总结

成功之处	
不足之处	
改进方法	

项目二　万用表的组装

项目情境创设

万用表是一种常用的电工仪表，是对电工电子器具和各种设备进行维修检测的基本工具之一。我们要通过本项目中对万用表的组装，学习并掌握电子设备组装的基本技能和万用表的使用常识，同时要学习电工电路知识的基本概念、基本理论和基本定律以及它们在万用表原理中的应用。

项目学习目标

学 习 目 标		学 习 方 式	学　时
技能目标	① 学习电工知识的基本概念、基本理论和基本定律 ② 掌握基本理论和基本定律的应用	实验	8 学时
知识目标	① 学会使用一些常用的电工工具及仪表 ② 学会安装、调试、使用万用表，并学会排除万用表的常见故障	讲授	4 学时

项目基本功

一、项目基本技能

任务一　元器件的识别及检测

1. 电阻的识别及检测

（1）电阻的识别

电阻在电路中的主要应用是降压、限流。

① 常见电阻的种类

常见电阻按结构形式分类，可分为固定电阻和可调电阻两大类。

固定电阻：这种电阻的阻值是固定不变的，阻值大小就是它的标称阻值。其种类有碳膜电阻、金属膜电阻、合成膜电阻、线绕电阻等。固定电阻的符号如图 2-1 所示。

可调电阻：这种电阻的阻值可以在小于标称值的范围内变化，又称为电位器或滑动电阻。万用表欧姆挡调零电位器 RP 就是这种元件。可调电阻的符号如图 2-2 所示。

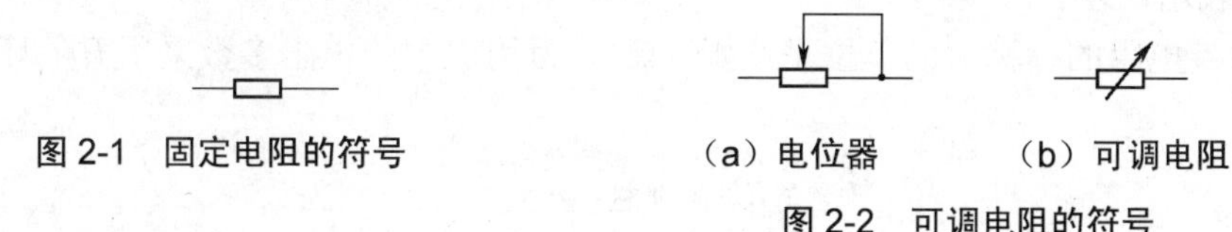

图 2-1　固定电阻的符号

（a）电位器　（b）可调电阻

图 2-2　可调电阻的符号

② 电阻的主要参数

电阻的主要参数有标称阻值、阻值误差、额定功率、最高工作电压、最高工作温度、静噪声电动势、温度特性、高频特性等。一般情况下仅考虑前 3 项参数，后几项参数只在特殊需要时才考虑。

③ 标称阻值的表示方法

标称阻值的常见表示方法有直标法和色标法，此外还有数字表示法。

直标法：就是在电阻的表面直接用数字和单位符号标出产品的标称阻值，其允许误差直接用百分数表示，如图 2-3 所示。直标法的优点是直观、一目了然，但体积小的电阻无法这样标注。

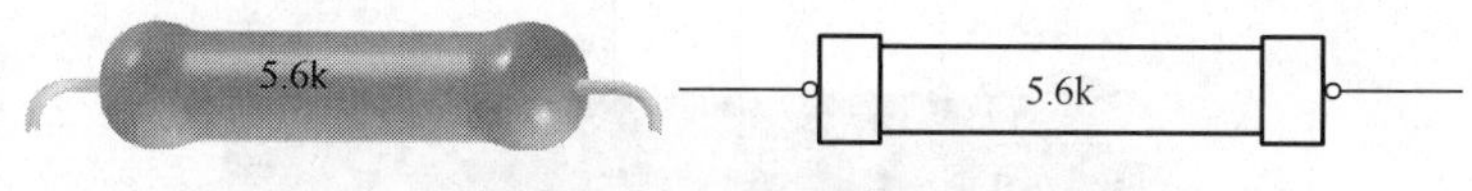

图 2-3　电阻的直标法

色标法：就是用不同色环标明电阻的阻值及误差。色标法具有标志清晰、从各个角度都容易看清标志的优点。各种颜色表示的数值应符合表 2-1 的规定。

表 2-1　色环电阻颜色标记

颜色	第 1 位数字	第 2 位数字	第 3 位数字（五环电阻）	倍乘数	误差
黑		0	0	$\times10^0$	
棕	1	1	1	$\times10^1$	±1%
红	2	2	2	$\times10^2$	±2%
橙	3	3	3	$\times10^3$	
黄	4	4	4	$\times10^4$	
绿	5	5	5	$\times10^5$	±0.5%
蓝	6	6	6	$\times10^6$	±0.25%
紫	7	7	7	$\times10^7$	±0.1%
灰	8	8	8	$\times10^8$	
白	9	9	9	$\times10^9$	
金	注：第 3 位数字是五环电阻才有的			$\times10^{-1}$	±5%
银				$\times10^{-2}$	±10%
无色					±20%

普通电阻用 4 条色环表示阻值及误差，其中 3 条表示阻值，1 条表示误差，如图 2-4 所示。精密电阻用 5 条色环表示标称阻值和允许误差，如图 2-5 所示，其中 4 条表示阻值，1 条表示误差。

注意：电阻的标称值的单位是欧姆（Ω），万用表中的电阻多数采用五色环电阻。

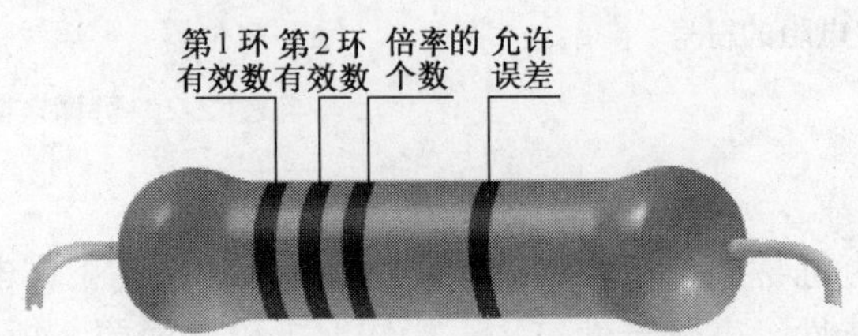

图 2-4　四色环电阻色环表示说明

四色环电阻的阻值等于第 1、第 2 色环数值组成的 2 位数乘以第 3 色环表示的倍率（10^n）。

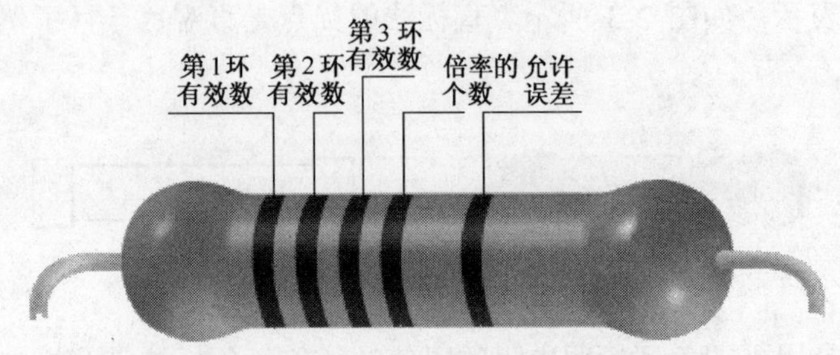

图 2-5　五色环电阻色环表示说明

五色环电阻的阻值等于第 1、第 2、第 3 色环数值组成的 3 位数乘以第 4 环表示的倍率（10^n）。

例：图 2-6 所示为 M47 万用表中的电阻，色环依次为蓝、灰、棕、金。查表 2-1 可知第 1 蓝环表示 6，第 2 灰环表示 8，第 3 棕环表示 1，第 4 金环表示±5%的误差。

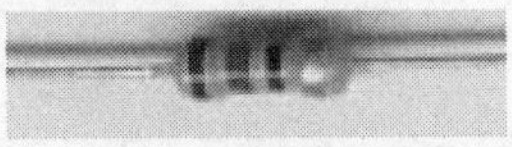

图 2-6　色环电阻

利用上式可得：6 与 8 组成 68 乘以 10^1，结果为 680。识别出这是 680Ω±5%的电阻。

数字表示法：对于一些体积极小的电阻，如贴片电阻元件，由于体积较小无法用上述两种方法标其阻值，这时可采用数字表示法。数字表示法用 3 位有效数字表示电阻阻值的大小，其中，前 2 位数值表示实际数，第 3 位则表示 10 的次方数，即 0 的个数，单位是欧姆（Ω）。例如，473 表示 47×10^3=47（kΩ）。

④ 电阻阻值误差

电阻的实际阻值并不完全与标称阻值相符，二者之间存在着误差。误差在色环电阻中也用色环表示，具体可依据表 2-1 判断。

例：图 2-7 所示为 M47 万用表中的电阻，色环依次为棕、黑、棕、黑、棕。查表 2-1

可知第 1 棕环表示 1，第 2 黑环表示 0，第 3 棕环表示 1，第 4 黑环表示 10^0，第 5 棕环表示±1%的误差。利用上式可得：1、0、1 组成 101 乘以 10^0，结果为 101。识别出这是 101Ω±1%的电阻。

例：图 2-8 所示为 M47 万用表中的电阻，色环依次为蓝、紫、绿、黄、棕。查表 2-1 可知第 1 蓝环表示 6，第 2 紫环表示 7，第 3 绿环表示 5，第 4 黄环表示 10^4，第 5 棕环表示±1%的误差。利用上式可得：6、7、5 组成 675 乘以 10^4，结果为 6.75MΩ。识别出这是 6.75MΩ±1%的电阻。

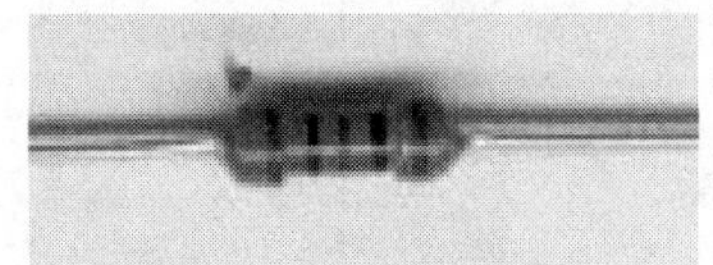

图 2-7　五色环电阻 1

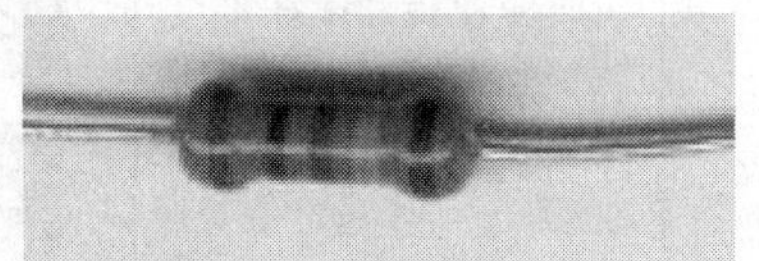

图 2-8　五色环电阻 2

⑤ 电阻额定功率

电阻接入电路后，通过电流时会发热，当温度过高时会烧毁电阻。所以对于电阻来说，不但要选择合适的阻值，还要考虑电阻的额定功率。

在电路图中，通常不加功率标注的电阻均为 1/8W，M47 万用表的电阻多为 1/4W。如果电路对电阻的功率值有特殊要求，就按图 2-9 所示的符号标注，或用文字说明。实际中不同功率的电阻体积是不同的，一般来说，功率越大，电阻的体积就越大。读者可以参考图 2-10 进行学习。

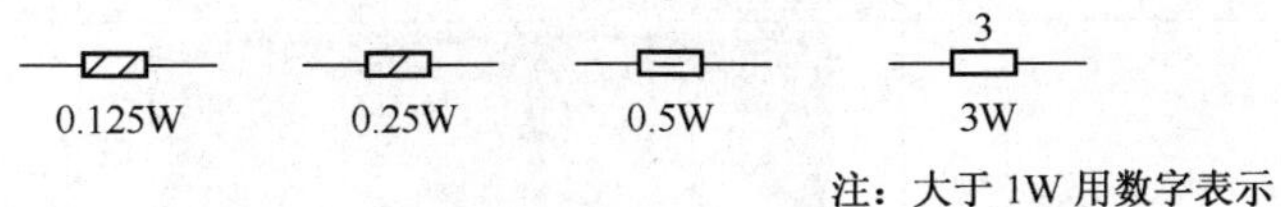

注：大于 1W 用数字表示

图 2-9　电阻的功率标注

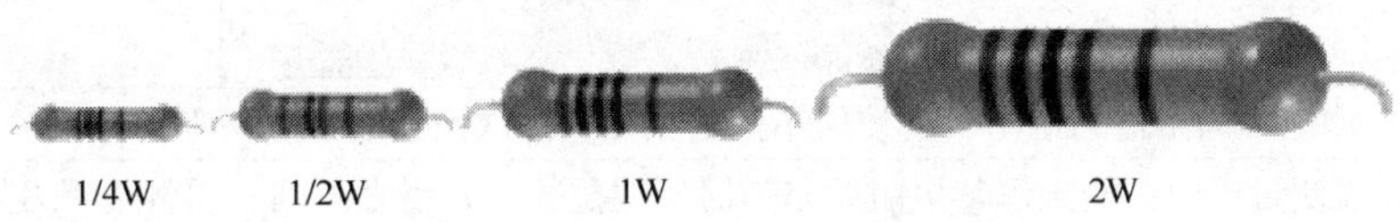

图 2-10　不同功率的电阻体积实物对比

⑥ 电位器

电位器是一种可以连续调节阻值的电子元件，通过调节可以得到不同的阻值或按一定规律变化的输出电压。

（2）电阻的检测

每个元器件在焊接前都要用万用表检测其参数是否在规定的范围内。电阻的检测步骤和方法见表 2-2。

表 2-2 电阻的检测步骤和方法

步　骤	操作方法	图　示	备　注
①	选择挡位：测量阻值时应将万用表的挡位开关旋钮调整到电阻挡，预读被测电阻的阻值，估计量程，将挡位开关旋钮打到合适的量程。为使测量较为准确，测量时应使指针指在刻度线中心位置附近		以 5kΩ 电阻为例，挡位应在 R×100 挡
②	欧姆挡调零：短接红、黑表棒，调整欧姆挡调零电位器旋钮，将万用表调零		一般在 R×100 挡和 R×1k 挡调换时，如果已进行过调零，则调换挡位后不需要重新调零
③	测量：将待测电阻接到红、黑表笔之间		注意不要将手或其他物品并联到电阻的两侧，以免造成读数误差
④	读值：将表头读数乘以挡位的倍率即为电阻的阻值		读值为 50，挡位为 R×100 挡，则阻值为 50×100=5kΩ
⑤	测量不同阻值的电阻时要使用不同的挡位，每次换挡后都要调零		
用数字万用表测量电阻：如果测量电阻的阻值时用的是数字万用表，则只需将数字万用表打到相应的挡位（注意数字万用表的挡位是待测的最大值，选择的挡位应尽量接近待测电阻）进行测量，便可直接读出待测电阻的阻值			

2．电容的识别及检测

（1）电容的识别

电容的特点是频率高的信号容易通过而频率低的信号不易通过。其主要应用是滤波、隔直、耦合、旁路。

① 电容的符号

在电路中，常见的不同种类电容的符号如图 2-11 所示。

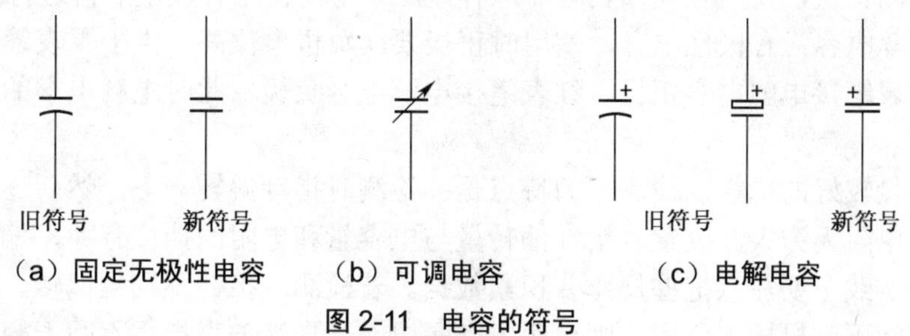

（a）固定无极性电容　（b）可调电容　（c）电解电容

图 2-11　电容的符号

② 电容的主要参数

标称容量：电容的容量是指电容两端加上电压后它能储存电荷的能力。同样电压下储存电荷越多，电容量越大；反之，电容量越小。标在电容表面上的容量数值称为电容的标称容量。电容容量的单位有法拉（F）、毫法（mF）、微法（μF）、纳法（nF）、皮法（pF）。它们之间的换算关系是：

$$1\text{F}=10^3\text{mF}=10^6\mu\text{F}=10^9\text{nF}=10^{12}\text{pF}$$

额定耐压值：电容的耐压是表示电容接入电路后，能连续可靠地工作并不被击穿时所能承受的最大直流电压。

误差：电容的标称容量与实际容量的差值。

③ 容量标注方法

直标法：在电容表面直接标注容量值。电解电容由于体积较大，通常采用直标法。将其容量、耐压直接表示出来。而对于其他材料、体积较小的电容，通常将容量的整数部分写在容量单位的前面，容量的小数部分写在容量单位的后面。还有不标单位的情况，当用 1～4 位数字表示时，容量单位为皮法（pF）；当用零点零几或零点几数字表示时，单位为微法（μF）。

例：0.01 表示 0.01μF；6800 表示 6800pF；270 表示 270pF。

数码表示法：

一般用 3 位数表示电容容量的大小。前面 2 位数字为容量有效值，第 3 位表示有效数字后面零的个数，单位是皮法（pF）。

例：331 表示 330pF；223 表示 22000pF。

在这种表示方法中有一个特殊情况，就是当第 3 位数字用“9”表示时，表示有效值乘以 10^{-1}。

例：229 表示 $22\times10^{-1}=2.2$（pF）。

色标法：国外某些厂家的电容也有采用色标法表示的，其识别方法和电阻的识别方法一样。

（2）电容的检测

① 用指针式万用表检测电容充电过程的方法及步骤

（a）选择合适的挡位，一般容量在 0.01μF 以下的，用万用表不能测量出来。对于小于 0.1μF 的电容，可以选×10k 挡；对于 1～10μF 的电容，选×1k 挡；对于 47μF 以上的电容，选×100 挡或×10 挡，再大的就要选×1 挡了。

（b）每测一次，需用导线或表笔对电容短路一下，待电容放电后再进行下次测试。

（c）电解电容为有极性电容，使用时正极要比负极电位高。由于黑表笔接表内电池正极，故黑表笔接电解电容正极，红表笔接电解电容负极，此时电解电容的漏电小，反接则漏电大。

对于质量较好的电容，检测时的特点是：检测时指针偏转一下，然后逐渐返回到机械零（就是电阻无穷大）位置。指针偏转量与电容量和电阻的挡位有关，偏转角度大说明容量大。实践中要注意把握规律并积累数据。若检测时指针不发生偏转，则说明无容量。若指针回不到机械零位置，则说明电容漏电。若指针一直指零不回无穷大，则说明电容短路。需要注意的是，电解电容或多或少存在漏电。当电解电容加上正向电压（黑表笔接电解电容的正极，红表笔接电解电容的负极）时，漏电较小，这也可以作为电解电容极性的判断方法。

② 用数字万用表检测电容的方法

（a）根据待测电容容量的大小选择合适的量程（数字万用表的电容挡位有 200pF、2nF、20nF、200nF、2μF、20μF、200μF，有些型号的万用表还有 2000μF 挡）。

（b）将待测电容放电后插入电容插孔（有极性电容时注意插对极性）。

（c）从显示窗口直接读出电容容量的数值。

例如，要测一个标称值为 4.7μF 电容的实际容量，应先将万用表挡位调到 20μF 挡，再将电容 2 个引脚短接放电，将放电后的电容插到万用表的电容插孔（注意极性），如图 2-12（a）所示，测试万用表的显示盘显示出电容的容量为 5.4μF。

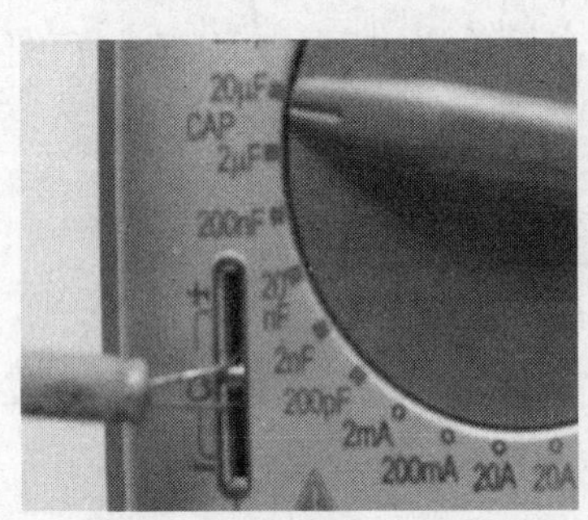

（a）挡位

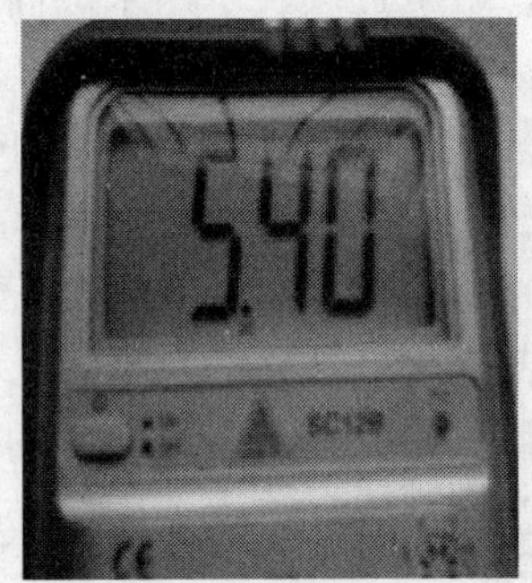

（b）读数

图 2-12　数字万用表测量电容

③ 用电容表测量电容

测量电容比较准确的仪器是电容表，其优点是：挡位较多，适合所有电容的测量；测量前可以校零，测量准确。但是，电容表的价格较高。其使用方法和数字万用表测量电容的方法一样，如图 2-13 所示。

图 2-13　电容表测量电容

任务二　MF47 万用表的组装和调试

1．万用表的原理图、组装图和 PCB 图

（1）MF47 万用表的原理图（如图 2-14 所示）

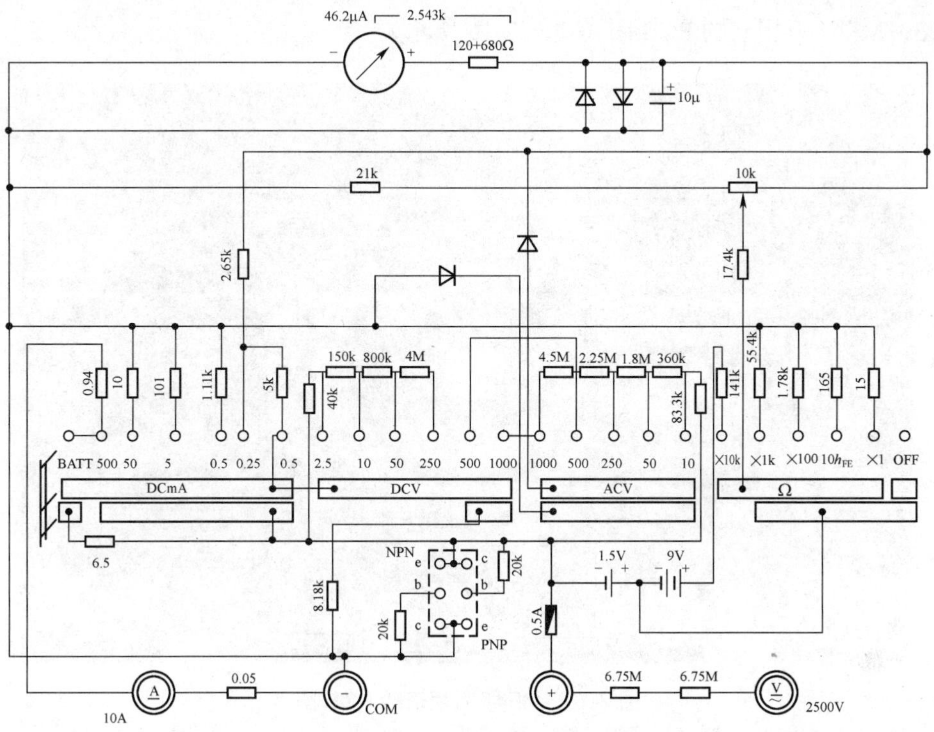

图 2-14　MF47 万用表的原理图

（2）MF47 万用表的组装图（如图 2-15 所示）

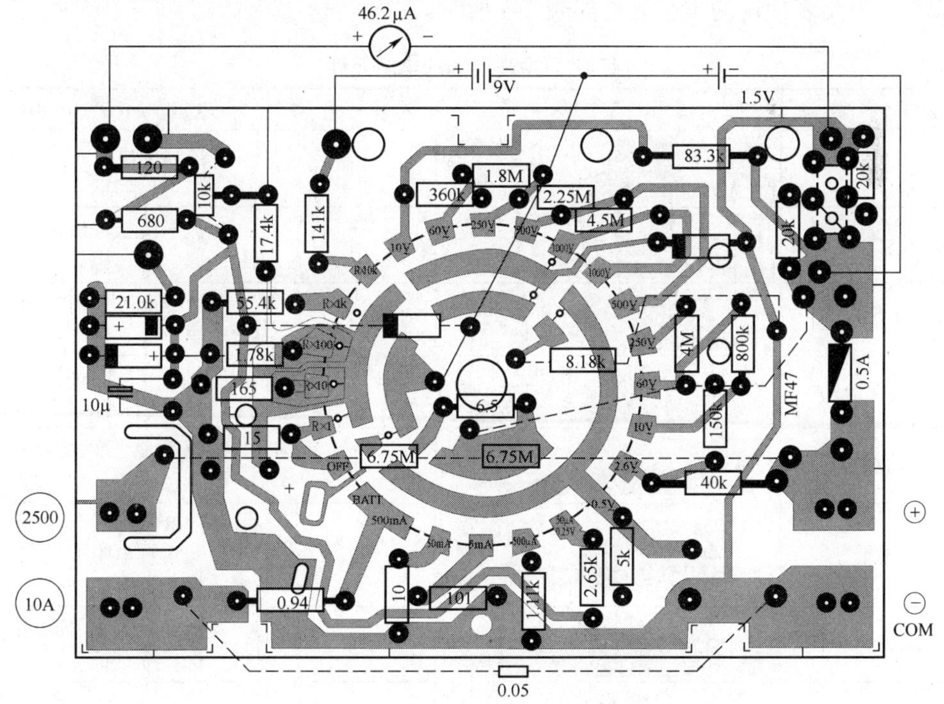

图 2-15　MF47 万用表的组装图

（3）MF47 万用表的 PCB 图（如图 2-16 所示）

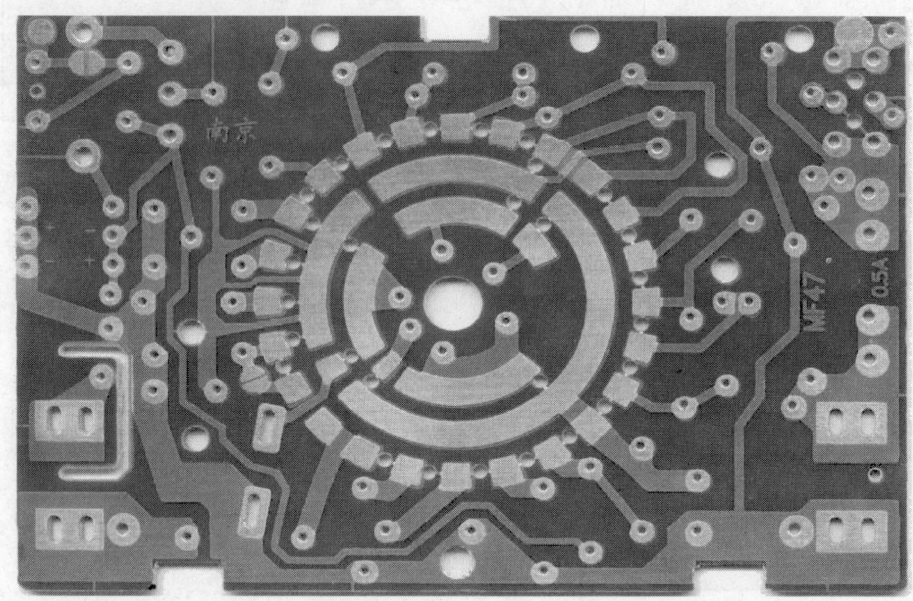

图 2-16　MF47 万用表的 PCB 图

2. MF47 万用表元器件和部件的识别

（1）电阻

MF47 万用表使用的电阻元件如表 2-3 所示。

表 2-3　MF47 万用表用到的电阻元件

元 件 参 数	元件实物图	元 件 个 数	电阻作用与色环顺序
0.94Ω		1	直流 500mA 分流电阻；黑、白、黄、银、棕
6.5Ω		1	直流电流挡分流电阻；蓝、绿、黑、银、棕
10Ω		1	直流 50mA 分流电阻；棕、黑、黑、金、棕
15Ω		1	电阻 R×1 分流电阻；棕、绿、黑、金、棕
101Ω		1	直流 5mA 分流电阻；棕、黑、棕、黑、棕
165Ω		1	电阻 R×10 分流电阻（放大系数偏置电阻）；棕、蓝、绿、黑、棕
1.11kΩ		1	直流 0.5mA 分流电阻；棕、棕、棕、棕、棕
1.78kΩ		1	电阻 R×100 分流电阻；棕、紫、灰、棕、棕

续表

元件参数	元件实物图	元件个数	电阻作用与色环顺序
2.65kΩ	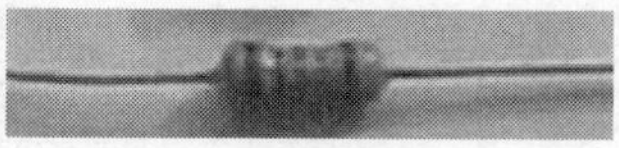	1	直流（0.25mA、0.05mA、2.5V）分压电阻；红、蓝、绿、棕、棕
5kΩ		1	直流 0.05mA 分压电阻；绿、黑、黑、棕、棕
8.18kΩ		1	500mV 分压电阻；灰、棕、灰、棕、棕
17.4kΩ		1	电阻挡分压电阻；棕、紫、黄、红、棕
21kΩ		1	电阻挡表头分流电阻；红、棕、黑、红、棕
40kΩ		1	直流电压挡分压电阻；黄、黑、黑、红、棕
55.4kΩ	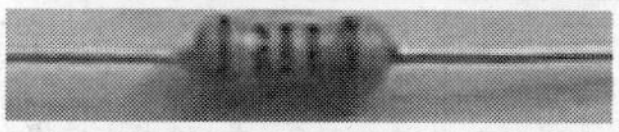	1	电阻 R×1k 分流电阻；绿、绿、黄、红、棕
83.3kΩ		1	交流 10V 挡分压电阻；灰、橙、橙、红、棕
141kΩ	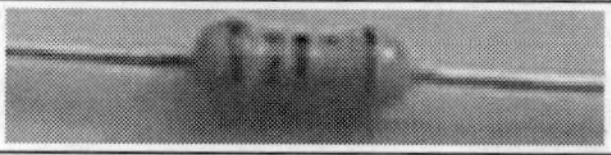	1	电阻 R×10k 分流电阻；棕、黄、棕、橙、棕
150kΩ		1	直流 10V 分压电阻；棕、绿、黑、橙、棕
360kΩ	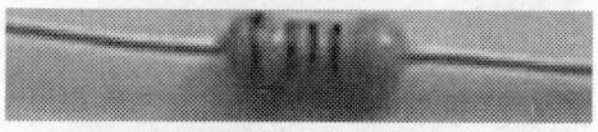	1	交流 50V 分压电阻；橙、蓝、黑、橙、棕
800kΩ		1	直流 50V 分压电阻；灰、黑、黑、橙、棕
1.8M		1	交流 50V 分压电阻；棕、灰、黑、黄、棕
2.25MΩ		1	交流 250V 分压电阻；红、红、绿、黄、棕
4MΩ		1	直流 250V 分压电阻；黄、黑、黑、黄、棕
4.5MΩ	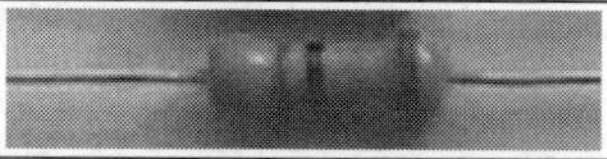	1	交、直流 1000V 分压电阻；黄、绿、黑、黄、棕
6.75MΩ		2	2500V 高压分压电阻；蓝、紫、绿、黄、棕
120Ω		1	表头分压电阻；棕、红、棕、金
680Ω		1	表头分压电阻；蓝、灰、棕、金

续表

元件参数	元件实物图	元件个数	电阻作用与色环顺序
20kΩ		2	放大系数基极偏置电阻；红、黑、橙、金
0.05Ω		1	10A 分流电阻

（2）其他元器件

MF47 万用表用到的其他元器件如表 2-4 所示。

表 2-4　　MF47 万用表用到的其他元器件

名　称	元器件参数	元器件实物图	元器件个数	作　用
电位器	10kΩ		1	电阻挡调零电阻
二极管	1N4001		4	整流（或保护）二极管
电解电容	10μF		1	保护表头
保险管	0.5A		1	防止电流过大烧坏元器件

（3）其他部件

MF47 万用表用到的其他部件如表 2-5 所示。

表 2-5　　MF47 万用表用到的其他部件

部件名称	部件实物图	部件个数	备　注
面板		1	安装线路板和表头
大旋钮		1	挡位调节旋钮
小旋钮		1	电阻挡调零旋钮
晶体管插座		1	插装晶体管

续表

部件名称	部件实物图	部件个数	备注
提把		1	手提万用表的部件
提把卡		2	固定提把
高压电阻套管		1	套装高压电阻
提把垫片		2	紧固提把
螺母 M5		1	固定
螺钉 M3×6		2	
螺钉 M3×5		4	
开口垫片Φ4	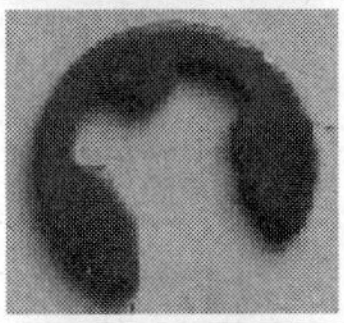	1	固定表头
平面垫		1	紧固器件
电池正负极片		4	连接电池
电刷组件		4	单位转换
保险管夹		1对	安装保险管
插座铜管Φ4	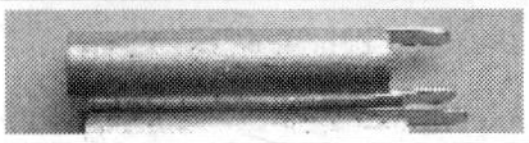	4	表笔接口

续表

部 件 名 称	部件实物图	部 件 个 数	备 注
晶体管座焊片		6	晶体管触片
连接导线		5	连接电路
MF47 线路板		1	安装元器件
成品表头		1	读数显示器件
表棒（黑、红）		1 对	连接内电路与待测元件

3．MF47 万用表的组装

（1）清点材料

参考材料配套清单清点材料，并注意以下几点：按材料清单一一对应地清点，记清每个元器件的名称与外形，打开时应小心，不要将塑料袋撕破，以免材料丢失；清点材料时，可将表箱后盖当容器，将所有的东西都放在里面，清点完后将材料放回塑料袋备用；暂时不用的材料应放在塑料袋里，弹簧和钢珠一定不要丢失。

（2）焊接前的准备工作

① 清除元器件表面的氧化层

元器件经过长期存放，会在表面形成氧化层，不但使元器件难以焊接，而且影响焊接质量，因此当元器件表面存在氧化层时，应首先清除元器件表面的氧化层。清除时注意用力不能过猛，以免使元器件引脚受伤或折断。

② 元器件引脚的弯制成型

按组装工艺对元器件进行整形。

③ 元器件的插放

将弯制成型的元器件对照图纸插放到线路板上。插放时要注意以下几点：一定不能插错位置；二极管、电解电容要注意极性；电阻插放时要求读数方向排列整齐，横排的必须从左向右读，竖排的从下向上读，保证读数一致，如图 2-17 所示。

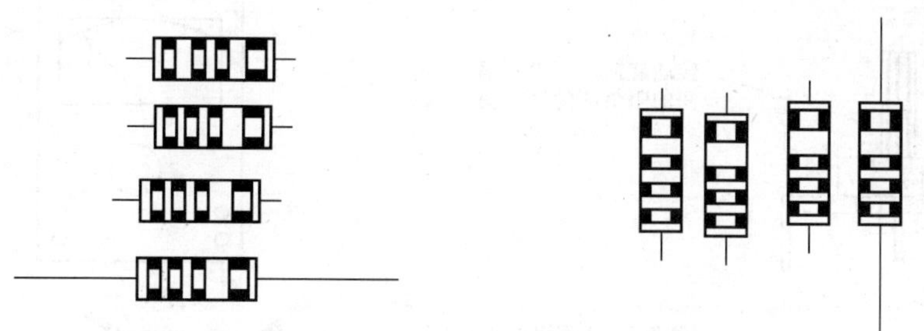

（a）横向排列误差环在右　　（b）纵向排列误差环在上

图 2-17　电阻色环的排列方向

（3）元器件的焊接

① 元器件的焊接

在焊接练习板上练习合格后，对照图纸插放元器件，用万用表校验，检查每个元器件插放是否正确、整齐，二极管、电解电容极性是否正确，电阻读数的方向是否一致，全部合格后方可进行元器件的焊接。焊接完成后的元器件，要求排列整齐、高度一致，如图 2-18 所示。为了保证焊接的整齐美观，焊接时应将线路板架在焊接木架上，两边架空的高度要一致，元器件插好后，要调整位置，使它与桌面相接触，保证每个元器件焊接高度一致。焊接时，电阻不能离开线路板太远，也不能紧贴线路板焊接，以免影响电阻的散热。

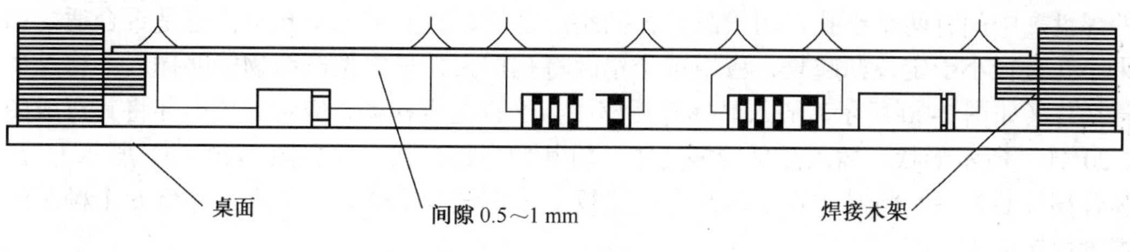

图 2-18　元器件的排列

② 电位器的安装

安装电位器时，应先测量电位器引脚间的阻值。电位器共有 5 个引脚，如图 2-19 所示，3 个并排的引脚中，1、3 两点为固定触点，2 为可动触点，当旋钮转动时，1、2 或者 2、3 间的阻值发生变化。电位器实质上是一个滑线电阻，电位器的两个粗的引脚主要用于固定电位器。安装时应捏住电位器的外壳，平稳地插入，不应使某一个引脚受力过大。不能捏住电位器的引脚安装，以免损坏电位器。安装前应用万用表测量电位器的阻值，1、3 之间的阻值应为 10kΩ，拧动电位器的黑色小旋钮，测量 1、2 或者 2、3 之间的阻值应在 0～10kΩ 变化。如果没有阻值或者阻值不改变，说明电位器已经损坏，不能安装，否则 5 个引脚焊接后，若要更换电位器就非常困难。

注意：电位器要装在线路板的焊接绿面，不能装在黄面。

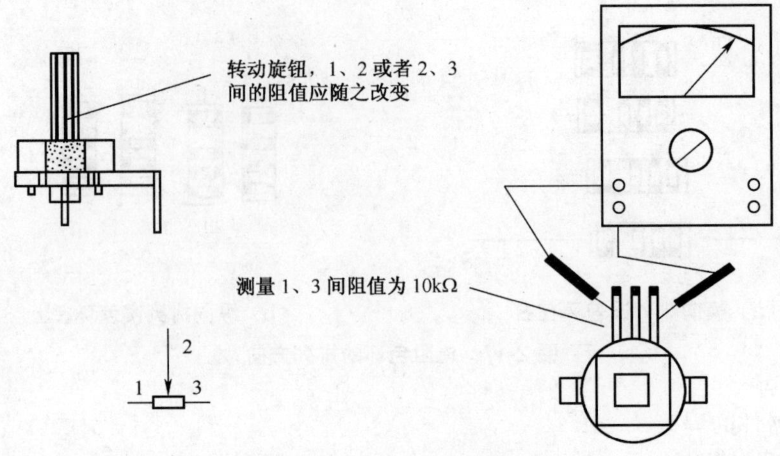

图 2-19　电位器阻值的测量

③ 分流器的安装

安装分流器时要注意方向，不能让分流器影响线路板及其余电阻的安装。

④ 输入插管的安装

输入插管装在绿面，是用来插表棒的，因此一定要焊接牢固。将其插入线路板中，用尖嘴钳在黄面轻轻捏紧，将其固定，一定要注意垂直，然后将两个固定点焊接牢固。

⑤ 晶体管插座的安装

晶体管插座装在线路板绿面，用于判断晶体管的极性。在绿面的左上角有 6 个椭圆的焊盘，中间有两个小孔，用于晶体管插座的定位，将其放入小孔中检查是否合适，如果小孔直径小于定位凸起物，应用锥子稍微将孔扩大，使定位凸起物能够插入。将晶体管插片（如图 2-20 所示）插入晶体管插座中，检查是否松动，应将其拔出并将其弯成图 2-20（b）所示形状，插入晶体管插座中，将其伸出部分折平［如图 2-20（c）所示］。晶体管插片装好后，将晶体管插座装在线路板上，定位并检查是否垂直，并将 6 个椭圆的焊盘焊接牢固。

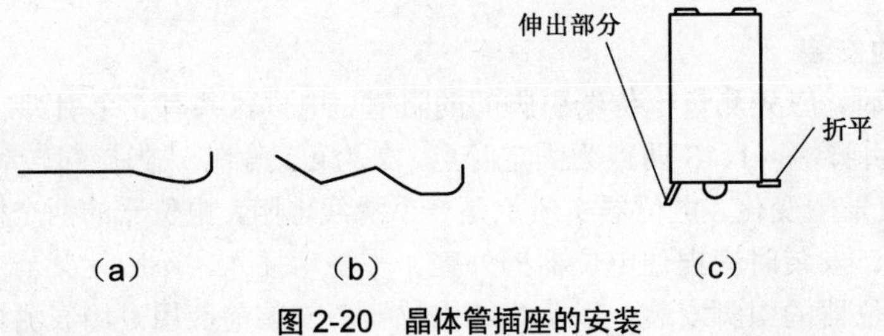

图 2-20　晶体管插座的安装

⑥ 焊接注意事项

焊接时一定要注意电刷轨道上不能粘上锡，否则会严重影响电刷的运转。为了防止电刷轨道粘锡，切忌用电烙铁运载焊锡。由于焊接过程中有时会产生气泡，使焊锡飞溅到电刷轨道上，因此应用一张圆形厚纸垫在线路板上（如图 2-21 所示）。如果电刷轨道上粘了锡，应将其绿面朝下，用没有焊锡的电烙铁将锡尽量刮除。但由于线路板上的金属与焊锡的亲和性强，一般不能刮尽，只能用小刀稍微修平整。在每一个焊点加热的时间不能过长，否则会使焊盘脱开或脱离线路板。对焊点进行修整时，要让焊点有一定的冷却时间，否则不但会使焊盘脱开或脱离线路板，而且会使元器件温度过高而损坏。

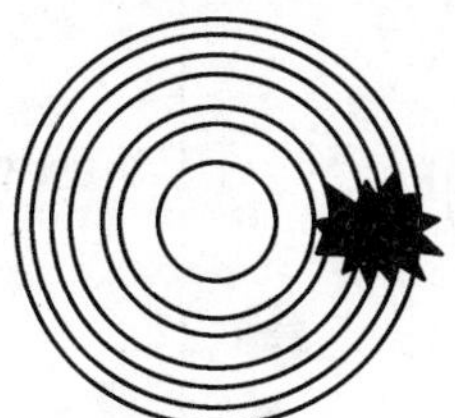
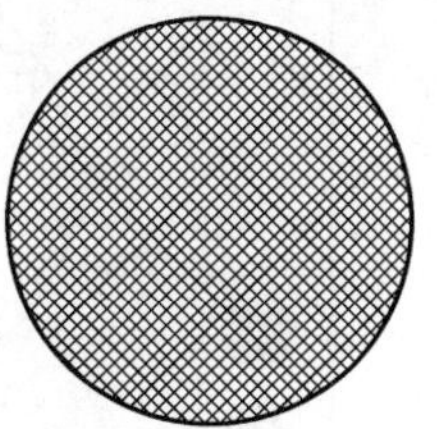

图 2-21　电刷轨道的保护

（4）机械后部分的安装与调整

① 提把的安装

后盖侧面有两个“O”形小孔，是提把铆钉安装孔。观察其形状，将提把放在后盖上，将两个黑色的提把橡胶垫圈垫在提把与后盖中间，然后从外向里将提把铆钉按其方向卡入，听到“咔嗒”声后说明提把已经安装到位。如果无法听到“咔嗒”声，则可能是橡胶垫圈太厚，应更换后重新安装。大拇指放在后盖内部，四指放在后盖外部，用四指包住提把铆钉，大拇指向外轻推，检查铆钉是否已安装牢固。注意一定要用四指包住提把铆钉，否则会使其丢失。将提把转向朝下，检查其是否能起支撑作用，如果不能支撑，说明橡胶垫圈太薄，应更换后重新安装。

② 电刷旋钮的安装

取出弹簧和钢珠，并将其放入凡士林油中，使其粘满凡士林。加油有两个方面的作用：一方面给电刷旋钮润滑，使其旋转灵活；另一方面起黏附作用，将弹簧和钢珠黏附在电刷旋钮上，防止其丢失。将加上润滑油的弹簧放入电刷旋钮的小孔中（如图 2-22 所示），钢珠黏附在弹簧的上方，注意切勿将钢珠丢失。观察面板背面的电刷旋钮安装部位（如图 2-23 所示），它由 3 个电刷旋钮固定卡、两个电刷旋钮定位弧、1 个钢珠安装槽和 1 个花瓣形钢珠滚动槽组成。

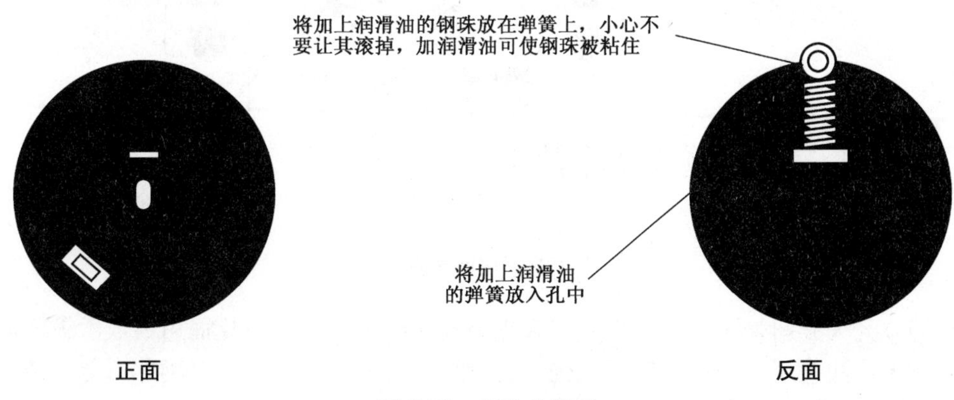

图 2-22　钢珠的放置

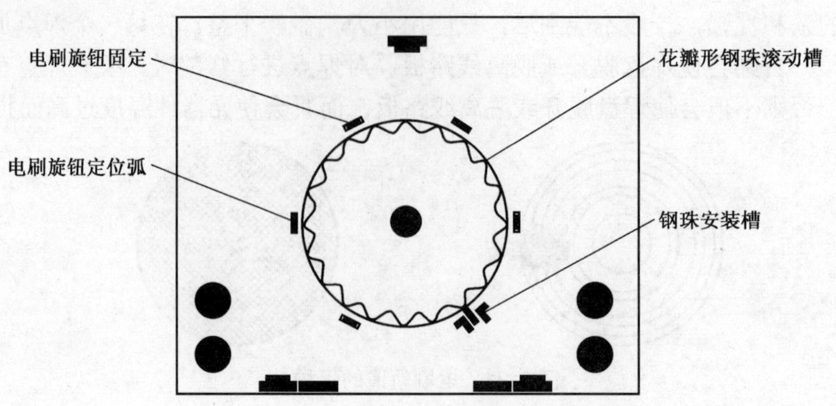

图 2-23 面板背面的电刷旋钮安装部位

将电刷旋钮平放在面板上，注意电刷放置的方向。用起子轻轻顶，使钢珠卡入花瓣槽内，小心钢珠滚掉，然后手指均匀用力将电刷旋钮卡入固定卡（如图 2-24 所示）。将面板翻到正面，挡位开关旋钮轻轻套在从圆孔中伸出的小手柄上，慢慢转动旋钮，检查电刷旋钮是否安装正确（如图 2-25 所示），应能听到“咔嗒”、“咔嗒”的定位声，如果听不到，则可能是由于钢珠丢失或掉进电刷旋钮与面板间的缝隙，这时挡位开关无法定位，应拆除重装。

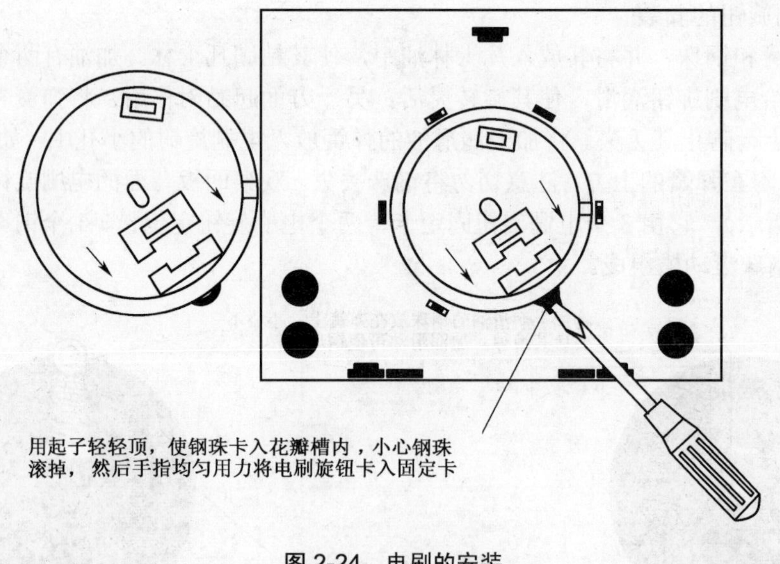

图 2-24 电刷的安装

将挡位开关旋钮轻轻取下，用手轻轻顶小孔中的手柄，同时反面用手依次轻轻扳动 3 个定位卡，注意用力一定要轻且均匀，否则会把定位卡扳断。注意钢珠不能滚掉（如图 2-26 所示）。

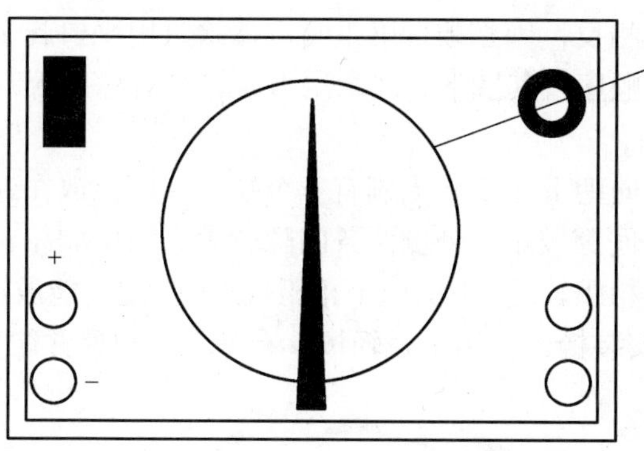

图 2-25　检查电刷旋钮是否装好

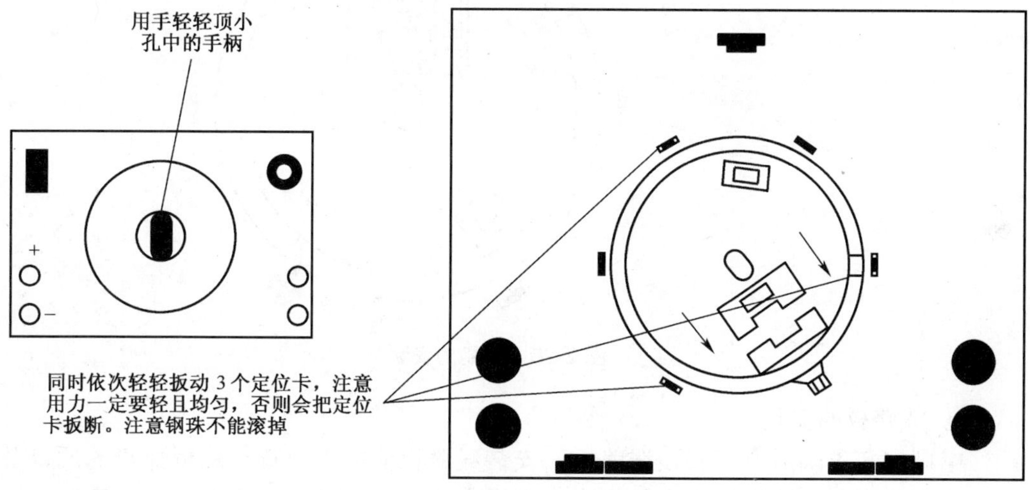

图 2-26　电刷旋钮的拆除

③ 挡位开关旋钮的安装

电刷旋钮安装正确后，将它转到电刷安装卡向上位置，将挡位开关旋钮白线向上套在正面电刷旋钮的小手柄上，向下压紧即可（如图 2-27 所示）。

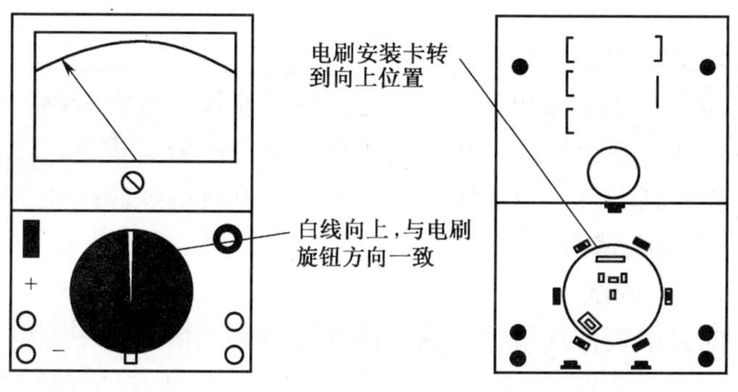

图 2-27　挡位开关旋钮的安装

如果白线与电刷安装卡方向相反，则必须拆下重装。拆除时用平口起子对称地轻轻撬动，依次按左、右、上、下的顺序将其撬下。注意用力要轻且对称，否则容易撬坏。

④ 电刷的安装

将电刷旋钮的电刷安装卡转向朝上，V 形电刷有一个缺口，应该放在左下角，因为线路板的 3 条电刷轨道中间两条间隙较小，外侧两条间隙较大，与电刷相对应，当缺口在左下角时电刷接触点上面两个相距较远，下面两个相距较近，一定不能放错（如图 2-28 所示）。电刷四周都要卡入电刷安装槽内，用手轻轻按，看是否有弹性并能自动复位。

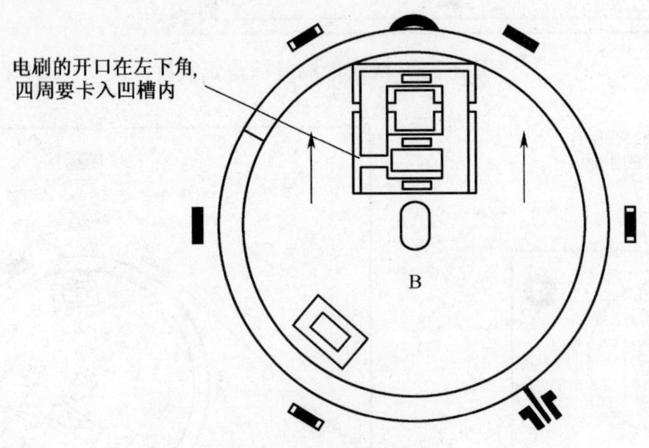

图 2-28 电刷的安装

⑤ 线路板的安装

电刷安装正确后方可安装线路板。安装线路板前应先检查线路板焊点的质量及高度，特别是在外侧两圈轨道中的焊点，由于电刷要从中通过，安装前一定要检查焊点高度，不能超过 2mm，直径不能太大。如果焊点太高，则会影响电刷的正常转动，甚至会刮断电刷。线路板用 3 个固定卡固定在面板背面，将线路板水平放在固定卡上，依次卡入即可。如果要拆下重装，依次轻轻扳动固定卡。注意在安装线路板前应先将表头连接线焊上。最后是装电池和后盖，装后盖时左手拿面板（稍高些），右手拿后盖（稍低些）将后盖向上推入面板，拧上螺丝，注意拧螺丝时用力不可太大或太猛，以免将螺孔拧坏。

（5）万用表安装实习的总体要求

万用表安装实习的总体要求如下：衣冠整洁便于实操；遵守劳动纪律，注意培养一丝不苟的敬业精神；注意安全用电，短时间不用电烙铁应将其拔下，以延长烙铁头的使用寿命；电烙铁不能碰到书包、桌面等易燃物，保管好材料零件；独立完成。

4. MF47 万用表的调试与检测

（1）MF47 万用表的调试

将装配完成后的万用表仔细检查一遍，确保无错装的情况之下，将万用表旋至最小电流挡 0.25V/50μA 处，用数字万用表测量其“+”、“−”插座两端电阻值，应在 4.9～5.1kΩ。如不符合要求，应调节电位器上方 680Ω、120Ω 两个电阻，直至达到要求。此时基本调整完毕。

（2）MF47 万用表的检测

将基本调试正常的万用表从电流挡开始逐挡检测（满刻度）。检测时应从最下挡位开始，首先检测直流电流挡，然后检测直流电压挡、交流电压挡、电阻挡及其他。各挡位符合要求后，该万用表即可正常使用。

二、项目基本知识

知识点一　电路的组成和基本物理量

1.电路的组成

电流流通的闭合路径叫电路。电路一般由电源、用电器（负载）、连接导线、控制和保护装置 4 个部分组成。最简单的电路如图 2-29 所示。各部分的含义见表 2-6。

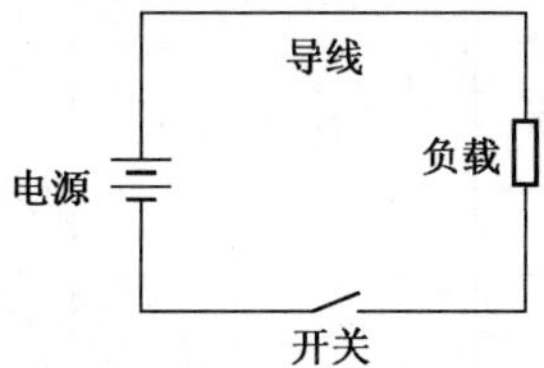

图 2-29　电路的组成

表 2-6　电路的组成及含义

名　称	含　义	举　例
电源	把其他形式的能量转变为电能的装置	电池、蓄电池和直流发电机
用电器	把电能转变成其他形式能量的装置	电灯、电铃、电动机、电炉等
导线	连接电源与用电器的金属线	各种电线
控制和保护装置	用来控制电路的通断、保护电路的安全，使电路能够正常工作	开关、熔断器等

2. 电路的状态

电路的状态有通路状态、开路状态、短路状态，各种状态的特点见表 2-7。

表 2-7　电路的状态及特点

电路状态种类	特　点	备　注
通路状态	电路各部分连接成闭合电路，有电流通过	正常工作状态
开路状态	电路断开，不可能有电流通过	停止工作状态
短路状态	电源、负载或电路某一部分的两端由于某种事故有导线连接，使电流直接从导体上通过	属于故障（但有时调试时可能用到）

3. 电路中的基本物理量

电路中的基本物理量有电阻、电流、电压、电位、电能、电功率、电动势，见表 2-8。

表 2-8　　电路中的物理量

名　　称	定　义	计 算 公 式	单　位	备　注
电阻（R）	导体对电流的阻碍作用	$R=\rho\frac{L}{S}$ $=\frac{U}{I}$	欧姆（Ω） 千欧（kΩ） 兆欧（MΩ）	$1k\Omega=10^3\Omega$ $1M\Omega=10^6\Omega$
电流（I）	电荷的定向移动形成了电流	$I=\frac{q}{t}$	安培（A） 毫安（mA） 微安（μA）等	$1mA=10^{-3}A$， $1\mu A=10^{-6}A$
电压（U_{AB}）	单位正电荷从 A 点移动到 B 点电场力所做的功	$U_{AB}=\frac{W}{q}$ $U_{AB}=U_A-U_B$	伏特（V） 千伏（kV） 毫伏（mV）	$1kV=10^3V$ $1mV=10^{-3}V$ $1\mu V=10^{-6}V$
电位（U_A）	在电场中，单位电荷从某点移到参考点时，电场力所做的功，称为这点对参考点的电位	$U_{A0}=U_A-0$	伏特（V） 千伏（kV）	$1kV=10^3V$ $1mV=10^{-3}V$
电能（W）	电场具有能量，对放入其中的电荷有力的作用	$W=UIt$	焦耳（J） 千瓦时（kW·h）	1 度=1kW·h=3.6×10^6J
电功率（P）	单位时间内电流所做的功	$P=\frac{W}{t}=\frac{UIt}{t}=UI$	瓦特（W） 千瓦（kW） 毫瓦（mW）	$1kW=10^3W$ $1mW=10^{-3}W$
电动势（E）	克服静电力，移动单位正电荷所做的功	$E=\frac{W}{q}$	伏特（V）	方向：从电源负极指向电源的正极

知识点二　欧姆定律及其应用

欧姆定律分为部分电路欧姆定律和闭合（全）电路欧姆定律。两定律对照见表 2-9。

表 2-9　　欧姆定律

名　　称	定　义	基 本 公 式	备　注
部分电路欧姆定律	在一段不包括电源的电路中，电路中的电流 I 与加在这段电路两端的电压 U 成正比，与这段电路的电阻 R 成反比	$I=\frac{U}{R}$	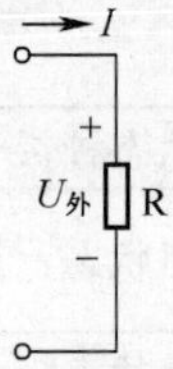 I ＋ $U_{外}$ R −
闭合电路欧姆定律	闭合电路中的电流与电源的电动势成正比，与电路的总电阻（内电阻+外电阻）成反比	$I=\frac{E}{r+R}$	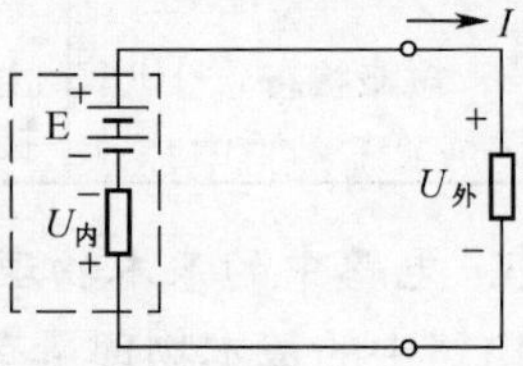 I ＋ E − − $U_{内}$ ＋ ＋ $U_{外}$ R −

知识点三　电阻的串联和并联

1. 电阻的串联

（1）电阻串联的定义

几个电阻首尾相连，中间无分支的连接方式，叫做电阻的串联。串联电路的结构如图 2-30 所示。

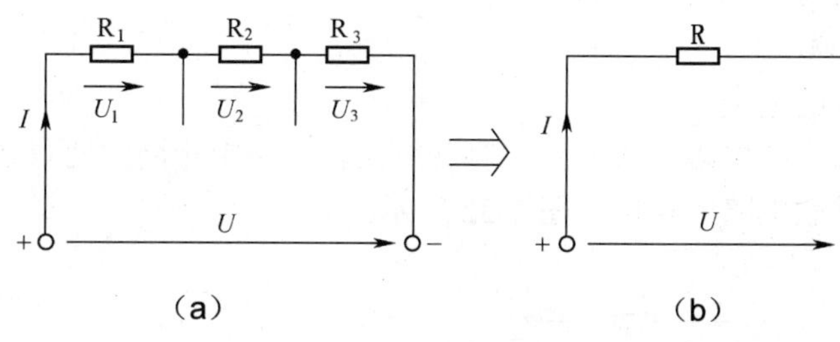

图 2-30　串联电路

（2）串联电路的特点（见表 2-10）

表 2-10　串联电路的特点

物　理　量	特　　点	备　　注
电流	电路中各处的电流强度相等，即 $I=I_1=I_2=I_3=\cdots\cdots$	
电压	电路的总电压等于各部分电压之和，即 $U=U_1+U_2+U_3+\cdots\cdots$	当两个电阻串联时，分压公式为 $U_1=R_1U/（R_1+R_2）$ $U_2=R_2U/（R_1+R_2）$
电阻	总电阻等于各个分电阻之和，即 $R=R_1+R_2+R_3$	如果有 n 个相同的电阻 R_0 串联，则 $R=nR_0$
功率	电路的总功率等于消耗在各个串联电阻上的功率之和，即 $P=P_1+P_2+P_3$	功率分配与电阻成正比，即 $P_1：P_2=R_1：R_2$

（3）电阻串联的应用

① 串联电阻用于限流。

② 串联电阻用于分压。例如，串联电阻用于多量程的电压表扩大量程，电压表主要是由一个表头和一个电阻串联组成的。

【例 2-1】如图 2-31 所示，有一内阻 r_g=1000Ω、量程 I_g=100μA 的电流表，如果要将其改装成量程为 2.5V 的电压表，问应串联多大的电阻 R？

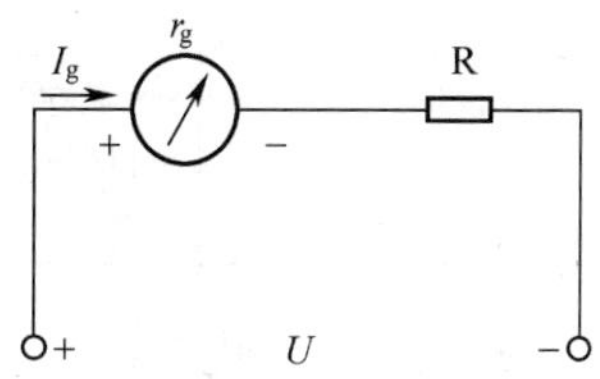

图 2-31　例 2-1 电路

解：电流表测量的最大电压为

$$U_g=I_gr_g=1000\times100\times10^{-6}=0.1\text{（V）}$$

要改装成 2.5V 的电压表，即 U=2.5V，根据分压公式

$$U_g=\frac{r_g}{R+r_g}U$$

代入数据得

$$0.1=\frac{1000}{R+1000}\times 2.5$$

解得

$$R=24000\Omega=24k\Omega$$

所以要串联的电阻为 24kΩ。

2. 电阻的并联

（1）电阻并联的定义

两个或两个以上的电阻，头并头、脚并脚接在电路中相同的两点之间的连接方式，叫电阻的并联。并联电路的结构如图 2-32 所示。

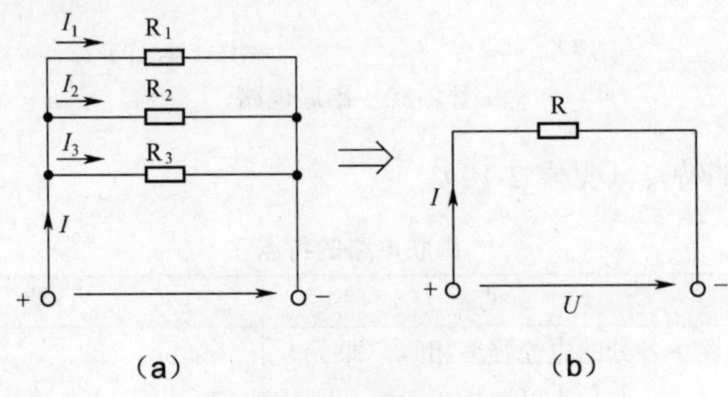

图 2-32　并联电路

（2）并联电路的特点（见表 2-11）

表 2-11　并联电路的特点

物 理 量	特　点	备　注
电流	电路中的总电流等于通过各支路的电流之和，即 $I=I_1+I_2+I_3+\cdots\cdots$	当两个电阻并联时，分流公式为 $I_1=R_2U/(R_1+R_2)$ $I_2=R_1U/(R_1+R_2)$
电压	电路中各电阻两端的电压都相等，即 $U=U_1=U_2=U_3=\cdots\cdots$	
电阻	总电阻倒数等于分电阻倒数之和，即 $1/R=1/R_1+1/R_2+1/R_3$	如果有 n 个相同的电阻 R_0 并联，则 $R=R_0/n$
功率	电路的总功率等于消耗在串联电阻上的功率之和，即 $P=P_1+P_2+P_3$	功率分配与电阻成反比，即 $P_1:P_2=R_2:R_1$

（3）并联电阻的应用

① 日常的照明电路以及其他电力负载，都处在同一电源电压的作用下，所以都是并联供电的。这一点也是一般用电负载所要求的。

② 并联电阻也可以用于多量程的电流表中，以达到扩大量程的目的。这一点在下面例题中将讲到。

【例 2-2】 如图 2-33 所示，有一内阻 r_g=1000Ω、量程 I_g=100μA 的电流表，如果要将其改装成量程为 1.1mA 的电流表，问应并联多大的电阻 R？

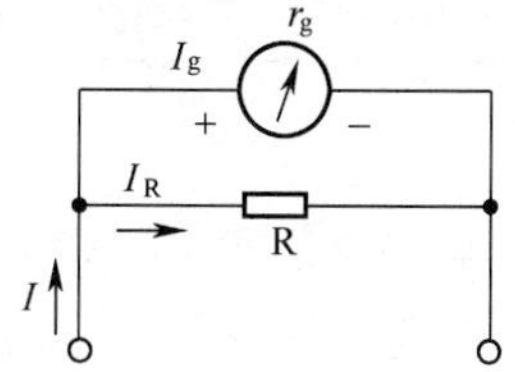

图 2-33　例 2-2 电路

解： 流过分流电阻的电流

$$I_R = I - I_g = 1.1 - 0.1 = 1\text{（mA）}$$

分流电阻两端的电压

$$U_R = U_g = I_g r_g = 100 \times 10^{-6} \times 1 \times 10^3 = 0.1\text{（V）}$$

根据欧姆定律，分流电阻为

$$R = U_R / I_R = 100\text{（Ω）}$$

即应并联 100Ω 的分流电阻。

知识点四　基尔霍夫定律及其应用

在实际电路中，有些电路不能用串、并联分析方法化简成无分支的单回路电路，这些电路称为复杂电路。复杂电路可用基尔霍夫定律来分析，下面先介绍电路中的几个术语。

支路：电路中的每个分支。

节点：3 个或 3 个以上支路的连接点。如图 2-34 中的 O 点。

回路：电路中任一闭合路径。如表 2-12 中，R_1、R_2、E_2、E_1 构成的闭合电路。

网孔：网孔也是回路，是一个不包含任何其他回路的回路。如表 2-12 中，R_1、R_3、E_1 构成的回路即为一个网孔。

1. 基尔霍夫第一定律——节点电流定律

基尔霍夫第一定律研究的是任一节点处各电流之间的关系。它的内容是：对于电路中的任一节点，流入节点的电流之和必等于流出节点的电流之和，即

$$\Sigma I = 0$$

即在任一瞬间通过电路中任一节点的电流代数和恒等于零，如图 2-34 所示。

$$I_1 - I_2 - I_3 + I_4 = 0$$

基尔霍夫第一定律不仅适用于电路中的任何一个实际节点，而且可以推广到电路中的任意一个封闭面。

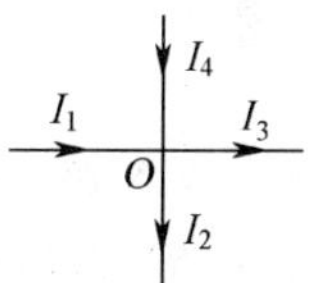

图 2-34　基尔霍夫第一定律

2. 基尔霍夫第二定律——回路电压定律

基尔霍夫第二定律研究的是回路中各部分电压之间的关系。它的内容是：任一瞬间沿回路中任一闭合回路，沿绕线方向各部分的电压代数和为零，即

$$\Sigma U = 0$$

列回路电压方程的步骤如表 2-12 所示。

表 2-12　　列回路电压方程的步骤

步　骤	图　示
① 任意选择未知电流的参考方向	R_1 I_1 R_3 I_3 I_2 R_2 E_1 E_2

续表

步　骤	图　示
② 任意选择回路的绕行方向	
③ 确定电阻压降的符号。当选定的绕行方向与电流的参考方向相同时，电阻压降取正值，反之取负值（习惯上称为“顺加逆减”）	$I_1R_1-I_3R_3-E_1=0$
④ 确定电源电动势的符号。当选定的绕行方向与电动势的方向相反（从“+”极性到“−”极性）时，电动势取正值，反之取负值	$I_3R_3+I_2R_2+E_2=0$

基尔霍夫第二定律可推广应用于不闭合的假想回路，将不闭合两端点间的电压列入回路方程。

3. 基尔霍夫定律的应用——支路电流法

支路电流法：对于一个复杂电路，在已知电路中各电阻阻值和电动势的前提下，以各条支路电流为未知量，再根据基尔霍夫定律列出方程联立求解的分析方法。下面举例说明支路电流法的解题步骤。

【例 2-3】 如图 2-35 所示，已知 E_1=18V，E_2=9V，R_1=R_2=1Ω，R_3=4Ω，求各支路电流。

解： 假设各支路的电流方向如图 2-35 所示。根据基尔霍夫电流定律对节点 a 列方程

$$I_1+I_3=I_2$$

根据基尔霍夫电压定律对电路的 2 个网孔列电压方程，选取顺时针绕行方向

$$I_1R_1-I_3R_3-E_1=0$$
$$I_2R_2+E_2+I_3R_3=0$$

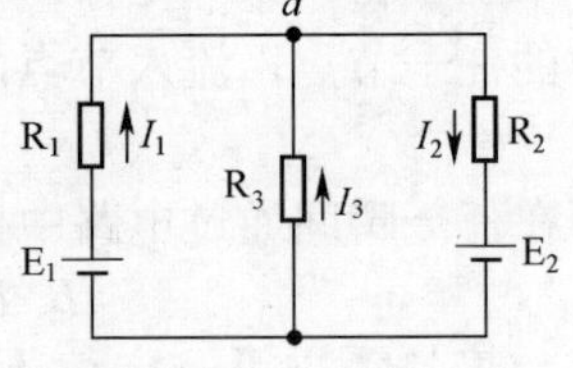

图 2-35　例 2-3 电路

代入数据联立求解，得

I_1=6A，I_2=3A，I_3=−3A（负号说明电流的实际方向和假设的方向相反）

知识点五　电压源和电流源的等效变换

介绍电压源与电流源的概念以及它们之间的等效变换是很重要的，应用这些内容可以使复杂电路的计算大为简化。

1. 电压源

一个实际电源可以用恒定电动势 E 和内阻 r 串联的电路来表示，叫电压源，如图 2-36 虚线框内所示。

电压源是以输出电压的形式向负载供电的，输出电压的大小可由下式求出

$$U=E-I\cdot r$$

由于式中 E、r 均为常数，所以随着 I 的增加，内阻 r 上的电压将增大，输出电压 U 将降低，因此要求电压源的内阻越小越好。如果内阻 r=0，那么不管负载变动时输出电流 I 如何变化，电源始终输出恒定电压，且等于电源的电动势，即 U=E。把内阻 r=0 的

电压源叫做理想电压源。

2. 电流源

电流源是一种能不断向外电路输出电流的装置，如图 2-37 所示。

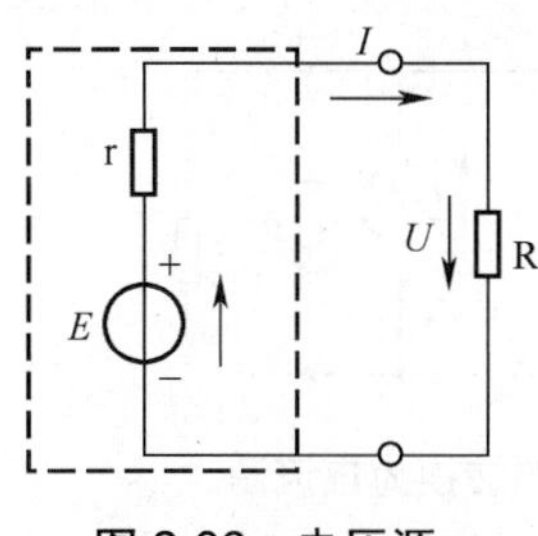

图 2-36 电压源

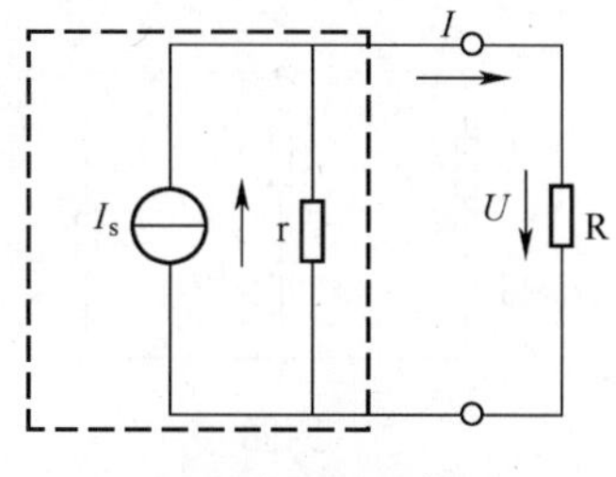

图 2-37 电流源

图中，负载电流 I 由负载电阻 R 和内阻 r 分流所得，当电流源的内阻 r 越大，且远大于负载电阻 R 的阻值时，则输出电流就越接近于电流源所提供的电流 I_s。如果内阻 $r=\infty$，则不管负载的变化引起端电压如何变化，电源始终输出恒定的电流，即 $I=I_s$。把内阻 $r=\infty$ 的电流源叫做理想电流源。

理想电流源 $U=I\cdot R$，负载电阻 R 的阻值越大，U 也越大，如果 $R\to\infty$，则输出电压 $U\to\infty$，因此理想电流源不允许开路。

3. 电压源与电流源的等效变换

对于外电路而言，如果电源的外特性相同，则电压源与电流源可以互换，即实际电源用电压源来表示或用电流源来表示是一样的。这两种电源之间的关系由下式决定

$$I_s=E/r$$

$$E=I_s\cdot r$$

这就是说，电压源可以用上式转化为电流源，内阻 r 不变，串联改为并联；反之，电流源也可以转化为电压源，内阻 r 不变，并联改为串联，如图 2-38 所示。

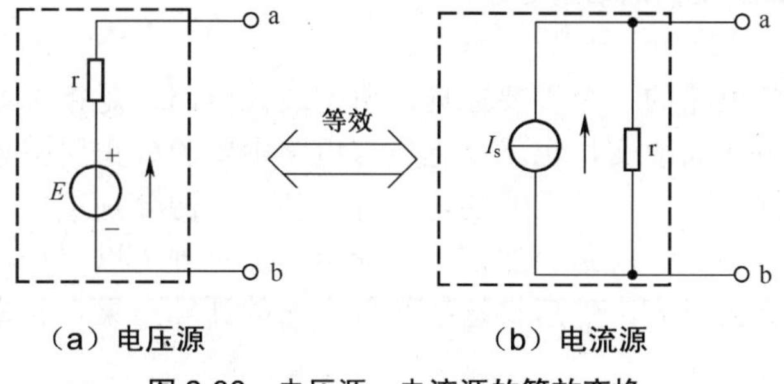

（a）电压源　（b）电流源

图 2-38 电压源、电流源的等效变换

电压源与电流源的等效变换应注意以下几点。

① 两种电源的互换只对外电路等效，两种电源的内部并不等效。

② 理想电压源与理想电流源不能进行等效变换。

③ 作为电源的电压源和电流源，它们的 E 和 I_s 的方向是一致的，即电压源的正极和电流源输出电流的一端相对应。

【例 2-4】用电压源、电流源的相互转换来解例 2-3。已知 E_1=18V，E_2=9V，R_1=R_2=1Ω，R_3=4Ω，求 R_3 支路电流。

解：电压源和电流源转换过程如图 2-39 所示。

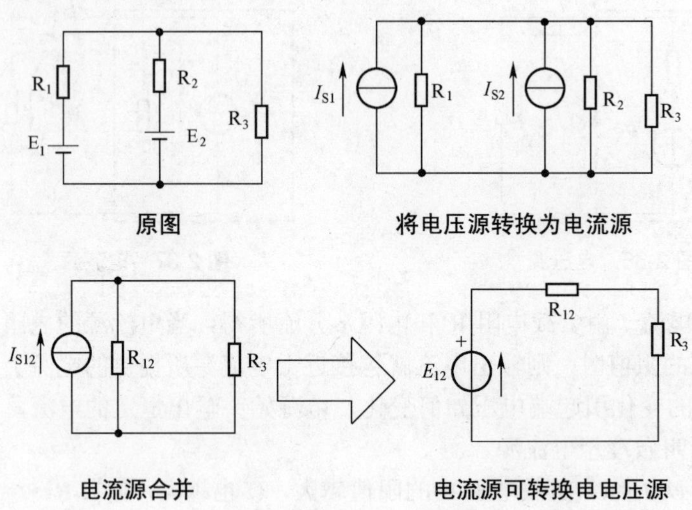

图 2-39　例 2-4 电路

计算如下：

$I_{S1}=E_1/R_1$=18(A)　　$I_{S2}=E_2/R_2$=9(A)　　R_1、R_2 阻值不变，由串联改为并联

$I_{S12}=I_{S1}+I_{S2}$=27(A)　　$R_{12}=R_1 // R_2$=0.5(Ω)

则流过电阻 R_3 的电流为

$$I_3 = I_{S12} \cdot R_{12} \div (R_{12}+R_3) = 27 \times 0.5 \div 4.5 = 3\text{(A)}$$

同样，也可将电流源转换为电压源，再用串联分压来计算。

知识点六　叠加定理和戴维南定理

1．叠加定理

叠加定理是线性电路的一个重要原理。所谓线性电路，是指电路的参数不随外加电压及通过其中的电流而改变，也就是电压与电路中电流成正比关系的电路。在一个包含多个电源的线性电路中，各支路的电流等于各个电源分别单独作用时，在各支路所产生的电流的代数和。这就是叠加定理。应用叠加定理可以将一个复杂的电路分为几个比较简单的电路去研究，然后将这些简单电路的计算结果合起来，便可求得电路中的电压、电流。

应用叠加定理来计算复杂电路比较麻烦，所以一般不应用它来解题。叠加定理的重要意义在于它表达了线性电路的基本性质，在分析电路时经常用到它。

应用叠加定理时要注意以下几点。

① 只能用来计算线性电路的电流和电压。对非线性电路不适用。

② 假设一个电源单独工作时，要将其他的电压源短路（但保留其内阻）、电流源断路。

③ 在求出各支路的电流分量，确定其正负值后再进行叠加，从而求得原电路中各支路电流。当电流分量的方向与原支路电流的方向相同时取正值，反之取负值。

④ 即使在线性电路中，对功率也不能用叠加定理来计算，因为功率与电流的平方成正比，功率是不能叠加的。

2. 戴维南定理

任何一个复杂电路，如果只需要研究某一个支路中的电压、电流等，而不需要求其余支路的电流时，最简单的方法就是利用戴维南定理来计算。

实际上，任何网络不管是简单的还是复杂的，只要具有两个接线端，都叫做二端网络。二端网络中，如果含有电源，则叫做有源二端网络；如果没有电源则叫做无源二端网络，如图 2-40 所示。

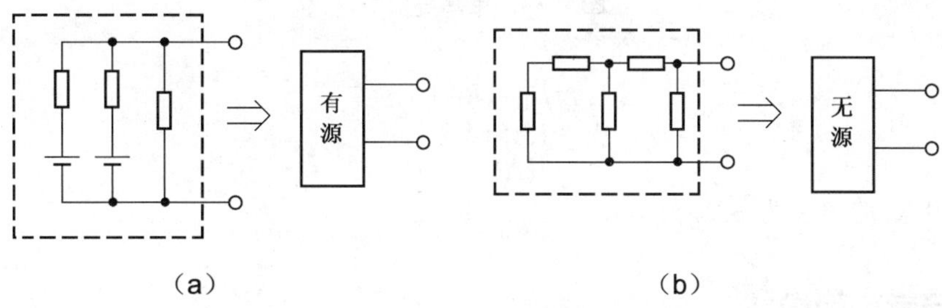

图 2-40　二端网络

一个无源二端网络总可以用一个等效电阻来代替，而一个有源二端网络则可以用一个等效电压源来代替。

戴维南定理可以这样叙述：任何线性有源二端网络，对外电路来说，都可以用一个具有恒定电动势 E_0 和内阻 r_0 串联的等效电源来代替，其中 E_0 等于该网络两端间的开路电压 U_0，而 r_0 等于该网络中所有电动势为零时两端点间的等效电阻。

【例 2-5】用戴维南定理求解例 2-4。如图 2-41 所示，已知 E_1=18V，E_2=9V，R_1=R_2=1Ω，R_3= 4Ω，求 R_3 支路电流。

解：根据戴维南定理，可把原图分解成两个部分，如图 2-42 所示，则 1、2 两端可以看作一个有源二端网络，其等效电动势为

$$E_{12}=\frac{E_1-E_2}{R_1+R_2}R_2+E_2$$
$$=\frac{18-9}{1+1}\times 1+9$$
$$=13.5(\text{V})$$

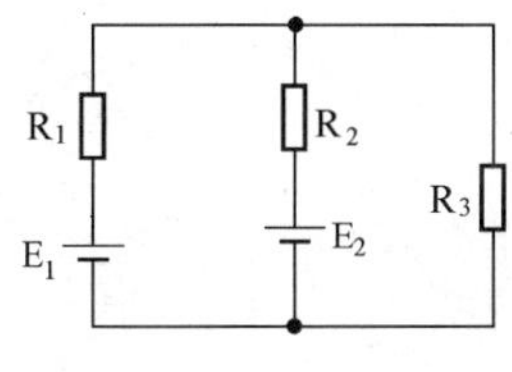

图 2-41　例 2-5 电路

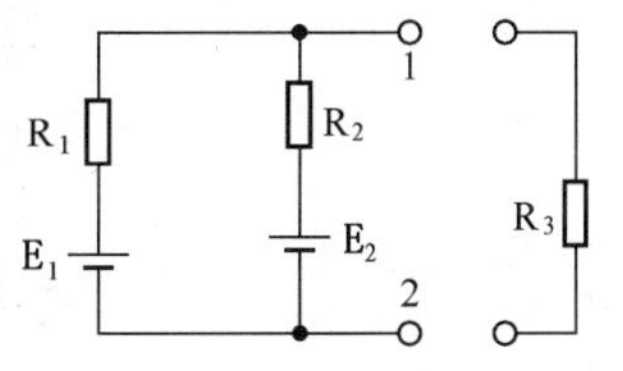

图 2-42　电路分解图

其等效电阻为

$$R_{12}=R_1 /\!/ R_2=0.5(\Omega)$$

则原图可等效为图 2-43，流过电阻 R_3 的电流为

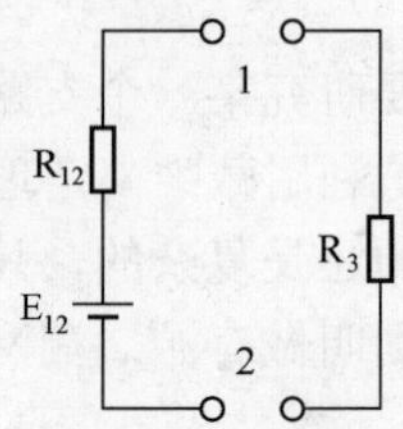

图 2-43 电路等效图

$$\begin{aligned}I&=E_{12}\div(R_{12}+R_3)\\&=13.5\div4.5\\&=3(A)\end{aligned}$$

即流过电阻 R_3 的电流为 3A。

项目学习评价

一、思考练习题

1．电阻用色环表示阻值时，黑、棕、红、绿代表的阻值的数字分别是多少？

2．二极管、电解电容的极性如何判断？二极管、电解电容的焊接要注意什么？

3．挡位开关旋钮、电刷旋钮如何安装？

4．元器件焊接前要做哪些准备工作，焊接的要求是什么？

5．如何正确使用万用表？

6．电刷的作用是什么？

7．欧姆定律的内容是什么？

8．基尔霍夫电压定律和基尔霍夫电流定律的内容是什么？

9．请分别用支路电流法、叠加定理、戴维南定理以及电压源与电流源的转换法，计算图 2-44 所示电路中流过电阻 R_3 的电流。

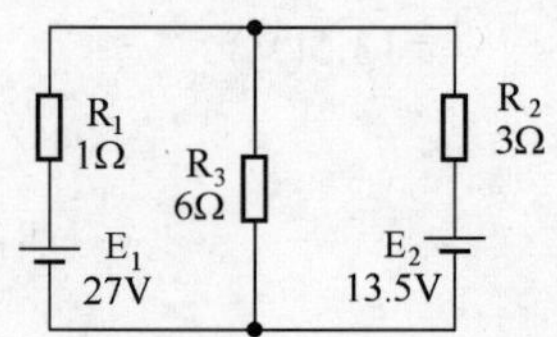

图 2-44 思考练习题 9 电路

二、自我评价、小组互评及教师评价

评价方面	项目评价内容	分值	自我评价	小组互评	教师评价	得分
理论知识	① 电路的组成和基本物理量	10				
	② 欧姆定律及其应用	10				
	③ 电阻的串联和并联	10				
	④ 基本定律和定理	10				
实操技能	① 电阻的识别及检测	10				
	② 电容的识别及检测	10				
	③ 万用表的组装	20				
	④ 万用表的调试	5				
学习态度	① 理论学习态度	5				
	② 技能学习态度	5				
安全文明生产	听从教师安排，按操作规程操作	5				

三、个人学习总结

成功之处	
不足之处	
改进方法	

项目三　照明线路安装

项目情境创设

在人们的日常生活中，随处可见照明设备，家里有白炽灯，教室里有日光灯，广场上有碘钨灯，还有高压汞灯、管形氙灯、霓虹灯……这些照明设备，你知道它们的工作原理吗？你知道它们是怎么安装的吗？

项目学习目标

学习目标		学习方式	学时
技能目标	① 学会安装家用配电板 ② 学会安装镇流器式日光灯 ③ 掌握照明装置的安装方法 ④ 能够排除照明电路的简单故障	实验	6
知识目标	① 了解常用照明灯具的工作原理 ② 了解日光灯各部件的作用 ③ 了解常用低压电器知识 ④ 掌握用电安全知识	讲授	2

项目基本功

一、项目基本技能

任务一　照明配电板的安装

1. 认识配电板（箱）

（1）配电板（箱）的作用和基本组成

配电板（箱）是一种连接在电源和多个用电设备之间的电气装置，主要起分配电能和控制、测量、保护用电器的作用。其实物图如图 3-1、图 3-2 所示。

配电板（箱）一般由进户总熔断丝、电度表、电流互感器、控制开关、过载或短路保护电器等组成，容量较大的配电板（箱）还装有隔离开关。

配电板（箱）按用途可分为照明配电板（箱）和动力配电板（箱）；按材质可分为木质、铁质和塑料等。

图 3-1 配电箱实物图 1

图 3-2 配电箱实物图 2

（2）配电板（箱）的主要器件和作用

① 电度表

电度表又称电表、火表，用来记录用户在一段时间内消耗电能的多少。其实物图如图 3-3 所示。

图 3-3 单相电度表实物图

电度表按结构和工作原理分，有电气机械式和电子数字式；按其测量的相数分，有单相电度表和三相电度表。

单相电度表：多用于家用配电线路中，其规格多用工作电流表示。单相电度表的接线盒里有 4 个接线柱，从左到右按 1、2、3、4 编号。一般情况下，1、3 接进线（1 接相线，3 接零线），2、4 接出线（2 接相线，4 接零线），如图 3-4 所示。但也有 1、2 接进线（1 接相线，2 接零线），3、4 接出线（3 接相线，4 接零线）的情况。具体接线时，以电度表接线盒内侧的接线指示为准。选用时，应根据用户的总负载电流确定选用多少安培的电度表。单相电度表一般装在配电盘的左方或上方，开关装在右边或下方；电度表在安装时必须与地面垂直。

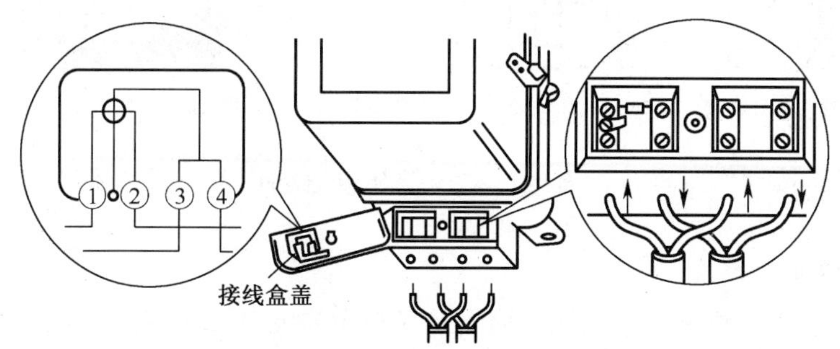

图 3-4 单相电度表接线图

三相电度表：主要用于动力配电线路中。三相电度表有三相四线制和三相三线制两种接线方式。

② 闸刀开关

闸刀开关是用来控制电路接通或切断的手动低压开关。

闸刀开关有二极胶盖闸刀开关和三极胶盖闸刀开关两种，前者常应用在家用电路中，如图 3-5 所示；后者常应用在动力配电线路中。

闸刀开关的接线规定：开关底座上端与静触点相连的一对接线柱接电源进线，底座下端的一对接线柱通过熔断丝与动触点相连后接电源出线；闸刀安装时，要确保合上闸刀时手柄朝上，不能倒装或平装。

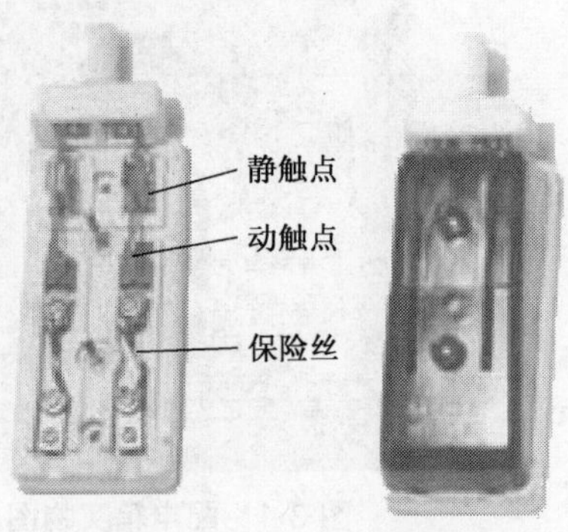

图 3-5　二极胶盖闸刀开关

③ 熔断器

熔断器在电路短路或过载时能自行熔断，从而切断电路，对电路起到保护作用。

家用瓷插式熔断器的结构如图 3-6 所示。

选用熔断器时，应根据熔丝负载电流和电路总电流的大小来选用。

注意：装换熔丝时不能任意加粗，更不能用其他金属丝代替。

④ 漏电保护器

漏电保护器是用于防止因触电、漏电引起人身伤亡事故、设备损坏及火灾的安全保护电器。其实物图如图 3-7 所示。

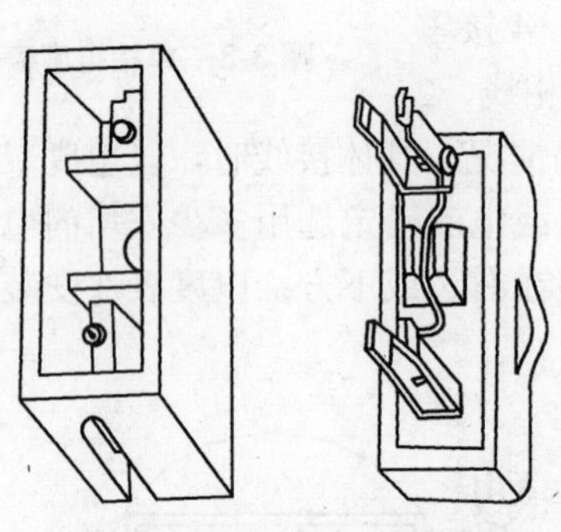

图 3-6　瓷插式熔断器的结构

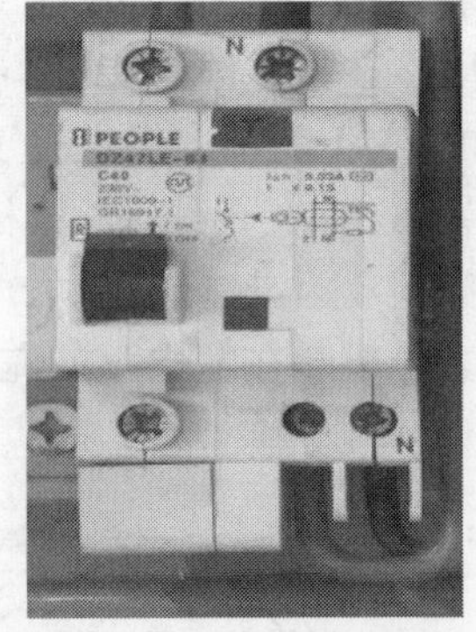

图 3-7　漏电保护器实物图

漏电保护器按动作原理分，有电压动作型和电流动作型；按内部结构分，有电磁式和电子式。

2. 安装照明配电板

图 3-8 所示是一种家用配电板实物图及其相应的电路接线图。安装照明配电板的步骤如下：在配电板上确定单相电度表、闸刀开关、熔断器等器件的位置，并在配电板上画线；安装固定单相电度表、闸刀开关、熔断器等器件；把各个器件用导线连接，要求各导线要做到平直；使用万用表检查线路连接是否正确；接通电源，进行试验。

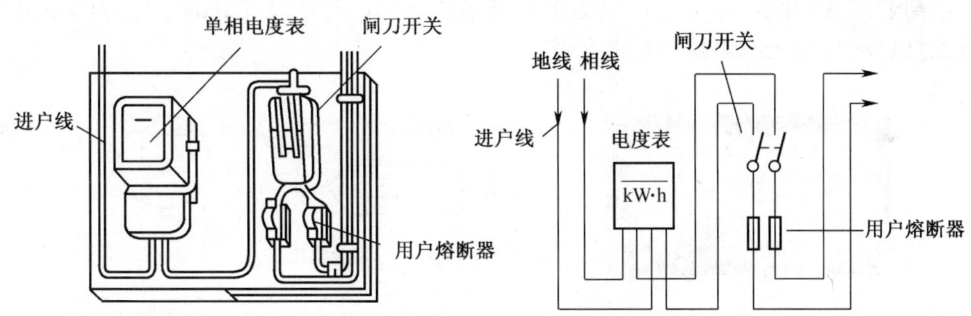

图 3-8 配电板实物图及接线图

任务二 日光灯的安装

1. 认识日光灯

（1）日光灯管

日光灯管是一个在真空条件下充有一定数量氩气和少量水银的玻璃管，如图 3-9、图 3-10 所示，管的内壁涂有荧光材料，两个电极用钨丝绕成，上面涂有一层加热后能发射电子的物质。管内氩气既可帮助灯管点亮，又可延长灯管寿命。

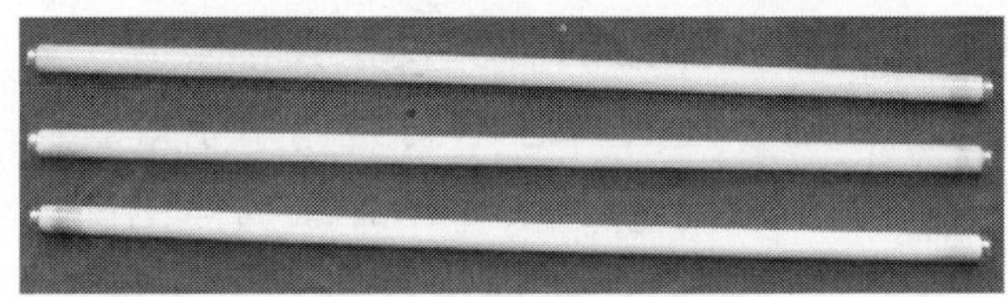
图 3-9 日光灯管实物图

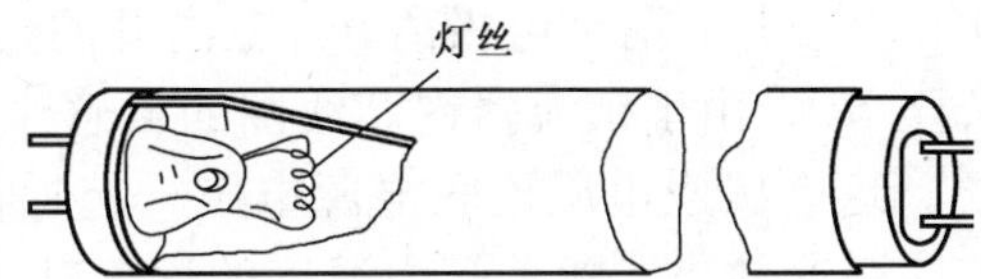

图 3-10 日光灯管的内部结构

（2）镇流器

镇流器又叫限流器、扼流圈，它是一个具有铁芯的线圈。其作用表现在两个方面：一是在日光灯启动时它产生一个很高的感应电压，使灯管点亮；二是灯管工作时限制通过灯管的电流不致过大而烧毁灯丝。镇流器实物图和原理图如图 3-11 所示。

（a）镇流器实物图

（b）镇流器原理图

图 3-11 镇流器实物图和原理图

（3）启辉器

启辉器外面是一个铝壳（或塑料壳），里面有一个氖灯和一个纸质电容器，氖灯是一个充有氖气的小玻璃泡，里边有一个 U 形双金属片和一个静触片，如图 3-12 所示。双金属片是由两种膨胀系数不同的金属组成，受热后，由于两种金属的膨胀不同而弯曲程度减小，与静触片相碰，冷却后恢复原形与静触片分开。与氖灯并联的小电容的作用是减小日光灯启动时对无线电接收机的干扰。

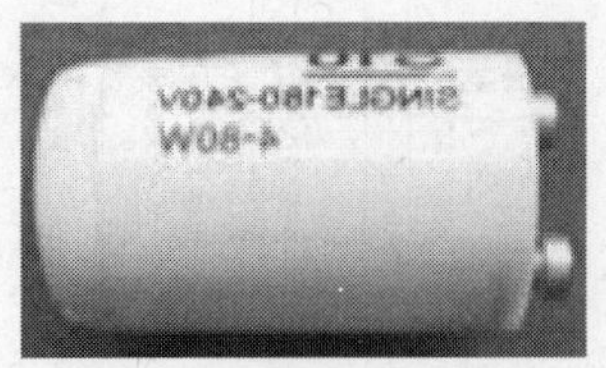

（a）启辉器实物图

静触片

双金属片

（b）启辉器内部结构　（c）启辉器原理图

图 3-12　启辉器实物图、内部结构及原理图

（4）日光灯工作原理

图 3-13 所示为日光灯电路原理图。当电源接通时，电源电压同时加在灯管和启辉器的两个电极之间，对灯管来说，此电压太低，不足以使其放电；但对启辉器来说，此电压足以使它内部的氖气产生辉光放电而发热，两个触片接通，使电流从电源一端流过镇流器和灯管两端的灯丝，使灯丝加热并发射电子；此时，启辉器内两个电极接通，电极间电压为零，辉光放电停止，双金属片冷却，U 形金属片因温度下降而复原，两个电极离开。在离开的一瞬间，流过镇流器的电流发生突然变化（突降至零），由于镇流器铁芯线圈的自感作用，产生足够高的自感电动势作用于灯管两端。这个感应电压连同电源电压一起加在灯管的两端，使灯管内的惰性气体电离而产生弧光放电。随着管内温度的逐渐升高，水银蒸气游离，碰撞惰性气体分子放电，当水银蒸气弧光放电时，就会辐射出不可见的紫外线，紫外线激发灯管内壁的荧光粉后发出可见光。

正常工作时，灯管两端的电压较低（40W 灯管的两端电压约为 110V，20W 的灯管约为 60V），此电压不足以使启辉器再次产生辉光放电。因此，启辉器仅在启动过程中起作用，一旦启辉完成，便处于断开状态。而镇流器在启动时由于高压的作用，在启动前灯丝预热瞬间及启动后灯管工作时起限流作用。

2. 日光灯的安装

① 清点所需材料，如图 3-14 所示。

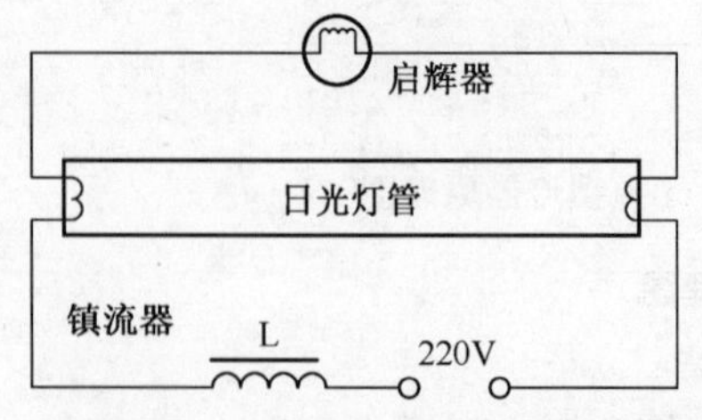

图 3-13　日光灯电路原理图

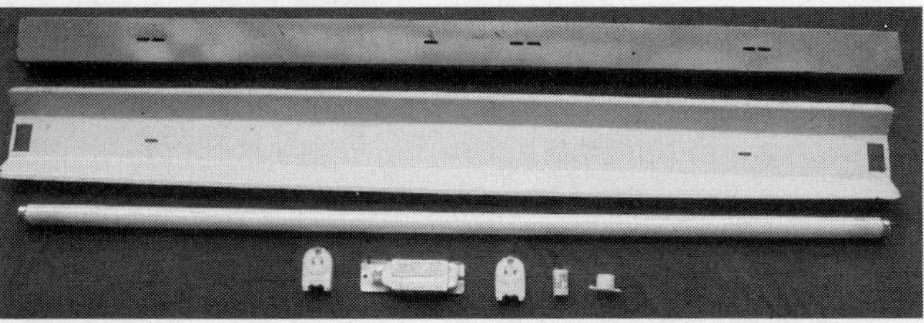

图 3-14　安装日光灯所需材料

② 把镇流器和启辉器座用螺丝固定在灯架的适当位置，如图 3-15 所示。

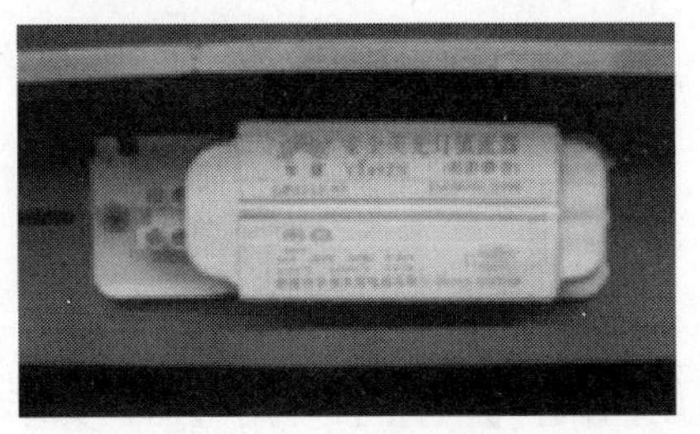

图 3-15 安装固定镇流器和启辉器座

③ 按照图 3-16 所示顺序用导线连接灯座、启辉器座、镇流器，连接完成后用万用表检查连线是否完好。接电源的两根线从灯架穿出来，接上插头待用。

④ 把两个灯座卡装在灯架上，安装固定聚光板，安上启辉器和灯管，经教师检查后，将插头插入照明电路的插座，看灯管是否发光，如图 3-17 所示。

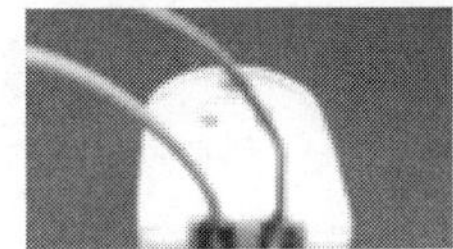

（a）焊接一灯座

（b）焊接启辉器座

（c）焊接另一灯座

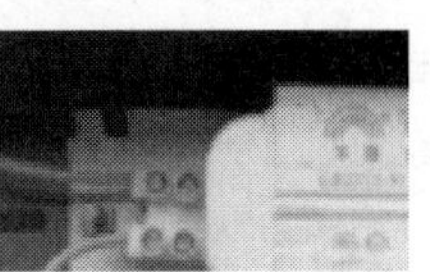

（d）镇流器接线

图 3-16 日光灯接线示意图

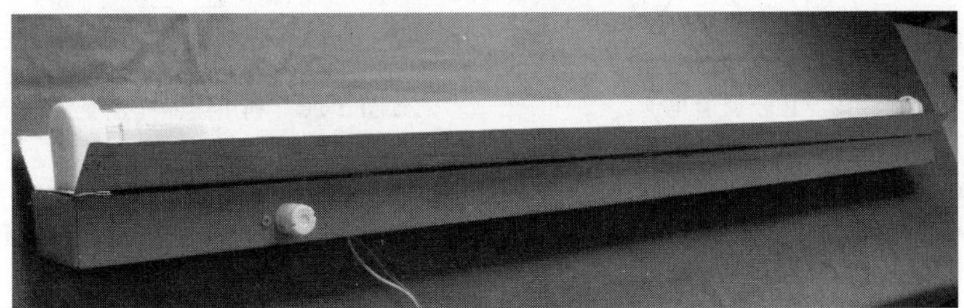

图 3-17 组装完成后的日光灯

安装日光灯时，有以下注意事项。

① 安装日光灯时必须注意各个零件的规格一定要配合好，灯管的功率和镇流器的功率要相同，否则灯管不能发光或是使灯管和镇流器损坏。

② 如果所用灯架是金属材料的，应注意绝缘，以免短路或漏电，发生危险。

③ 要了解启动器内双金属片的构造，可以取下启辉器外壳来观察。用废日光灯管解剖了解灯丝的构造时，因灯管内的水银蒸气有毒，应注意通风。

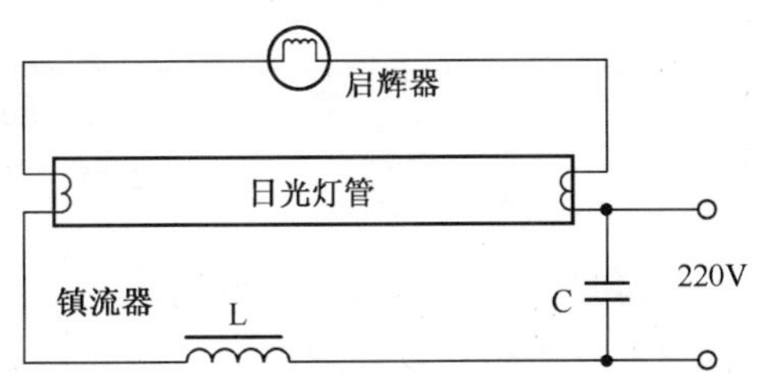

图 3-18 安装有电容的日光灯电路

④ 有的日光灯上安装有电容（并联在电源两端），如图 3-18 所示，这是为了减少电力输送时的损失（即提高功率因数），对日光灯的启动并没有作用。

二、项目基本知识

知识点一　单相交流电基础

1. 交流电

（1）交流电的产生

大小和方向都不随时间而变化的电流或电压叫做直流电，许多用电器，如手机、电子表、收音机等电器都使用直流电来工作。大小和方向都随时间作周期性变化的电流或电压叫做交流电，家庭用电和工业动力用电都是正弦交流电。所谓正弦交流电，即电压和电流的大小与方向按正弦规律变化，如图 3-19 所示。

交流电通常由交流发电机产生。交流发电机包括两大部分：一个可以自由转动的电枢（转子）和一对固定的磁极（定子）。电枢上绕有线圈，线圈切割磁极产生的磁力线，便可产生感应电动势。交流发电机的基本原理可以利用图 3-20 所示的矩形线圈 *abcd*，在匀强磁场中沿逆时针方向作匀速转动来说明（本书不再详述）。

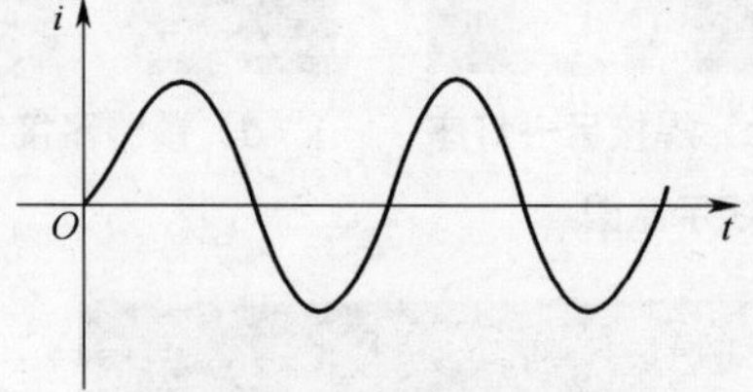

图 3-19　正弦交流电流

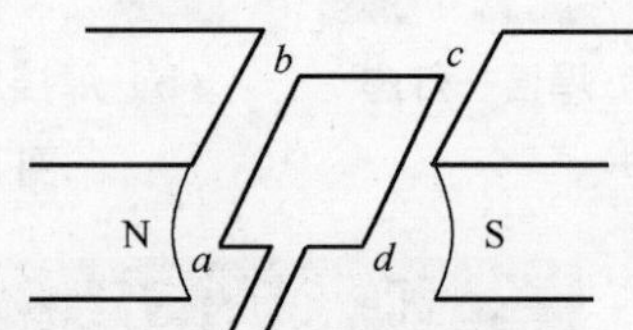

图 3-20　利用线圈产生交流电示意图

上述过程可利用如图 3-21 所示的感生电动势波形图来描述。

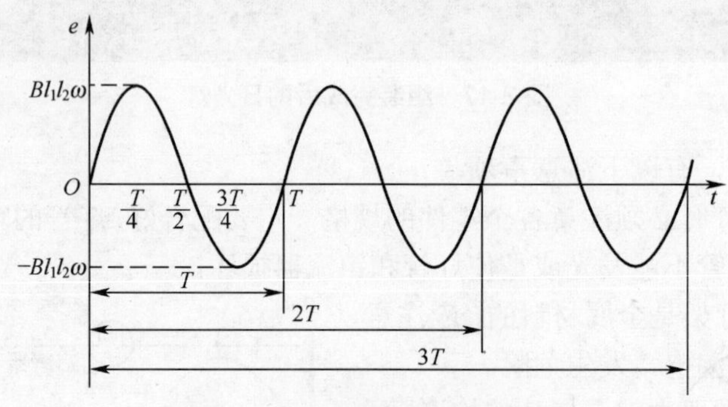

图 3-21　线圈感生电压的波形

如果只有一个线圈在磁场里转动，电路里只产生一个交变电动势，这种发电机叫做单相交流发电机，发出的电流叫做单相交变电流。

目前应用最为广泛的是三相交流电，其电源是由三相发电机产生的。在磁场里均匀放置 3 个互成 120° 的线圈，如图 3-22 所示，3 个线圈同时转动，电路里就产生 3 个交变电动势，这种发电机叫做三相交流发电机，发出的电流叫做三相交变电流。

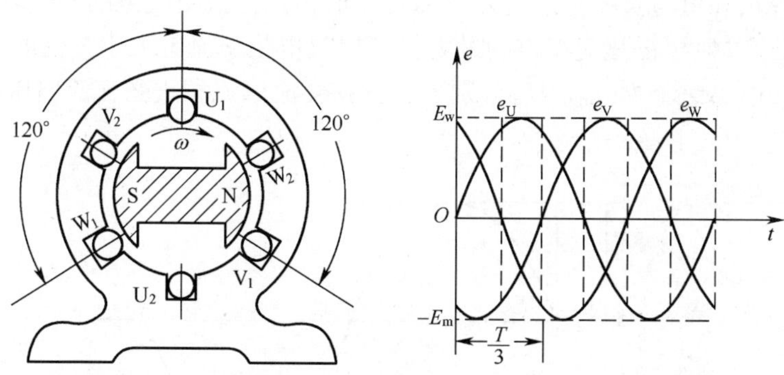

图 3-22　三相交流发电机示意图和三相交变电流的电动势

（2）三相四线制

将三相发电机三相绕组的末端 U_2、V_2、W_2（相尾）连接在一点，始端 U_1、V_1、W_1（相头）分别与负载相连，这种连接方法叫做星形（Y 形）连接，如图 3-23 所示。

从三相电源 3 个相头 U_1、V_1、W_1 引出的 3 根导线叫做相线，俗称火线，Y 形公共连接点 N 叫做中点，从中点引出的导线叫做中线或零线。由 3 根相线和 1 根中线组成的输电方式叫做三相四线制（通常在低压配电中采用）。三相四线制输出两种电压，即线电压和相电压。

每相绕组始端与末端之间的电压（即相线与中线之间的电压）叫做相电压，任意两相火线之间的电压（即火线与火线之间的电压）叫做线电压。

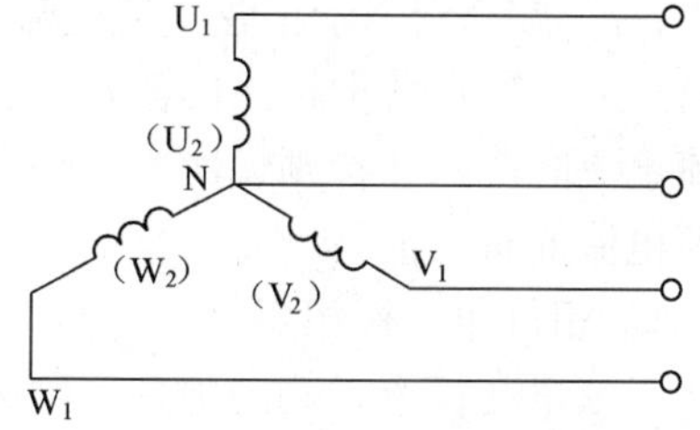

图 3-23　三相绕组的星形接法

（3）交流电的三要素

① 瞬时值、最大值、有效值

瞬时值：正弦波上每一点的幅度称为正弦交流电的瞬时值，它反映该点正弦交流电的大小，电压用“u”表示，电流用“i”表示。

峰值：正弦波上幅度最大点的值称为峰值，又称为幅值或振幅。峰值有两个，其中一个峰值为正值，另一个峰值为负值，两者绝对值相等，如图 3-24 所示。

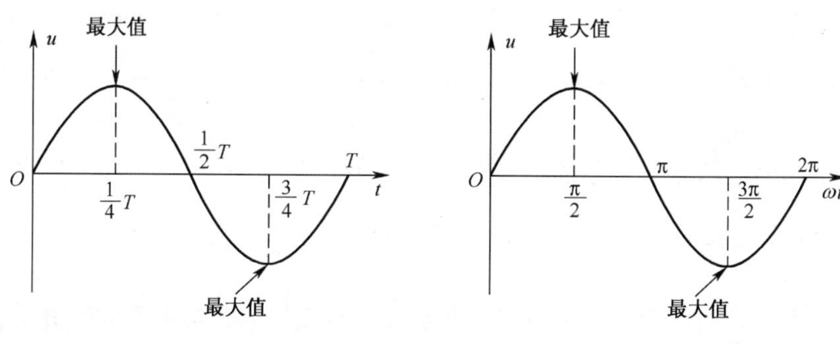

（a）以 t 为横坐标　　（b）以 ωt 为横坐标

图 3-24　正弦交流电波形

峰—峰值：正峰值与负峰值之间差值的有效值称为正弦交流电的峰—峰值，如图 3-25 所示。峰值的绝对值称正弦交流电的最大值，反映正弦交流电大小变化的范围，用大写字母加下标“m”表示，如 I_m、U_m 分别表示正弦交流电流和正弦交流电压的最大值。

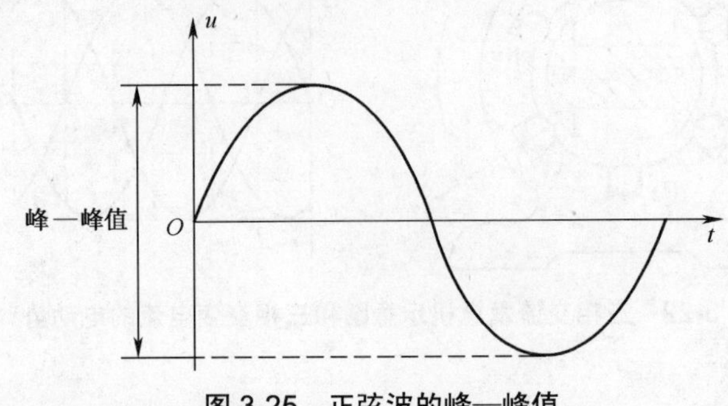

图 3-25　正弦波的峰—峰值

有效值：让交流电和直流电通过同样阻值的电阻，如果它们在相同时间里产生的热量相同，则该直流电的数值就叫做交变电流的有效值。

$$I = 0.707I_m，U = 0.707U_m$$

式中，I、U 分别表示正弦交流电流和正弦交流电压的有效值。

一般电气设备上标注的额定电压、额定电流都是指有效值。当给定或测量交流电压、交流电流时，除非特别说明，一般都是指有效值。大多数仪表都能测量显示交流电压、交流电流的有效值。

② 相位角、初相角

正弦量在任意时刻的电角度称为相位角，也称相位或相角，用（$\omega t+\varphi_0$）表示，它反映了交流电变化的进程。其中 φ_0 为正弦量在 $t=0$ 时的相位，称为初相位，也称初相角或初相。角频率反映了正弦交流电的变化快慢。t 时间正弦波的相位为

$$\varphi = \omega t+\varphi_0$$

式中，φ 称为相位角，φ_0 为初相角。

③ 周期、频率、角频率

周期：正弦波完成一次循环所需的时间叫周期，用“T”表示，单位是秒（s）。

频率：指 1s 循环的次数，用“f”表示，单位是赫兹（Hz），简称赫。

角频率：指 1s 变化的电角度，用“ω”表示，单位是弧度/秒（rad/s）。

三者之间的关系：$T=\dfrac{1}{f}$，$\omega=\dfrac{2\pi}{T}=2\pi f$ 。

在我国，发电厂提供的正弦交流电频率是 50Hz，其周期是 $T=\dfrac{1}{50}\ \text{s}=0.02\text{s}$ 。

2. 照明装置安装工艺

（1）圆木的安装

圆木也叫木台，用于明线安装方式。在明线敷设完毕后，需要在安装开关、插座、挂线盒等处先安装圆木。在木质墙上可直接用螺钉固定圆木；对于混凝土或砖墙，应先钻孔，再插入木榫或膨胀管。

安装圆木前要先对圆木进行加工：根据要安装的开关、插座等的位置和导线敷设的位置，在圆木上钻好出线孔、锯好线槽，然后使导线从圆木的线槽进入圆木，从出线孔穿出（在圆木下留出一定余量的导线），再用较长木螺钉将圆木固定牢固，如图 3-26 所示。

（2）灯座的安装

① 平灯座的安装

平灯座应安装在已固定好的圆木上。平灯座上有两个接线柱，一个与电源中线连接，另一个与来自开关的相线连接。插口平灯座上的两个接线柱可任意连接相线或中线。而对螺口平灯座有严格的规定：必须把来自开关的相线连接在连通中心弹簧片的接线柱上，把电源中线连接在连通螺纹圈的接线柱上，如图 3-27 所示。

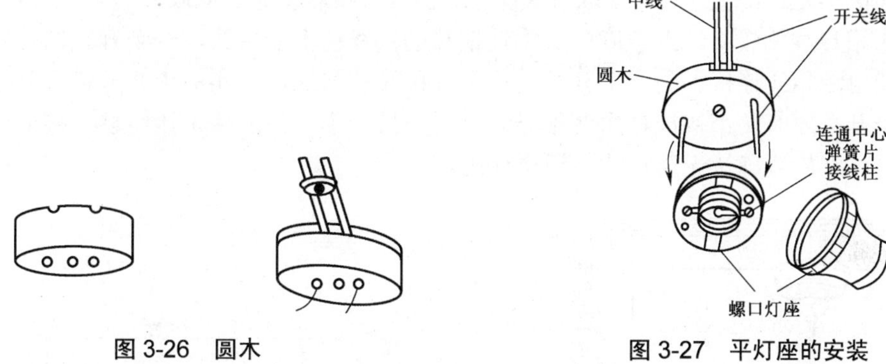

图 3-26　圆木　　图 3-27　平灯座的安装

② 吊灯座的安装

安装挂线盒：将穿过圆木的导线从挂线盒底座线孔穿出，把挂线盒底座安装在已固定好的圆木上，将伸出挂线盒底座的导线端部绝缘层剥去 20mm 左右折成接线圈，分别压接在挂线盒的两个接线端上。

安装吊灯座：先将合适的塑料软线或花线的一端穿入挂线盒罩盖的孔内，并打个结，使其能承受吊灯的重量（采用软导线吊装的吊灯重量应小于 1kg，否则应采用吊链）；然后将导线两端的绝缘层剥去，分别穿入挂线盒底座正中凸起部分的两个侧孔里，再分别接到两个接线柱上，旋上挂线盒盖；最后将软线的另一端穿入吊灯座盖孔内，也打个结，把两个剥去绝缘层的线头接到吊灯座的两个接线柱上，罩上吊灯座盖。安装方法如图 3-28 所示。

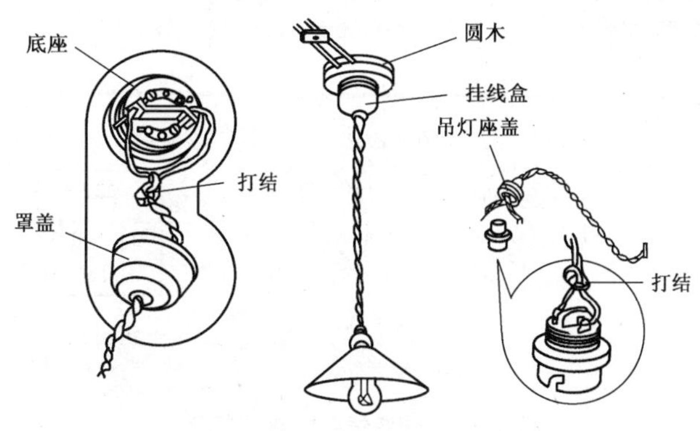

图 3-28　小吊灯座的安装

（3）开关的安装

开关必须接在电源的相线上，也就是说，相线先通过开关再进挂线盒或灯座，这样在开关处于断开状态时，灯座不会带电，从而保证了使用、维修时的安全。

① 单联开关的安装

开关明装时也要装在已固定好的圆木上，将穿出圆木的两根导线（一根为电源相线，另一根为通过开关控制的相线）穿入开关底座的两个线孔，固定开关底座，然后把剥去绝缘层的两个线头分别接到开关的两个接线柱上，最后装上开关盖，如图 3-29 所示。

② 双联开关的安装

双联开关（单刀双掷开关）一般用于在两处用两只双联开关控制一盏灯，如图 3-30 所示。双联开关的安装方法与单联开关类似，但其接线较复杂。双联开关有 3 个接线端，分别与 3 根导线相接。注意双联开关中连铜片的接线柱不能接错，一个开关的连铜片接线柱应和电源相线连接，另一个开关的连铜片接线柱与螺口灯座的中心弹簧片接线柱连接。每个开关还有两个接线柱用两根导线分别与另一个开关的两个接线柱连接。待接好线，经过仔细检查确认无误后才能通电使用。

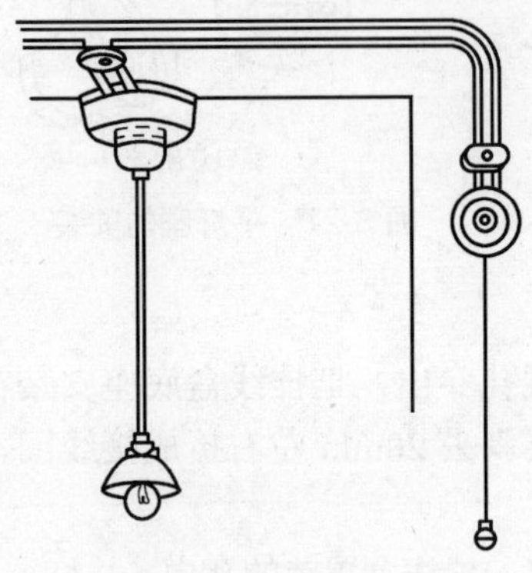

图 3-29　单联开关的安装

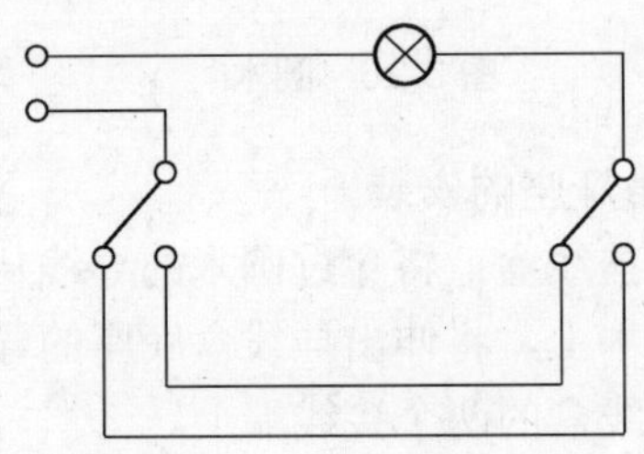

图 3-30　双联开关的安装

（4）插座的安装

插座一般不用开关控制，它始终是带电的。在照明电路中，一般可用双孔插座；但在公共场所、地面具有导电性物质或电气设备有金属壳体时，应选用三孔插座；用于动力系统中的插座，应是三相四孔。它们的接线要求如图 3-31 所示。

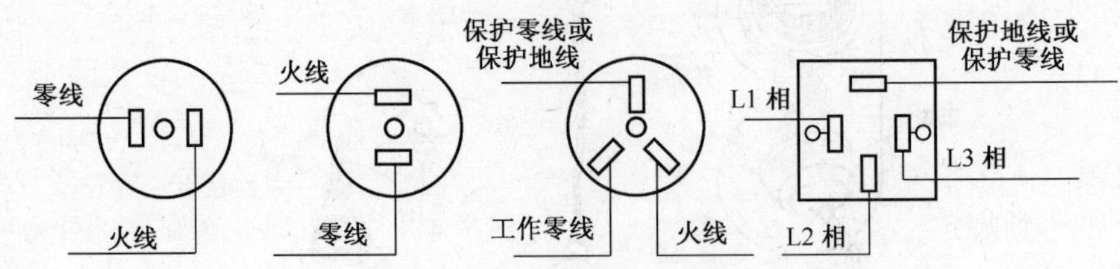

图 3-31　插座插孔极性连接法

插座安装方法与挂线盒基本相同，但要特别注意接线插孔的极性。双孔插座在双孔水平安装时，火线接右孔、零线接左孔（即“左零右火”）；双孔竖直排列时，火线接上孔、零线接下孔（即“下零上火”）。三孔插座下边两孔是接电源线的，仍为“左零右火”，上边大孔接保护接地线，它的作用是一旦电气设备漏电到金属外壳时，可通过保护接地线将电流导入大地，消除触电危险。

三相四孔圆孔插座，下边 3 个较小的孔分别接三相电源相线，上边较大的孔接保护接地线。扁孔插座接法如图 3-31 所示。

明装插座应安装在圆木上，安装方法与安装开关相似，穿出圆木的两根导线为相线和中线，分别接于插座的两个接线柱上。对于单相三极插座，其接地线柱必须与接地线连接，不能用插座中的中线作为接地线。

（5）照明装置安装注意事项

① 对于潮湿、有腐蚀性气体、易燃、易爆的场所，应分别采用合适的防潮、防爆、防雨的开关、灯具。

② 吊灯应装有挂线盒，一般每只挂线盒只能装一盏灯。吊灯应安装牢固，超过 1kg 的灯具必须用金属链条或其他方法吊装，使吊灯导线不承受力。

③ 使用螺口灯头时，相线必须接于螺口灯头座的中心铜片上，灯头的绝缘外壳不应有损伤，螺口白炽灯泡金属部分不准外露。

④ 吊灯离地面距离不应低于 2m，潮湿、危险场所应不低于 2.5m。

⑤ 照明开关必须串接于电源相线上。

⑥ 开关、插座离地面高度一般不低于 1.3m，特殊情况下插座可以装低，但离地面不应低于 150mm。

（6）重要提示

① 不要私自或请无资质的装修队及人员铺设电线和接装用电设备，安装、修理电器用具要找有资质的单位和人员，不要乱拉、乱接电线。

② 在高温、潮湿和有腐蚀性气体的场所，如厨房、浴室及卫生间等，不允许安装一般的插头及插座，应选用有罩盖的防溅型插座。检修这类场所的灯具时，要特别注意防止触电，最好停电后进行。

③ 移动电气设备时，一定要先拉闸停电，后移动设备，绝对不能带电移动。把电动机等带金属外壳的电气设备移到新的地点后，要先安装好接地线，并对设备进行检查，确认设备无问题后才能开始使用。

④ 如不慎家中浸水，首先应切断电源，即把家中的总开关或熔丝拉掉，以防止正在使用的家用电器因浸水导致绝缘损坏而发生事故；其次在切断电源后，将可能浸水的家用电器搬到不浸水的地方，防止浸水的家用电器受潮，影响今后使用。如果家用电器已浸水，绝缘受潮的可能性很大，再次使用前，应用专用的摇表测试设备的绝缘电阻，如达到规定要求，则可以使用，否则要对绝缘进行干燥处理，直到绝缘良好为止。

⑤ 不要超负荷用电，超过限定容量必须到供电部门办理增容申请手续。

3. 常用（家用）低压电器元件

（1）刀开关

瓷底胶盖刀开关又称开启式负荷开关［如图 3-32（a）所示］，它由瓷底板、静触点、触刀、瓷柄、熔体和胶盖等构成。其结构简单、价格低廉，常用作照明电路的电源开关，也可用来控制 5.5 kW 以下异步电动机的启动与停止。因其无专门的灭弧装置，故不宜频繁分、合电路。

① 刀开关的结构和符号

HK 系列刀开关实物图、内部结构及电路符号如图 3-32 所示。

（a）刀开关实物图

瓷柄
动触点
出线座
瓷底板
胶盖
胶盖紧固螺钉
熔丝
进线座
静触点

（b）刀开关内部结构

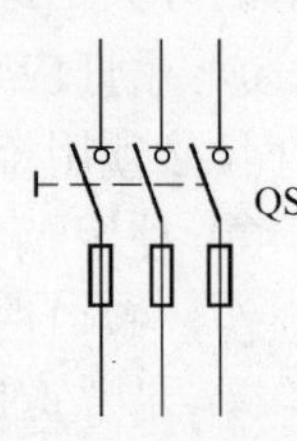

（c）刀开关电路符号

图 3-32 刀开关实物图、内部结构及电路符号

② 刀开关的选用

对于照明和电热负载，可选用额定电压 220V 或 250V、额定电流大于或等于所控制的各支路负载额定电流总和的开关。对于电动机的控制，可选用额定电流大于电动机额定电流 3 倍的开关。

③ 安装和使用刀开关时的注意事项

a．电源进线应接在静触点一边的进线端（进线座应在上方），用电设备应接在动触点一边的出线端。这样，当开关断开时，闸刀和熔体均不带电，以保证更换熔体时的安全（上进下出）。

b．安装时，刀开关在合闸状态下手柄应该向上，不能倒装或平装，以防止闸刀松动落下时误合闸。

（2）熔断器

熔断器是借助熔体在电流超出限定值时熔化而分断电流的一种用于过载和短路保护的电器。熔断器的最大特点是结构简单，体积小，重量轻，使用、维护方便，价格低廉，具有很大的经济意义，又由于它的可靠性高，故在强电系统和弱电系统中都得到了广泛应用。

熔断器按结构分类有半开启式、封闭式两种。封闭式熔断器又可分为有填料式、无填料式及有填料螺旋式等。

熔断器按用途分类，有保护硅整流元件用快速熔断器，一般工业用熔断器，特殊用途熔断器（如直流牵引、旋转励磁用以及自复熔断器）等。

熔断器主要由熔断体（简称熔体，有的熔体装在具有灭弧作用的绝缘管中）、触点插座和绝缘底板组成，如图 3-33 所示。熔体是核心部分，常做成丝状或片状。制造熔体的金属材料有两类：低熔点材料（如铅锡合金、锌等）和高熔点材料（如银、铜、铝等）。

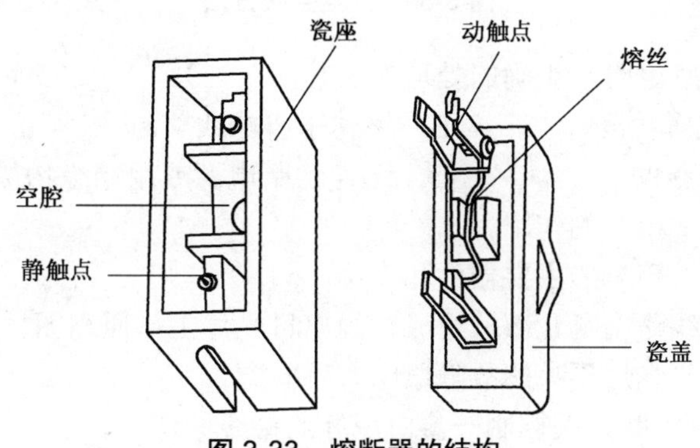

图 3-33 熔断器的结构

熔断器接入电路时，熔体串联在电路中，负载电流流过熔体，由于电流热效应而使温度上升。当电路发生过载或短路时，电流大于熔体允许的正常发热电流，使熔体温度急剧上升，超过其熔点而熔断。

项目学习评价

一、思考练习题

1. 电度表可用来直接测量家庭电路中的（ ）。

A．电压 B．电流 C．电功率 D．电功

2. 下列现象中，可能引起家中熔丝熔断的是（ ）。

① 开关中的两个接线头相碰

② 插座中的两个接线头相碰

③ 电路中增加了大功率的用电器

④ 灯丝烧断

A．①② B．②③

C．③④ D．①④

3. 同学家的 4 盏灯全部熄灭了，检查发现保险丝并未熔断，用测电笔测试室内各处电路时，氖管都在发光，则故障的原因是（ ）。

A．泡全部烧坏 B．室内线路某处短路

C．进户零线断路 D．进户火线断路

4. 在图 3-34 中，螺口灯泡的灯座及开关连接符合安全要求的是（ ）。

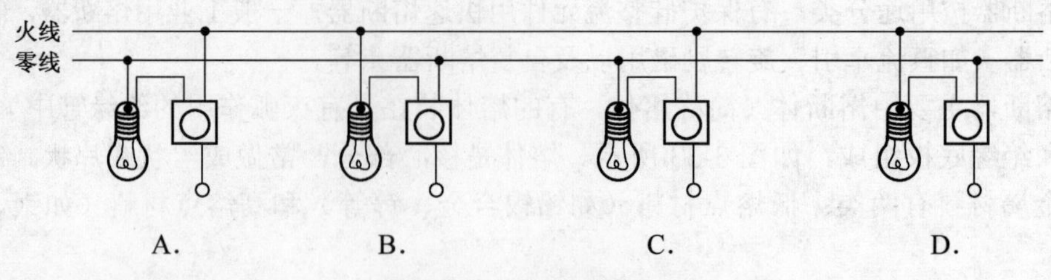

图 3-34　灯泡连接方法

5．当发现有人触电时，正确的处理方法是（　　）。

A．用手将触电者拉开　　　　B．用剪子将电线剪断

C．等其他人来帮助　　　　　D．迅速切断电源或用绝缘物拨开电线

6．简述配电板（箱）的作用。

7．简述配电板（箱）的主要器件和作用。

8．日光灯照明线路由哪几部分组成？画出日光灯工作原理图。

9．接通电源后日光灯不亮的故障原因有哪些？

10．画出用两只双联开关控制一盏白炽灯的接线原理图。

11．什么是低压电器？家庭常用的低压电器有哪些类型？

12．安装照明装置应注意哪些问题？

13．刀开关安装运行和维护需注意哪些事项？

14．接通电源，日光灯启动发光，然后将启辉器取下，这时日光灯是否仍然发光？这说明启辉器只在什么时候才起作用，什么时候失去作用？

二、自我评价、小组互评及教师评价

评价方面	项目评价内容	分值	自我评价	小组互评	教师评价	得分
理论知识	① 安全用电常识	5				
	② 配电板（箱）作用	5				
	③ 照明装置安装工艺	5				
	④ 识读接线电路图	10				
实操技能	① 安装配电板	20				
	② 组装日光灯	20				
	③ 识别各类低压电器	10				
	④ 排除线路简单故障	10				
学习态度	① 严肃认真的学习态度	5				
	② 严谨条理的工作态度	5				
安全文明生产	违反操作规程，每次扣 5 分					

三、个人学习总结

成功之处	
不足之处	
改进方法	

项目四　变压器及其使用

项目情境创设

在电力传输中，为了降低线损，要提高输电电压，送到用电地区后，再把输电电压逐级降为配电电压，然后送到各用电分区，最后经配电变压器把电压降到用户所需要的电压等级供用户使用。在这个过程中就要用到电力变压器。

在各种电子电气设备中，也经常需要改变电路中信号的电压、电流，并进行各级放大器之间的阻抗匹配，因此也要用到小型或微型的变压器。

项目学习目标

学习目标		学习方式	学时
知识目标	① 理解磁场的主要基本概念 ② 掌握并能利用电磁感应定律和楞次定律解决电磁问题 ③ 掌握变压器的符号表示方法 ④ 理解变压器的变压、变流、阻抗转换原理 ⑤ 掌握三相四线制的特点以及三相负载的两种接法	实验	4
技能目标	① 能读懂变压器的铭牌 ② 能判断出变压器的同名端 ③ 能检测变压器的常见故障 ④ 能做好三相变压器的连接工作	讲授	4

项目基本功

一、项目基本技能

任务一　认识和检测单相变压器

1. 认识变压器

变压器是一种静止的电气设备，它利用电磁感应原理，把输入的交流电压升高或降低为同频率的相应交流电压输出，以满足电路中的供电需求，达到传输电能的目的。

（1）变压器的分类

根据变压器的功率和用途，可以分为电力变压器和电子变压器。

根据变压器中工作交流电的相数，可以分为单相变压器、三相变压器和多相变压器。

根据变压器的冷却方式，可以分为干式（自冷）变压器、油浸（自冷）变压器、氟化物（蒸发冷却）变压器。

根据变压器中工作交流电的频率，可以分为工频变压器、音频变压器、高频变压器、脉冲变压器。

变压器除了应用在电力系统中外，还应用在需要特种电源的工矿企业中，如冶炼用的电炉变压器、电解或化工用的整流变压器、焊接用的电焊变压器、交通用的牵引变压器、补偿用的电抗器、保护用的消弧线圈、测量用的互感器及调压变压器等。常见的变压器如图 4-1 所示。

三相电力变压器

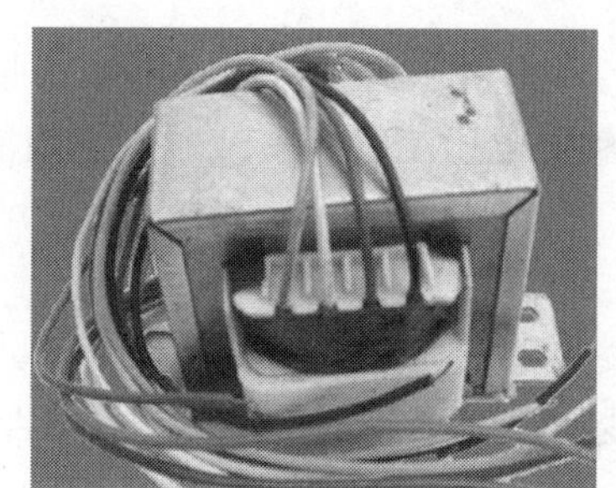

小型单相电源变压器

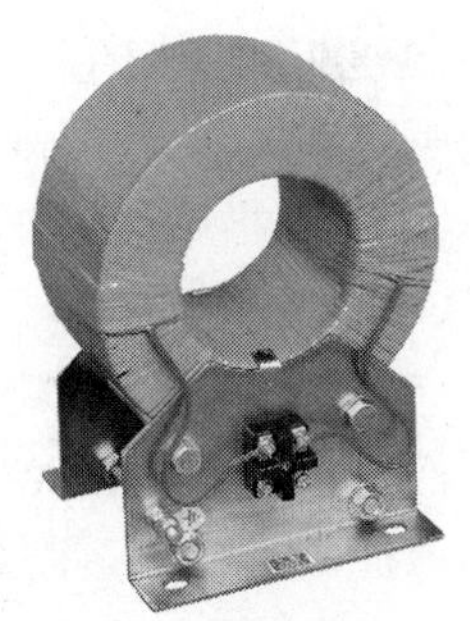

互感器

高频变压器

网络变压器

中频变压器（中周）

图 4-1　常见的变压器

（2）变压器的铭牌

生产厂家在设计和制造变压器时，规定了变压器安全工作的基本工作数据，即变压器的额定值，并将它们印制到变压器表面的铭牌上，称为铭牌数据。铭牌数据是正确使用变压器的重要依据。图 4-2 为某电力变压器的铭牌示意图。现以某一台电力变压器为例来介绍其内容。

电力变压器

产品型号 SL7−500/10	产品编号
额定容量 500 kV·A	使用条件 户外式
额定电压 10000/400V	冷却条件 ONAN
额定电流 28.9/721.7A	短路电压 4.05%
额定频率 50 Hz	器身吊重 1015kg
相　数 三相	油　重 302kg
连接组别 Y，yn0	总　重 1753kg
制造厂	生产日期

图 4-2　电力变压器的铭牌示意图

变压器的额定数据主要有以下几项。

① 额定容量

额定容量是指变压器在额定频率、额定电压和额定电流的情况下所能传输的视在功率，单位是伏安（VA）或千伏安（kV·A）。一般容量在 630kV·A 以下的为小型电力变压器；800～6300kV·A 的为中型电力变压器；8000～63000kV·A 的为大型电力变压器；90000kV·A 及以上的为特大型电力变压器。

② 额定电压 U_{1N}、U_{2N}

原绕组的额定电压 U_{1N} 是指变压器正常运行时加在原边绕组上的线电压。副边额定电压 U_{2N} 是指原绕组加上额定电压副绕组空载时副绕组的端电压，单位有伏（V）或千伏（kV）。

③ 额定电流 I_{1N}、I_{2N}

额定电流是根据允许发热条件而规定的满载电流值。在三相变压器中，铭牌上所表示的电流数值是原、副边线电流的额定值，单位是安（A）或千安（kA）。

④ 额定频率

额定频率是指变压器工作电源的频率，变压器是按此频率设计的。我国电力变压器的额定频率都是 50Hz。

（3）变压器的型号

按 JB/T 3837—1996《变压器类产品型号编制方法》的规定，变压器型号采用汉语拼音大写字母表示，或用其他合适的字母来表示产品的主要特征，用阿拉伯数字表示产品性能水平代号或设计序号和规格代号。变压器型号通常由表示相数、冷却方式、调压方式、绕组材料的符号，以及变压器容量、额定电压、绕组连接方式组成。变压器型号、规格意义如图 4-3 所示。

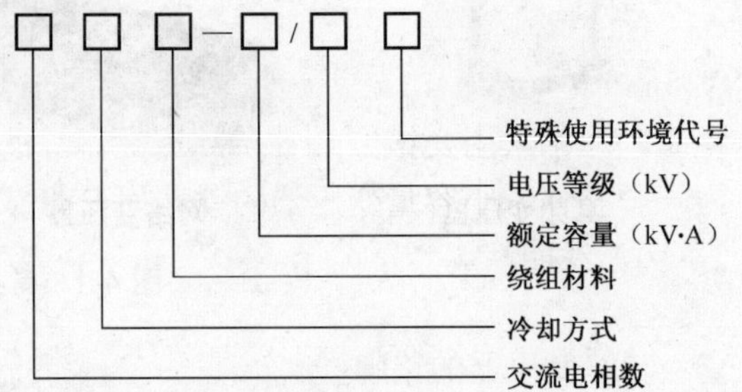

图 4-3　变压器的型号

变压器型号（新）中各字母的含义分别如下。

第 1 位：S—三相；D—单相。

第 2 位：J—油浸冷却；G—干式空气自冷；FP—强迫油循环风冷。

第 3 位：L—铝线；不写为铜线。

“/” 前数字；额定容量（kV・A）。

“/” 后数字；额定电压（kV）。

例如：

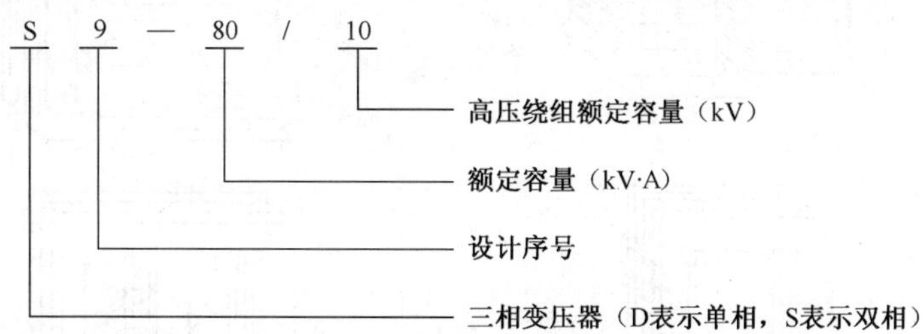

（4）小型变压器的结构

小型变压器是指用于工频范围内进行电压、电流变换的小功率变压器，容量从几十伏安到 2kV・A。这种变压器的应用十分广泛。小型变压器由铁芯和线圈两大部分组成。

① 铁芯

变压器的铁芯主要是形成磁场的通路，减小绕组所形成磁场的损失。根据变压器的工作频率不同，铁芯的材料也不同，对于工频变压器主要采用硅钢或矽钢材料，对于高频变压器主要采用铁氧体的磁芯。常用的铁芯有 E 字形、日字形、F 字形、Ⅱ字形和 C 字形，如图 4-4 所示。

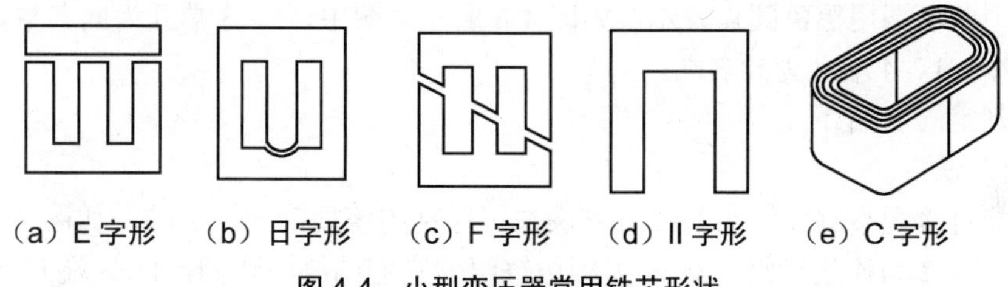

图 4-4　小型变压器常用铁芯形状

为了减少铁芯中的损耗，变压器的铁芯都用硅钢片叠装而成，硅钢片的厚度一般为 0.35mm，少数为 0.5mm，其表面涂上绝缘漆并烘干或利用表面的氧化膜使得硅钢片彼此绝缘。通常采用交错方式叠装，使硅钢片的接缝错开，叠到规定的尺寸后，将其夹紧成为一个整体。小容量变压器的铁芯用 E 形或 F 形硅钢片叠成。

② 线圈

线圈是变压器的电路部分，主要任务是利用电磁感应原理，在变压器中进行电—磁、磁—电的转换工作。

大多数小型变压器都采用互感双线圈结构，即原边和副边侧由两个线圈组成。线圈与铁芯组合的结构方式有心式和壳式两种。单相小型变压器，除了Ⅱ字形和 C 字形两种采用心式结构外，其余的铁芯都采用壳式结构；三相小型变压器，通常用 E 字形铁芯组成心式结构。心式和壳式变压器的外形如图 4-5 所示。

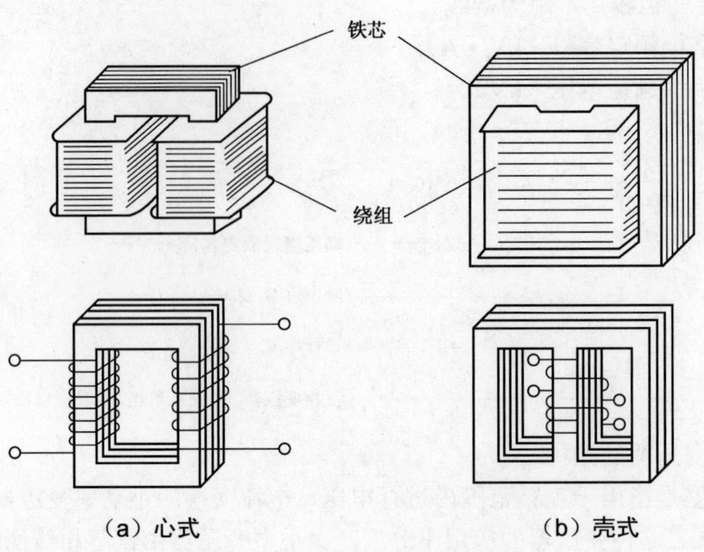

（a）心式　　（b）壳式

图 4-5　心式和壳式变压器的外形

2. 判定变压器同名端

（1）认识同名端

变压器绕组的极性是指变压器原、副边绕组的感应电势之间的相位关系。两绕组中同时产生感应电势，在任何时刻两绕组同时具有相同电势极性的两个端头互为同名端，在电路图中同名端用黑色圆点表示，如图 4-6 所示。图中，1、3 端互为同名端，2、4 端互为同名端；1、4 端互为异名端。

（2）判定同名端

① 直观法

如果能直接观察到各绕组的绕制方法，可以利用绕向确定同名端，如图 4-7 所示。图 4-6 中，1、2 为原边绕组，3、4 为副边绕组。它们的绕向相同，1、3 端互为同名端，2、4 端互为同名端；1、4 端互为异名端。而在图 4-7 中，1、2 为原边绕组，3、4 为副边绕组。它们的绕向相反，1、4 端互为同名端，2、3 端和 1、4 端互为同名端；1、3 端和 2、4 端互为异名端。

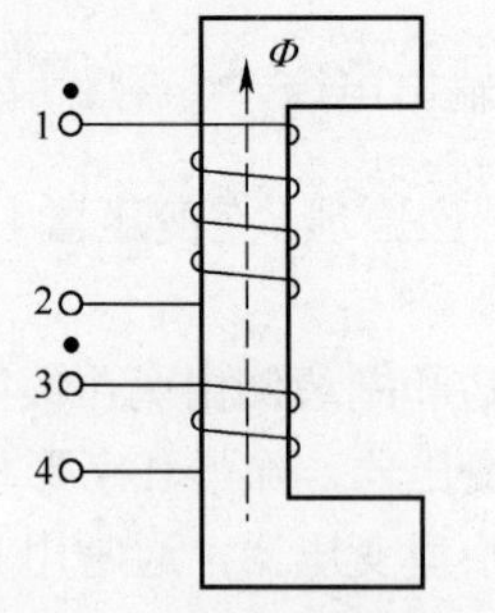

图 4-6　同绕向变压器的同名端

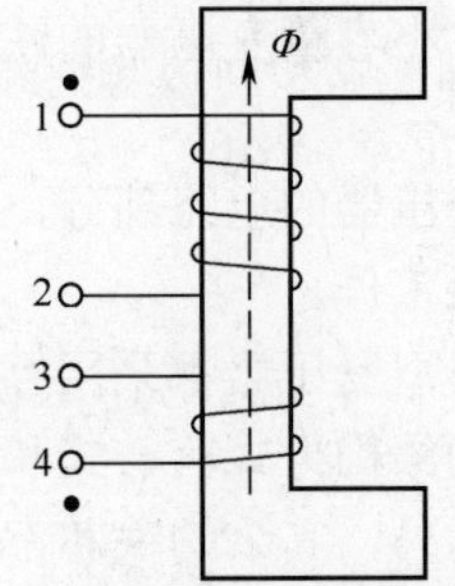

图 4-7　反绕向变压器的同名端

② 直流法

用1.5V或3V的直流电源，按图4-8所示连接。直流电源接在高压绕组上，灵敏电流计或置于直流小电流挡的万用表接在低压绕组两端，正接线柱接3端，负接线柱接4端。在开关合上的一瞬间，如果电流计指针向右偏转，则1、3端为同名端；否则电流计指针向左偏转，则1、4端为同名端。因为一般灵敏电流计电流从“+”接线柱流入时，指针向右偏转，从“－”接线柱流入时，指针向左偏转。

③ 交流法

如图4-9所示，将一、二次绕组各取一个接线端连接在一起，如图中2端和4端，并在N_2、N_1绕组上加上适当的交流电u_{12}，再用交流电压表测量u_{12}、u_{13}、u_{34}各值。如果测量结果为$u_{13}=u_{12}-u_{34}$，则1、3端为同名端；如果$u_{13}=u_{12}+u_{34}$，则1、4端为同名端。

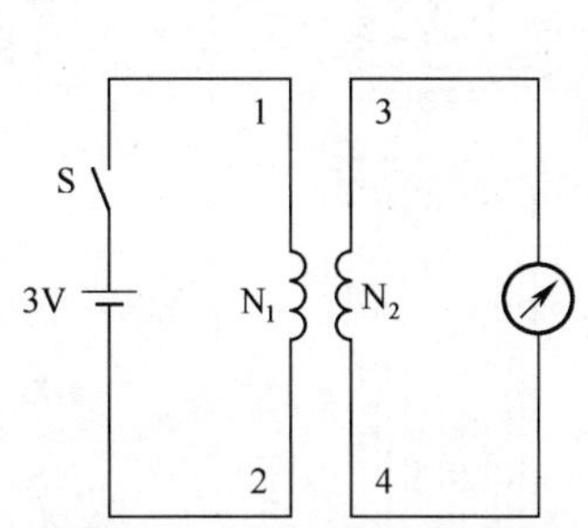

图4-8 直流电压测同名端

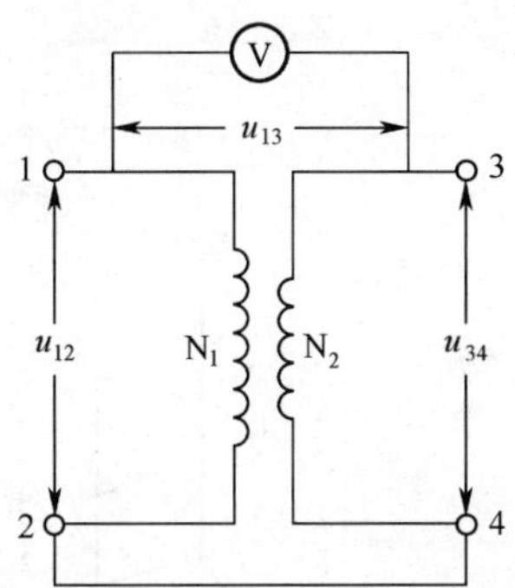

图4-9 交流电压测同名端

3. 变压器的故障检测

（1）变压器的常见故障

小型变压器常见的故障主要有线圈断路、线圈短路、电压击穿以及铁芯接地。

（2）变压器的检测方法

① 外观检查法

在断电的情况下，用眼睛仔细观察变压器的表面，变压器的绝缘纸发黑、表面焦黄，说明变压器有过载现象或内部有短路现象；用鼻子闻，如果有烧焦的油漆味，也说明变压器有短路或过载现象。

② 万用表测绕组电阻

原边线圈断路和副边线圈断路都会使变压器没有输出电压，可用万用表电阻挡进行测量，线圈断路时电阻应为无穷大，即$R=\infty$。如果测量的绕组其直流电阻值远小于参考值，则说明该绕组有短路现象。

③ 测绝缘电阻

变压器的短路现象有某一个绕组的匝间短路，也有两个绕组之间的短路，还有绕组与铁芯之间的短路。可以用万用表电阻挡测量两个绕组接线端之间的电阻，以及绕组的一个接线端和铁芯之间的电阻，阻值应该为∞。也可以用兆欧表来测量，绝缘电阻不能小于90MΩ，否则就要重新绕制变压器。

④ 电压电流测量法

可用测试空载电流的方法检查。当原边线圈或副边线圈内部短路时，即 $R \to 0$，此时变压器的空载电流增加很多，并且绕组温升很高，甚至会冒烟，因此测试速度要快。

任务二 三相电力变压器的使用与维护

1. 认识三相电力变压器

在工业电力传输中，使用的都是三相变压器，其结构上比单相变压器复杂，体积上也比较大，绕组是用铜带来实现的。常见三相电力变压器的结构如图 4-10 所示。

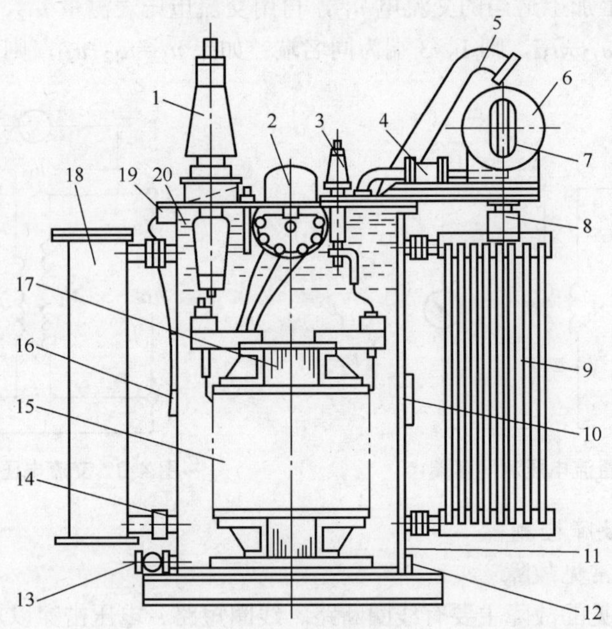

1—高压套管；2—分接开关；3—低压套管；4—瓦斯继电器；5—防爆管；6—油枕；7—油位表；8—吸湿器；9—散热器；10—铭牌；11—接地螺栓；12—油样活门；13—放油阀门；14—活门；15—绕组；16—温度计；17—铁芯；18—净油器；19—油箱；20—变压器油

图 4-10 三相电力变压器结构

常用三相变压器铁芯的形式如图 4-11 所示。

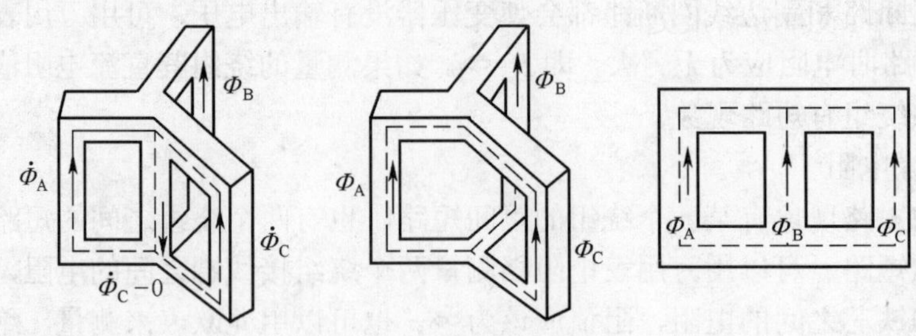

图 4-11 三相变压器铁芯

2. 三相变压器负载的连接

三相变压器，不论是高压绕组还是低压绕组，都有 3 个绕组，每个绕组有两个端点，各端点的标号规定如表 4-1 所示。我国主要采用星形连接（Y 连接）和三角形连接（D 连接）两种方式。

表 4-1 变压器各绕组端头标号

绕组名称	单相变压器		三相变压器		
	首 端	末 端	首 端	末 端	中 点
高压绕组	U_1	U_2	U_1、V_1、W_1	U_2、V_2、W_2	N
低压绕组	u_1	u_2	u_1、v_1、w_1	u_2、v_2、w_2	n
中压绕组	U_{1m}	U_{2m}	U_{1m}、V_{1m}、W_{1m}	U_{2m}、V_{2m}、W_{2m}	Nm

星形连接方式：以高压绕组为例，把三相绕组的 3 个末端 U_2、V_2、W_2 连在一起，结成中点，而把它们的 3 个首端 U_1、V_1、W_1 引出，便是星形连接，以符号“Y”表示，低压侧拼成星形连接，以符号“y”表示。如果中点接入中线，用“Y_0，y_0”表示。

三角形连接方式：如果把一相的末端和另一相的首端连接起来，顺序形成一闭合电路，称为三角形连接，用“D”表示，低压侧拼成三角形连接，以符号“d”表示。

由于三角形连接的相电压等于线电压，所以绕组上的电压也高；而星形连接的相电压等于线电压的 $\frac{1}{\sqrt{3}}$，对绕组的绝缘要求也高，因此高压侧一般都采用星形连接。三相变压器的连线方法有 Y/d、Y/Y 和 Y/Y0 三种形式。

3. 变压器的使用与维护

为了保证变压器能安全可靠地运行，防止严重故障出现，我们要对变压器进行定期检查，监测其运行状态。变压器在运行过程中，常见的故障主要有绕组故障、铁芯故障及分接开关、瓷套管故障等，其中绕组故障居多。

（1）变压器的维护

① 检查套管和磁裙的清洁程度并及时清理，保持磁套管及绝缘子的清洁。

② 冷却装置运行时，应保证冷却器进、出油管的蝶阀在开启位置；散热器的进风通畅，入口干净无杂物；潜油泵转向正确，运行中无异常声音及明显震动；风扇运转正常，冷却器控制箱内分路电源自动开关闭合良好，无震动及异常声音；冷却器无渗漏油现象。

③ 保证电气连接紧固、可靠。

（2）变压器的故障分析及处理

① 绝缘降低。变压器在运行中，往往会出现绝缘降低的现象。绝缘降低最基本的特点是绝缘电阻下降，以致造成运行泄露电流增加、发热严重、温升增高，从而进一步促进绝缘老化。若延续下去，后果非常严重。绝缘下降的原因之一是绝缘受潮；原因之二是绝缘老化，一些年久失修的老变压器最容易出现这类故障；原因之三是油质劣化，绝缘性变差。

② 温升过高。温升过高最明显的特征是电流表指针超过了预定界限。温升过高的原因有：电流过大，负荷过重，超过变压器容量允许限度；通风不良；变压器内部损坏。

③ 变压器内部的损坏。主要指线圈损坏、短路、油质不良等，应当针对损坏情况进

行修理。

④ 声响异常。变压器运行正常时会发出连续匀称的“嗡嗡”声。变压器发出“吱吱”声时，说明沿绝缘体表面有闪络放电，应检查套管。变压器有“哔剥”声，说明有绝缘体内部发生击穿现象，可能出现在线圈之间或铁芯与夹件之间。

⑤ 瓦斯继电器动作。其原因主要有：油位降低，二次回路故障，可由外部检查可确定；滤油、加油或冷却系统不严密，致使空气进入变压器。

⑥ 变压器自动装置跳闸。此时应检查外部有无短路、过负荷和二次线路等故障。如故障原因不在外部，则需要检查绝缘电阻。若失火，则需要拉闸放油，使油面低于着火处，并进行灭火。

二、项目基本知识

知识点一　磁场及磁场对电流的作用

1．磁场的基本概念

（1）磁体

能够吸引铁、钴、镍等铁磁性物质的物体称为磁体，也称为磁铁。

（2）磁极

磁体上磁性最强的地方叫磁极。一个磁体有两个磁极，分别叫南极（S）、北极（N）。磁极之间有力的作用：同性磁性相排斥，异性磁性相吸引。

（3）磁场

磁场是存在于磁体、运动电荷周围的一种特殊物质。它的基本特性是无形态，但是对处于其中的磁体、电流、运动电荷有力的作用。

（4）磁感应强度（B）

用于描述磁场大小的物理量，即垂直于磁场方向的通电导体所受到的磁场力 F 与电流 I 和导线长度 L 的乘积的比值，$B=F/IL$，单位为特斯拉（T）。

① 含义：表示磁场强弱的物理量，是矢量。

② 大小：磁场中某点磁感应强度（B）的大小只与磁场有关，与测试电流无关，具有唯一性。

③ 方向：磁感应强度的方向是该点磁感线的切线方向，是放置于该点的小磁针的N极受力方向，是小磁针静止时N极的指向。遵守左手定则，即伸开左手并使大拇指跟其余4个手指垂直，把手放入磁场中，让磁力线垂直穿入手心，使伸开的4指指向电流的方向，那么大拇指所指的方向就是通电导线所受的安培力的方向，也就是该点磁感应强度（B）的方向。

④ 单位：牛/安米，也叫特斯拉，国际单位制单位符号为T。

⑤ 性质：匀强磁场的磁感应强度处处相等。

⑥ 磁场的叠加：空间某点如果同时存在两个以上电流或磁体激发的磁场，则该点的磁感应强度是各电流或磁体在该点激发的磁场的磁感应强度的矢量和，满足矢量运算法则。

（5）磁感应线（磁力线）

磁感应线是为了研究磁场方便而假想的线，即由磁体的N极流出，由磁体的S极流入，而且不交叉的闭合曲线。磁感应线密的地方，磁感应强度就大。磁场中经过某点磁力线的切线方向就是该点磁感应强度的方向。

（6）磁导率（μ）

用于描述不同物质导磁能力的物理量。磁导率大的物体其导磁效果好，可以加强所处位置的磁感应强度，所以变压器的铁芯常选择磁导率高的物质。将物质的磁导率与真空磁导率相比得到的物理量称为相对磁导率（μ_r）。根据相对磁导率不同，可以分为铁磁性物质（铁、钴、镍、硅钢、铁氧体），顺磁性物质（空气、铝、铬等）和反磁性物质（氢、铜、银等）。

（7）磁场强度（H）

磁场中某点的磁感应强度与介质的磁导率的比值。

（8）磁通量与磁通密度

① 磁通量Φ：穿过某一面积磁力线条数，是标量。

② 磁通密度B：垂直磁场方向穿过单位面积磁力线条数，即磁感应强度，是矢量。

③ 二者关系：$B=\Phi/S$（当B与面垂直时）；$\Phi=BS\cos\theta$，$S\cos\theta$为面积垂直于B方向上的投影，θ是B与S法线的夹角。

（9）磁现象的电本质

所有的磁现象都可归结为运动电荷之间通过磁场而发生的相互作用。

2. *磁场对电流的作用*

（1）电与磁的关系

1820 年，丹麦物理学家奥斯特通过实验，发现电流周围存在电磁，也就是“电能生磁”，电流产生的磁场的方向遵循右手定则，如图 4-12 所示。

1831 年，英国科学家法拉第发现磁场在一定条件下，也可以产生电流，也就是说“磁能生电”，因此电与磁是密不可分的。

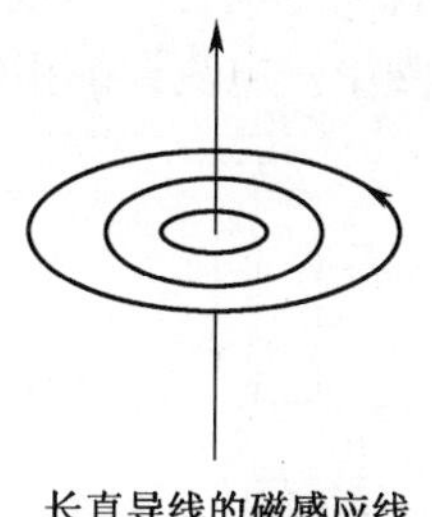

螺绕环的磁感应线

图 4-12　电流产生的磁场方向的确定

（2）磁场对电流的作用

通过如图 4-13 所示的实验，可以发现放置于磁场中的通电导体会受到磁场对它的作用力，所受到的磁场力称为电磁力、安培力，其大小满足以下公式

$$F=BIL\sin\alpha$$

学生电源

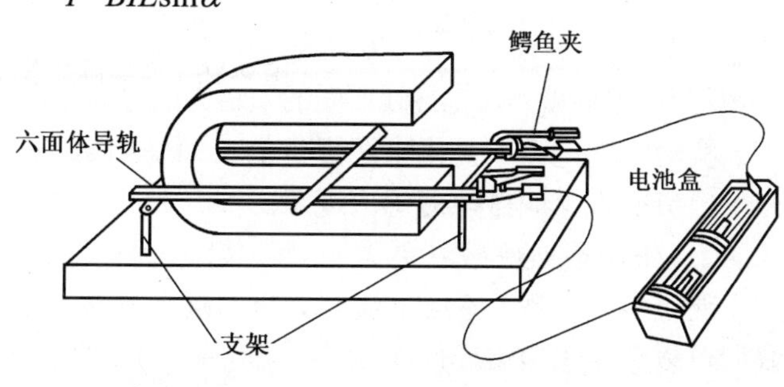

图 4-13　磁场对通电导体的作用

式中，B 为导线所在位置的磁感应强度，单位为特斯拉（T）；I 为导线中的电流，单位是安培（A）；L 是导线在磁场中的有效长度，单位是米（m）；α是导线与磁感应强度的夹角，单位是度（°）。可以看出，通电导线与磁场方向垂直时，即α=90°，此时安培力有最大值；通电导线与磁场方向平行时，即α=0°，此时受到的电磁力最小，等于 0。

通电导体在磁场中受到的电磁力的方向可以用左手定则来判断，如图 4-14 所示。伸开左手，使拇指跟其余的 4 指垂直且与手掌都在同一平面内，让磁感线垂直穿过手心，并使 4 指指向电流方向，这时手掌所在平面跟磁感线和导线所在平面垂直，大拇指所指的方向就是通电导线所受安培力的方向。

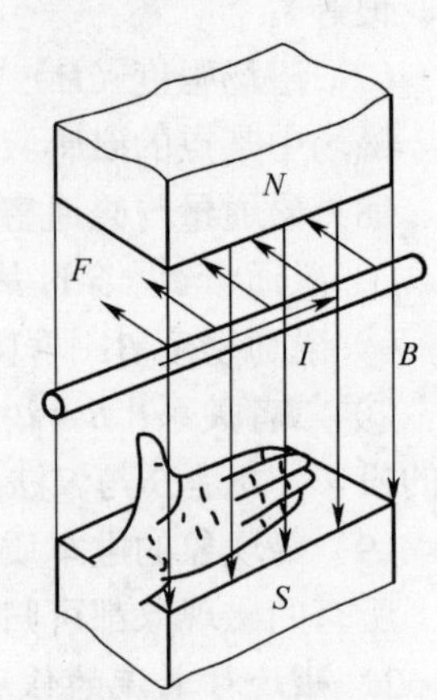

图 4-14　左手定则

说明：安培力 F 的方向既与磁场方向垂直，又与通电导线垂直，即 F 与 BI 所在的面垂直，但 B 与 I 的方向不一定垂直。

电流通过电动机时，电动机的轴就会转动起来，利用的就是通电导体在磁场中受到电磁力的特性。

知识点二　电磁感应现象

1. 电磁感应现象

组装如图 4-15 所示的两个实验，在图（a）中，插拔磁铁时，电流计的指针发生偏转，说明电流计中流过了电流；在图（b）中，推动磁体快速进入线圈中，电流计的指针也摆动了，说明电流计中也产生了电流。

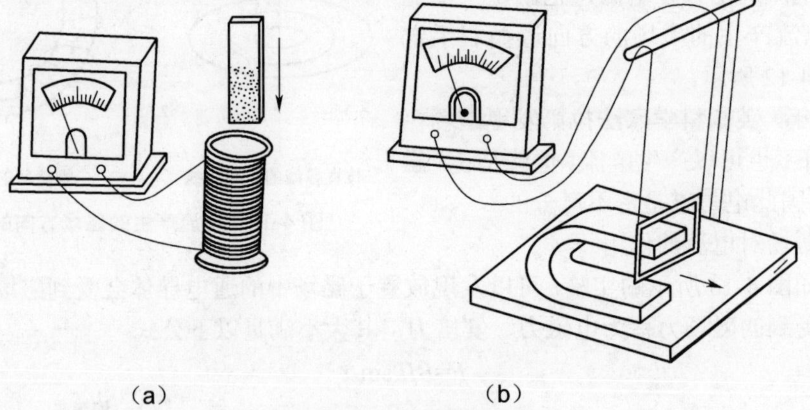

图 4-15　电磁感应现象

实验中的电流不是由电源提供的，而是由磁场产生的，称之为感应电流。利用磁场产生电流的现象叫做电磁感应现象。

2. 法拉第电磁感应定律

通过实验发现，感应电流的大小与插入或拔出磁铁的速度有关，速度快，电流就大，我们可以总结出电磁感应定律。

法拉第电磁感应定律：线圈中感应电动势的大小与通过线圈的磁通变化率成正比。

$$E=n\Delta\Phi/\Delta t$$

3. 楞次定律

楞次定律：感应电流产生的磁场总要阻碍引起感应电流的磁通量的变化。

说明：原磁通量增加，感应磁场与原磁场方向相反；原磁通量减少，感应磁场与原磁场方向相同。

知识点三　单相变压器的结构及原理

1. 变压器的结构和符号

变压器是利用电磁感应原理，将一种电压、电流的交流电能转换成同频率的另一种电压、电流的电能的静止电气设备。换句话说，变压器用来实现电能在不同等级之间的转换。

（1）单相变压器的结构

单相变压器的结构是由铁芯与绕组两部分组成的。

① 铁芯：构成了变压器的磁路，同时又是套装绕组的骨架。铁芯由铁芯柱和铁轭两个部分构成。铁芯柱上套绕组，铁轭将铁芯柱连接起来形成闭合磁路。

铁芯材料：为了提高磁路的导磁性能，减少铁芯中的磁滞、涡流损耗，铁芯一般用高磁导率的磁性材料——硅钢片叠成。硅钢片有热轧和冷轧两种，其厚度为 0.35～0.5mm，两面涂以厚 0.02～0.23mm 的漆膜，使片与片之间绝缘。

② 绕组：是变压器的电路部分，它由铜或铝绝缘导线绕制而成（多用铜线绕制而成）。绕组分为一次绕组（原边绕组）和二次绕组（副边绕组）。一次绕组用于输入电能，二次绕组用于输出电能。一次和二次绕组具有不同的匝数，通过电磁感应作用，一次绕组的电能就可传递到二次绕组，且使一、二次绕组具有不同的电压和电流。

两个绕组中，电压较高的称为高压绕组，电压较低的称为低压绕组。从高、低压绕组的相对位置来看，变压器的绕组又可分为同心式、交叠式。由于同心式绕组结构简单、制造方便，所以国产的变压器均采用这种结构。

（2）变压器的符号

变压器的图形符号如图 4-16 所示，文字符号用“T”表示。在多线图中，旧标准规定变压器符号中的竖线指的是铁芯（是硅钢片一类的铁芯），如果对于高频变压器中氧化铁类的磁芯，就改换成虚线；新标准中，变压器铁芯符号中的竖线均为粗实线，用以表示铁芯或氧化铁类的磁芯。

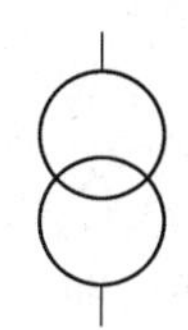

（a）用于单线图

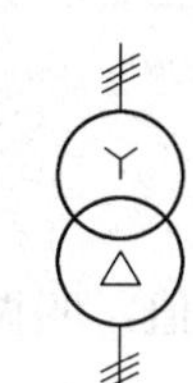

（b）用于单线图（三相变压器 Y—△接线）

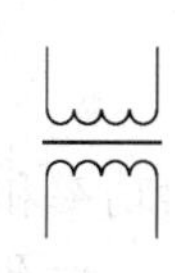

（c）用于多线图

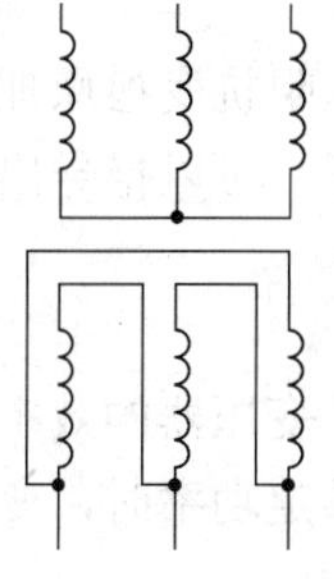

（d）用于多线图（三相变压器 Y—△接线）

图 4-16　变压器的符号

2. 变压器的工作原理

如图 4-17 所示，在变压器的一次绕组（原边绕组）上加上交流电压 u_1，形成电流 i_1，并形成磁场Φ_m，在绕组中形成感应电动势 e_1。在变压器铁芯的传导下，将该磁场“引导”到二次绕组（副边绕组）处，由楞次定律可知，在副边绕组上将产生感应时势 e_2。

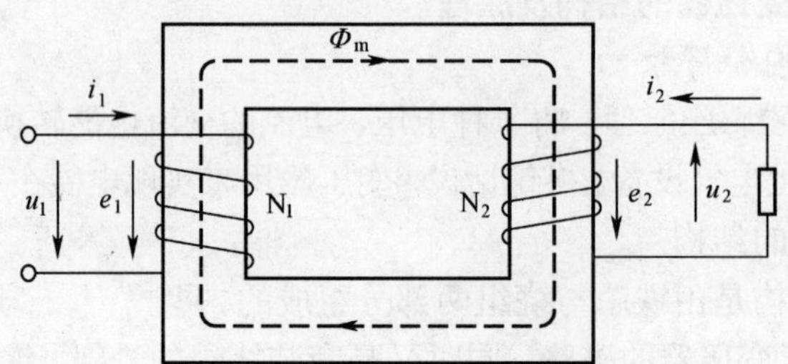

图 4-17 变压器工作原理示意图

（1）变压原理

如果变压器原边绕组的匝数为 N_1，副边绕组的匝数为 N_2，则满足下式

$$e_1=-N_1\frac{\mathrm{d}\Phi}{\mathrm{d}t}e_2=-N_2\frac{\mathrm{d}\Phi}{\mathrm{d}t}$$

定义变压比（变比）

$$n=\frac{u_1}{u_2}=\frac{N_1}{N_2}$$

当 $n<1$ 时，其感应电动势要比初级所加的电压还要高，这种变压器称为升压变压器；当 $n>1$ 时，其感应电动势低于初级电压，这种变压器称为降压变压器。

（2）变流原理

理想状态下，变压器的绕组可以将交流电源在原边绕组上所加的电能完全转换成磁场能，同时铁芯又能将磁场能完整地传递到副边绕组处，再完整地输出电场能，即 P_1=P_2，这样可以推导出变压器的变流原理，为

$$\frac{u_1}{u_2}=\frac{P_1/i_1}{P_2/i_2}=\frac{i_2}{i_1}=n \quad\Longrightarrow\quad \frac{i_1}{i_2}=\frac{1}{n}$$

（3）阻抗变换原理

同理，可以推导出变压器的阻抗转换原理为

$$\frac{r_1}{r_2}=n^2$$

（4）变压器的效率

在额定功率时，变压器的输出功率和输入功率的比值，叫做变压器的效率，即

$$\eta=P_2/P_1\times100\%$$

理想变压器的效率为 1，但变压器传输电能时总要产生各种损耗，这种损耗主要有铜损和铁损，因此实际变压器的效率远小于 1。

（5）铜损和铁损

铜损是指变压器线圈电阻所引起的损耗。当电流通过线圈电阻发热时，一部分电能就转变为热能而损耗。由于线圈一般都由带绝缘的铜线缠绕而成，因此称为铜损。降低铜损的方法是采用导电率高的绕组线，加大绕组线的线径。

变压器的铁损包括两个方面。一方面是磁滞损耗。当交流电流通过变压器时，通过变压器硅钢片的磁力线方向和大小随之变化，使得硅钢片内部分子相互摩擦，放出热能，从而损耗了一部分电能，这便是磁滞损耗。另一方面是涡流损耗。当变压器工作时，铁芯中有磁力线穿过，在与磁力线垂直的平面上就会产生感应电流，由于此电流自成闭合回路形成环流，且成旋涡状，故称为涡流。涡流的存在使铁芯发热，消耗能量，这种损耗称为涡流损耗。减小铁损的方法是选择磁导率大的材料，并加大铁芯的横截面积，同时将铁芯切成薄片状相互绝缘再叠加到一起构成铁芯。

变压器的效率与其功率等级有密切关系，通常功率越大，损耗与输出功率比就越小，效率也就越高；反之，功率越小，效率也就越低。

知识点四　三相交流电路基础

1. 三相交流电的产生

交流电因为能利用变压器改变输出电压，满足不同用电场合的要求，所以被广泛应用。交流电可以分为单相交流电和三相交流电，目前应用最为广泛的是三相交流电。

三相交流电是由三相发电机产生的。三相交流发电机的示意图和三相交变电流的电动势如图 4-18 所示。三相交流发电机内装有 3 个互成 120° 的线圈，当转子磁体发生旋转，形成旋转磁场时，3 组线圈中就感生出 3 个交变电动势，即三相交流电，如图 4-18 所示。它们的峰值和频率完全相同，只是相互间存在 120° 的相位差，这样的电流叫做三相交变电流。三相交流电分别表示为

$$e_U=E_m\sin\omega t$$
$$e_V=E_m\sin(\omega t-120°)$$
$$e_W=E_m\sin(\omega t-240°)=E_m\sin(\omega t+120°)$$

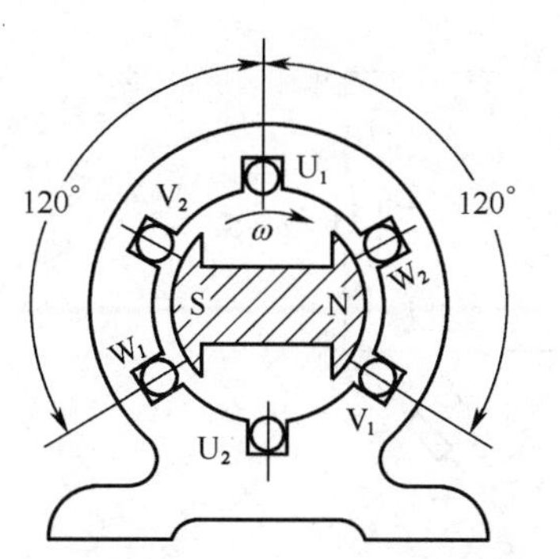

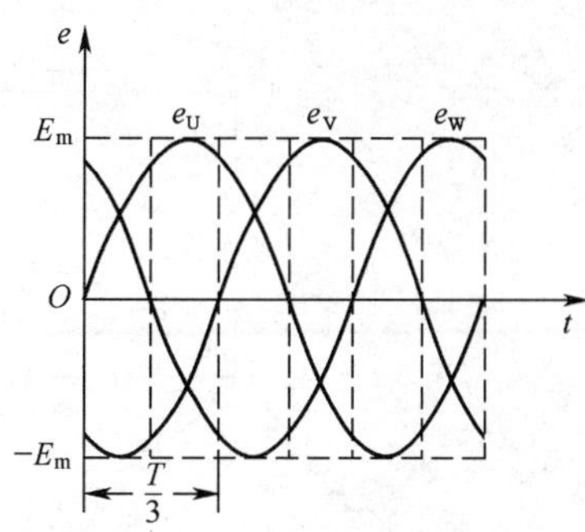

图 4-18　三相交流发电机示意图和三相交变电流的电动势

2. 三相四线制

将三相交流发电机三相绕组的末端 U_2、V_2、W_2（相尾）连接在一点，始端 U_1、V_1、

W_1（相头）分别与负载相连，这种连接方法叫做星形（Y 形）连接，如图 4-19 所示。

从三相电源 3 个相头 U_1、V_1、W_1 引出的 3 根导线叫做端线或相线，俗称火线，任意两个火线之间的电压叫做线电压。Y 形公共连接点 N 叫做中点，从中点引出的导线叫做中线或零线。由 3 根相线和 1 根中线组成的输电方式叫做三相四线制（通常在低压配电中采用）。

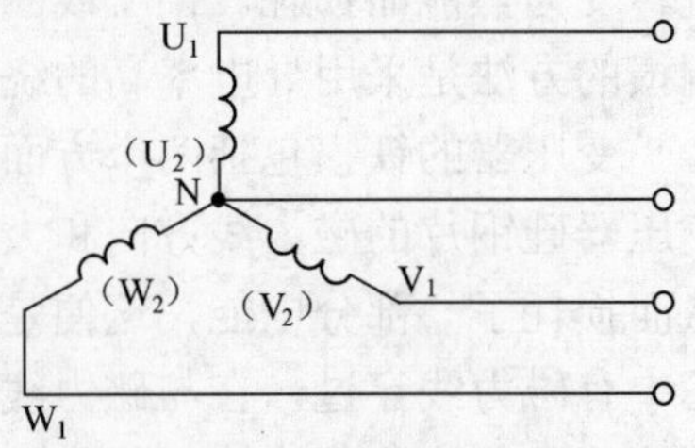

图 4-19　三相绕组的星形接法

每相绕组始端与末端之间的电压（即相线与中线之间的电压）叫做相电压，它们的瞬时值用 u_1、u_2、u_3 来表示，显然这 3 个相电压也是对称的。相电压的大小（有效值）均为

$$U_1=U_2=U_3=U_p$$

任意两相始端之间的电压（即火线与火线之间的电压）叫做线电压，它们的瞬时值用 u_{12}、u_{23}、u_{31} 来表示。显然 3 个线电压也是对称的。线电压的大小（有效值）均为

$$U_{12}=U_{23}=U_{31}=U_L=\sqrt{3}\,U_p$$

线电压比相应的相电压超前 30°，如线电压 u_{12} 比相电压 u_1 超前 30°，线电压 u_{23} 比相电压 u_2 超前 30°，线电压 u_{31} 比相电压 u_3 超前 30°。

一般低压供电系统的线电压是 380V，它的相电压是 $380/\sqrt{3}\approx 220$（V）。可根据额定电压决定负载的接法：若负载额定电压是 380V，就接在两条相线之间；若负载额定电压是 220V，就接在相线和中线之间。必须注意，不加说明的三相电源和三相负载的额定电压都是指线电压。

3. 三相负载的连接

三相交流电路的负载分为 3 组，它们的连接有两种方式：星形连接和三角形连接。

（1）星形连接

将三相负载的一端连接到一起作为公共端，称之为中点，用于连接中线，另外一个端子分别去接三相交流电的 3 条相线，这种连线方式称为星形连接或 Y 形连接，如图 4-20 所示。

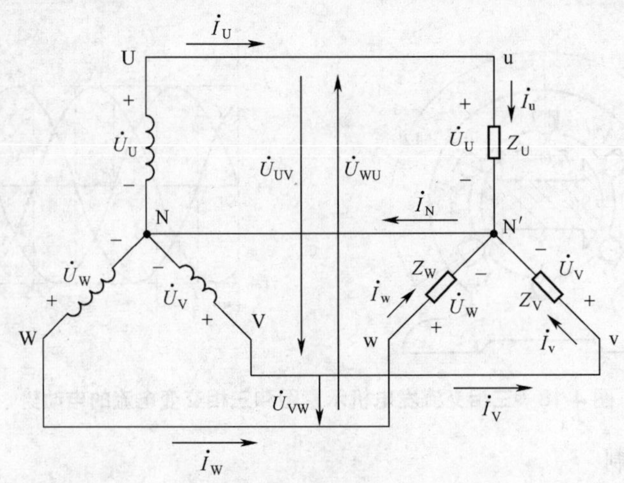

图 4-20　负载的星形连接

负载星形连接时，电路有以下基本关系。

① 三相电路中的电流有相电流与线电流之分，每相负载中的电流称为相电流，每条端线中的电流称为线电流。很显然，相电流等于线电流。如果用 I_p 表示相电流，用 I_l 表示线电流，一般可写成

$$I_p=I_l$$

② 三相四线制电路中，各相负载所加的电压分别是相电压。

③ 三相四线制电路中，各相电流可分成 3 个单相电路分别计算，即

$$\dot{I}_u=\dot{I}_U=\frac{\dot{U}_U}{Z_U}$$

$$\dot{I}_v=\dot{I}_V=\frac{\dot{U}_V}{Z_V}$$

$$\dot{I}_w=\dot{I}_W=\frac{\dot{U}_W}{Z_W}$$

若三相负载平衡，即 $Z_U=Z_V=Z_W$，则三相负载中电流的有效值相等，它们相互之间存在 120° 的相位差，再通过实验和理论分析计算可以得到，其中点处的电流为 0，也就是说中线上没有电流流过，可以省掉中线不接。

如果三相负载不平衡，则各相电流的有效值也不相同，三者的矢量和不等于 0，中线上的电流不再等于 0，中线就不可以省略，否则三相负载上所加的电压就不完全等于相电压，而是线电压的分压所得，有的相负载的电压小于相电压，有的相负载的电压大于相电压。因此在三相四线制电路中，不允许在中线上加开关或熔断器。

（2）三角形连接

如果将三相负载的首尾相连，再将 3 个连接点与三相电源端线 U、V、W 连接，就构成了负载三角形连接的三相三线制电路，用“△”表示，如图 4-21 所示。

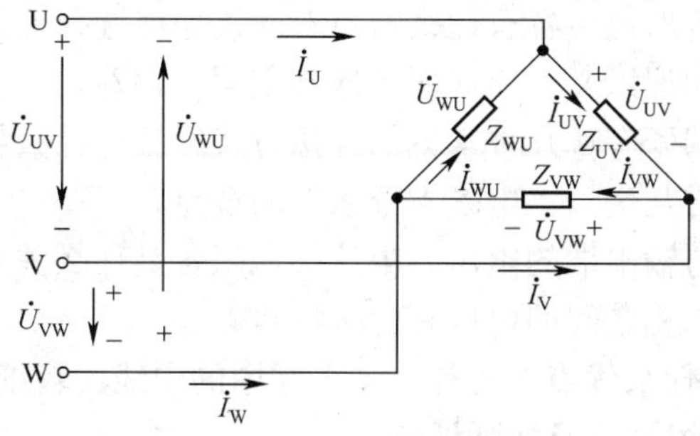

图 4-21　负载的三角形连接

负载三角形连接时，电路有以下基本关系。

① 由于各相负载都直接接在电源的线电压上，所以负载的相电压与电源的线电压相等。因此，无论负载对称与否，其相电压总是对称的，即

$$\dot{U}_{\mathrm{p}}=\dot{U}_{1}$$

② 各相电流可分成 3 个单相电路分别计算，即

$$\dot{I}_{\mathrm{UV}}=\frac{\dot{U}_{\mathrm{UV}}}{Z_{\mathrm{UV}}}$$

$$\dot{I}_{\mathrm{VW}}=\frac{\dot{U}_{\mathrm{VW}}}{Z_{\mathrm{VW}}}$$

$$\dot{I}_{\mathrm{WU}}=\frac{\dot{U}_{\mathrm{WU}}}{Z_{\mathrm{WU}}}$$

在三角形连接中，相电流等于电源的线电流。

补充说明：在电源电压不变的情况下，同一负载星形连接和三角形连接时所消耗的功率是不同的，三角形连接时的功率是星形连接时的 3 倍。这就告诉我们，若要使负载正常工作，负载的接法必须正确。如果将正常工作为星形连接的负载误接成三角形，则会因功率过大而烧毁负载；如果将正常工作为三角形连接的负载误接成星形，则会因功率过小而不能使负载正常工作。

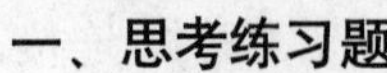

项目学习评价

一、思考练习题

1．变压器有哪几个主要部件？各部件的功能是什么？

2．如何检测变压器的常见故障？

3．变压器是怎么变压的，为什么能变压而不能变频呢？

4．星形连接与三角形连接各有什么特点？应该如何选择连接方式？

5．同名端有什么物理意义？如何简单地判定同名端？

6．三相变压器的端子有哪几种常见的连接方式？各有什么特点？

7．如何理解“电磁互生”、“电磁不分家”的观点？

8．变压器输入端与输出端的电压、电流、电阻各是什么关系？

9．三相交流电中各相之间的电压有什么特点？

10．三相四线制有什么优点？为什么 4 条线中的中线比较细？

二、自我评价、小组互评及教师评价

评价方面	项目评价内容	分值	自我评价	小组互评	教师评价	得分
理论知识	① 掌握磁场的基本概念	10				
	② 掌握变压器的工作原理	10				
	③ 掌握三相四线制的特点	5				
	④ 掌握三相负载星形连接与三角形连接的特点	15				
实操技能	① 明确变压器铭牌的内容	10				
	② 正确判断变压器的同名端	20				
	③ 掌握常用的检测变压器的方法	10				
	④ 掌握三相变压器负载的连接方法	10				
学习态度	① 严肃认真的学习态度	5				
	② 严谨条理的工作态度	5				
安全文明生产	文明拆装，实习后清理实习现场，保证不漏装元器件和螺丝					

三、个人学习总结

成功之处	
不足之处	
改进方法	

项目五　三相异步电动机的简单控制电路

项目情境创设

三相交流异步电动机具有结构简单、运行可靠、价格低廉、过载能力强及使用、安装、维护方便等优点，被广泛应用于工业生产的各个领域。因此，正确地使用和控制三相异步电动机就成为我们的重要工作。

项目学习目标

学习目标		学习方式	学　时
知识目标	① 掌握几种基本的低压电器的功能及应用 ② 掌握三相异步电动机单向运转的接线及调试方法 ③ 掌握三相异步电动机正反转控制电路的安装及调试方法 ④ 掌握三相异步电动机 Y-△启动控制电路的安装及调试方法	实验	10
技能目标	① 能读懂三相异步电动机的电路原理图和装配图 ② 能根据原理图进行安装 ③ 会调试和检查电路故障	讲授	6

项目基本功

一、项目基本技能

任务一　认识交流电动机

交流电动机是电动机的一种，图 5-1 所示就是一台三相异步电动机的外形。

1. 交流电动机的分类

根据工作电流的相数，分为三相交流电动机和单相交流电动机。

根据转子绕组的形式，分为绕线式电动机和鼠笼式电动机。

根据转子转速与旋转磁场转速之间的关系，分为同步电动机和异步电动机。

2. 交流电动机的组成

三相异步电动机主要由两个部分组成：转子和定子。从图 5-2 中可以看到，把三相异步电动机拆开以后，主要分成两个部分：一部分是外面圆筒状铁质外壳，它以定子为主要组成部分；另一部分是电动机内部转轴部分，它以转子为主要组成部分。图 5-3 所示是鼠笼式三相异步电动机的组成结构。

图 5-1 三相异步电动机的外形

图 5-2 转子和定子

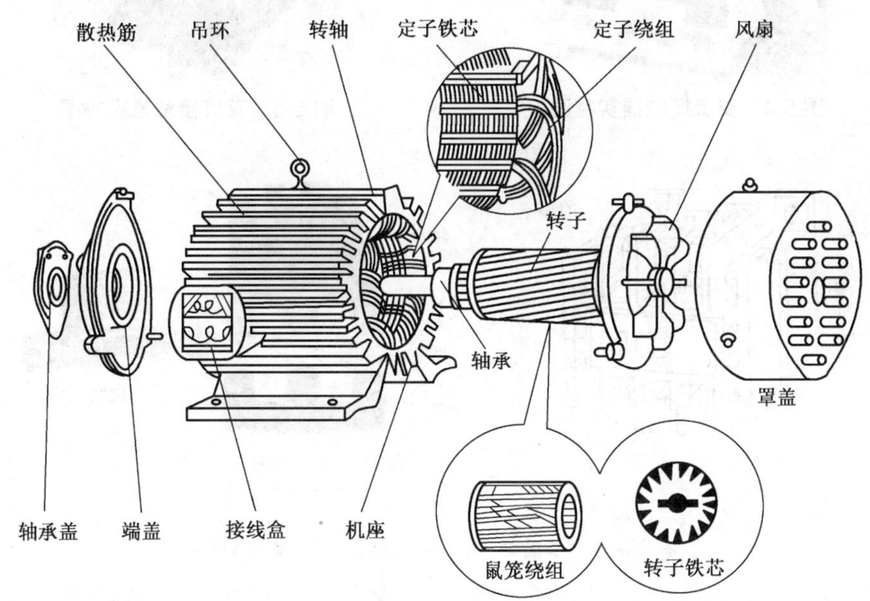

图 5-3 鼠笼式三相异步电动机的组成结构

机座：圆筒状铁质外壳，作为电动机的支架，对电动机的定子与转子有保护作用。

定子：分为定子铁芯与定子绕组，用于产生旋转磁场。定子绕组分为 3 组，以 120° 电角度均匀嵌入到定子铁芯中。

转子：分为转子铁芯与转子绕组，利用磁场对电流的力的作用，将定子绕组形成的磁场能转换为机械能，使转子转动起来。转子绕组多采用鼠笼式结构。

风扇：用于对定子绕组和转子绕组降温，防止过热损坏绝缘。

任务二 认识常用低压电器

用于交流 1200V 以下、直流 1500V 以下电路，起通断、控制、保护与调节等作用的电器称为低压电器。

1. 接触器

接触器是机床电气控制系统中使用量大、涉及面广的一种低压控制电器，它是利用线圈流过电流产生磁场，使触点闭合来控制负载的。接触器用来频繁地接通和分断大容量控制电路，主要控制对象是电动机，能实现远距离控制，并具有欠（零）电压保护。接触器分为交流接触器和直流接触器，工业中一般采用交流接触器，如图 5-4、图 5-5 所示。图 5-6 是普通交流接触器的结构示意图。

图 5-4 交流接触器实物图

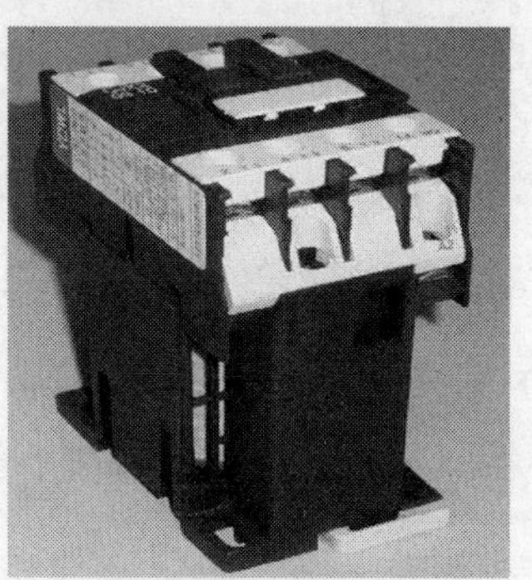

图 5-5 直流接触器实物图

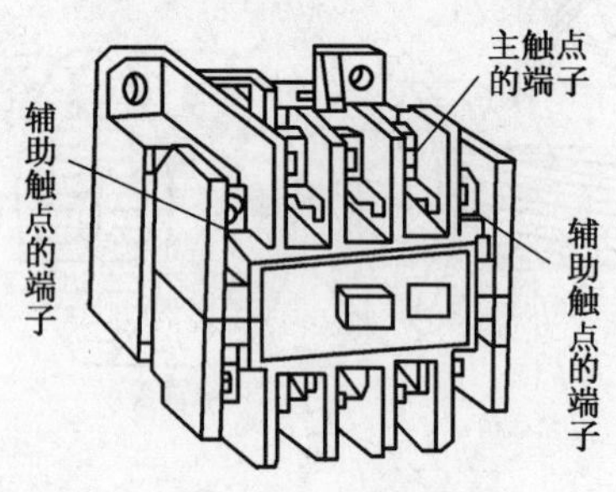

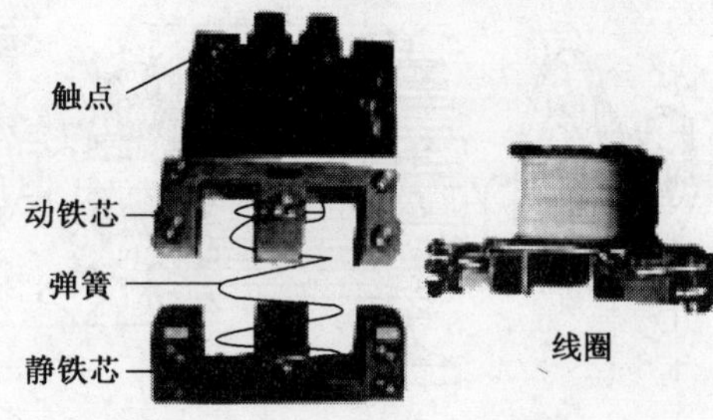

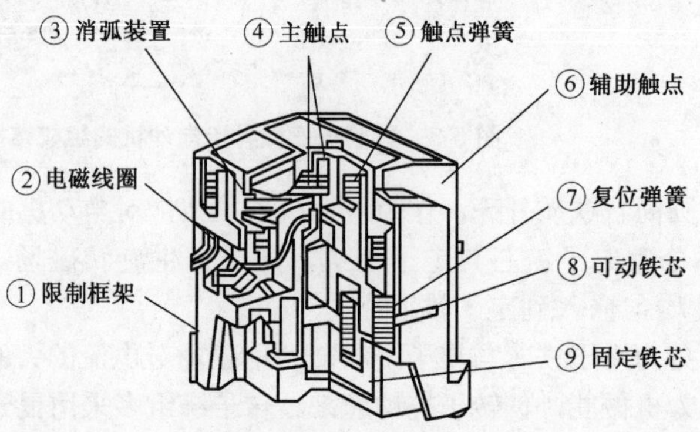

图 5-6 普通交流接触器结构示意图

接触器的线圈通入额定电流时形成磁场，衔铁在磁场的作用下使主触点和辅助触点动作，触点闭合（断开），从而控制相应电器的工作；线圈中失电后，在复位弹簧的作用下触点再次动作断开（闭合）。不通电时闭合状态的触点称为常闭触点或动开触点，反之，断开的触点称为常开触点或动合触点。

2. 继电器

继电器主要用于控制和保护电路，在电路中是中间环节，常作信号转换用，不直接控制负载用电器。它可作输入电路感应元件和输出电路执行元件；当感应元件中的输入量（如电流、电压、温度、压力等）变化到某一定值时，继电器动作，执行元件便接通或断开控制回路。控制电动机的继电器主要有时间继电器、热继电器等。

（1）时间继电器

时间继电器是一种用来实现触点延时接通或断开的控制电器，传统的时间继电器的延时时间一般为 0.1～60s。实物图如图 5-7、图 5-8 所示。

图 5-7 晶体管时间继电器实物图

图 5-8 带有普通动断和动合触点的空气阻尼式时间继电器

（2）热继电器

热继电器利用电流的热效应原理来保护设备，使之免受长期过载的危害，它主要用于电动机的过载保护、断相保护、三相电流不平衡运行的保护及其他电气设备发热状态的控制。实物图如图 5-9 所示。

3. 熔断器

熔断器是一种保护用电器，它主要由熔体和熔管两个部分及外加填料等组成。熔断器串联在被保护电路中，当电路电流超过一定值时，熔体因发热而熔断，使电路被切断，从而起到保护作用。常见的熔断器实物图如图 5-10 所示。

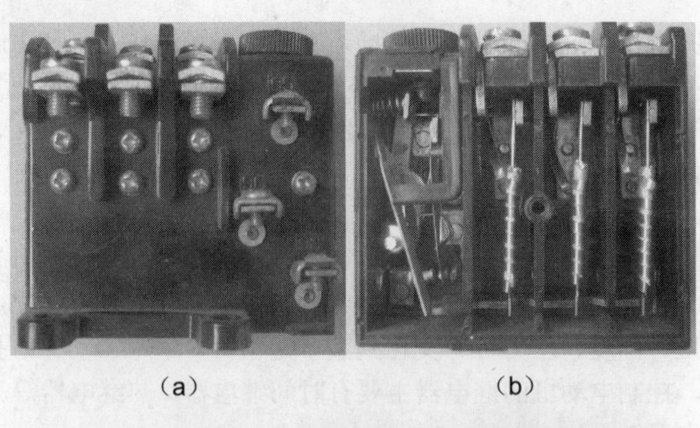
（a）　　（b）

（c）

图 5-9　热继电器实物图

（a）瓷插式

（b）螺旋式

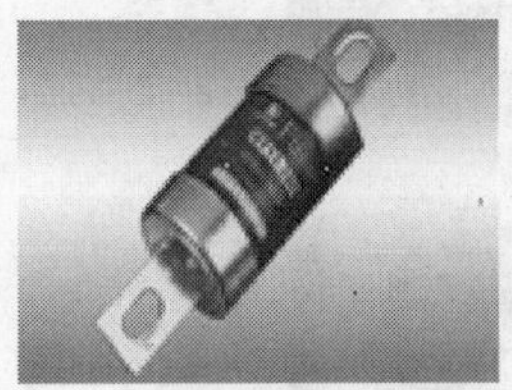
（c）无填料密封管式

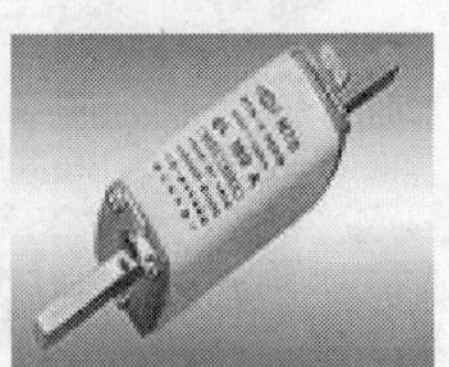
（d）有填料密封管式

图 5-10　熔断器实物图

4. 低压开关和低压断路器

低压开关和低压断路器是用于控制电路通断的电器，主要用于切断电器与电网之间的联系。

（1）闸刀开关

闸刀开关是一种手动配电电器，主要用来隔离电源或手动接通与断开交、直流电路，也可用于不频繁的接通与分断额定电流以下的负载，如小型电动机、电炉等。闸刀开关的外形及结构如图 5-11 所示。

（2）铁壳开关

铁壳开关也称封闭式负荷开关，它由安装在用铸铁或钢板制成的外壳内的刀式触点和灭弧系统、熔断器以及操作机构等组成。铁壳开关的外形及结构如图 5-12 所示。

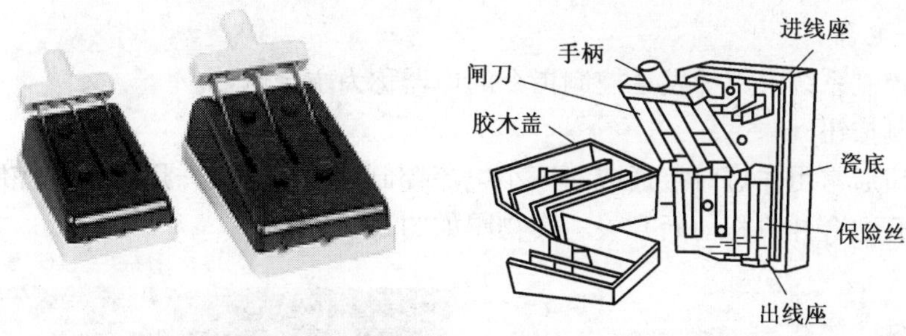

（a）外形　　（b）结构

图 5-11　闸刀开关的外形及结构

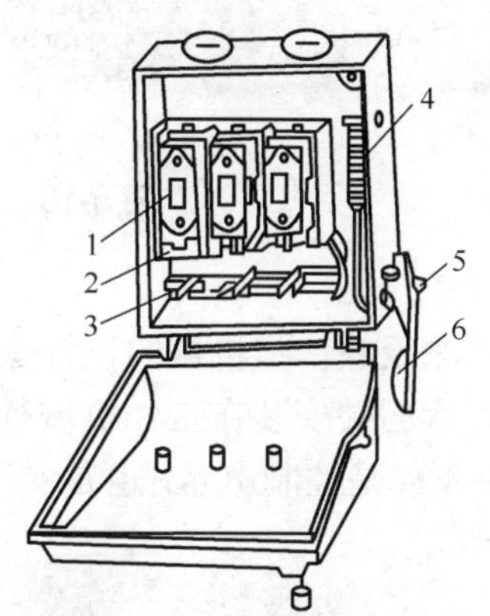

1—熔断器；2—尖座；3—触刀；
4—速断弹簧；5—转轴；6—手柄

（a）外形　　（b）结构

图 5-12　铁壳开关的外形及结构

（3）低压断路器

低压断路器又称自动空气开关，分为框架式 DW 系列（又称万能式）和塑壳式 DZ 系列（又称装置式）两大类。它主要在电路正常工作条件下作为线路的不频繁接通和分断用，并在电路发生过载、短路及失压时能自动分断电路。低压断路器分为单相断路器和三相断路器，如图 5-13、图 5-14 所示。

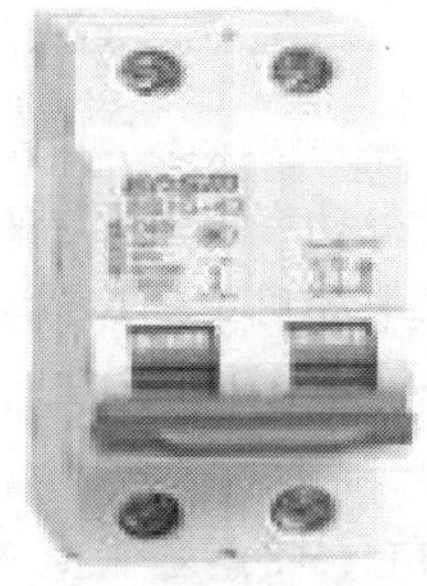

图 5-13　单相断路器实物图

图 5-14　三相断路器实物图

5. 主令电器

在自动控制系统中用于发送控制指令的电器称为主令电器。

（1）控制按钮

控制按钮通常用作短时接通或断开小电流控制电路的开关，用于手动控制电路的工作状态，带有动合开关和动断开关。实物图如图 5-15 所示。

图 5-15　控制按钮实物图

（2）行程开关

行程开关用来反映工作机械的位置变化（行程），用以发出指令，改变电动机的工作状态。如果把行程开关安装在工作机械行程的终点处，以限制其行程，就称为限位开关或终端开关。它不仅是控制电器，也是实现终端保护的保护电器。实物图如图 5-16 所示。

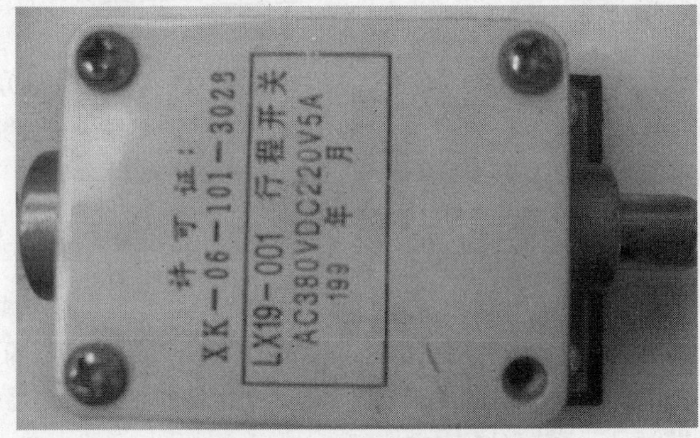

图 5-16　行程开关实物图

任务三　单向运转控制电路的安装

1. 单向运转控制电路的组成

电动机单向启动控制电路常用于对只需要单方向运转的小功率电动机的控制，如小型通风机、水泵以及皮带运输机等机械设备。图 5-17 所示是电动机单向启动控制电路的电气原理图。这是一种最常用、最简单的控制电路，能实现对电动机的启动、停止的自动控制、远距离控制、频繁操作等。

在图 5-17 中，主电路由隔离开关（闸刀）QS、熔断器 FU、接触器 KM 的常开主触点、热继电器 FR 的热元件和电动机 M 组成；控制电路由启动按钮 SB_2、停止按钮 SB_1、接触器 KM 线圈和常开辅助触点、热继电器 FR 的常闭触点构成。

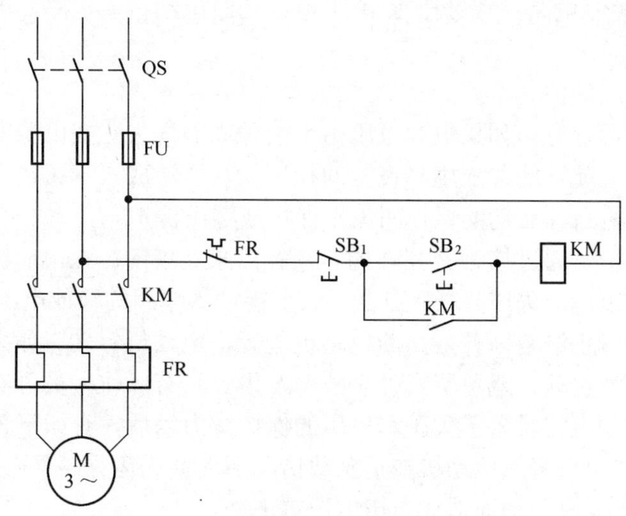

图 5-17　单向运转控制电路电气原理图

2. 控制电路的工作原理

（1）启动电动机

合上三相隔离开关 QS，按下启动按钮 SB_2 时，由于开关 SB_1 与热继电器 FR 的控制触点为常闭状态，接触器 KM 的吸引线圈得电，3 对常开主触点闭合，电动机 M 的绕组接通三相电源，电动机开始启动。

同时，与启动按钮 SB_2 并联的接触器 KM 的常开辅助触点也闭合，此时即使断开 SB_2，吸引线圈 KM 也可以通过其辅助触点继续保持通电状态，维持主触点的吸合状态。凡是接触器（或继电器）利用自己的辅助触点来保持其线圈带电的，称之为自锁（自保）。这个触点称为自锁（自保）触点。由于 KM 的自锁作用，当松开 SB_2 后，电动机 M 仍能继续启动，最后达到稳定运转。

（2）停机

按下停止按钮 SB_1，将切断接触器 KM 线圈的供电回路，线圈失电，其主触点和辅助触点在复位弹簧的作用下均断开，电动机绕组脱离交流电源，停止运转。此时，由于自锁触点已经断开，即松开停止按钮 SB_1，其触点再次闭合，接触器 KM 线圈也不会再通电，电动机不会自行启动，从而实现停机的任务。只有再次按下启动按钮 SB_2 时，电动机方能再次启动运转。

3. 控制电路的保护环节

（1）短路保护

电动机短路时，通过主电路的电流很大，熔断器 FU 的熔体熔断切开主电路。

（2）过载保护

过载保护通过热继电器 FR 实现。由于热继电器的热惯性比较大，即使热元件上流过几倍于额定电流的电流，热继电器也不会立即动作。因此在电动机启动时间不太长的情况下，热继电器经得起电动机启动电流的冲击而不会动作。只有在电动机长期过载下 FR 才动作，断开控制电路，接触器 KM 失电，切断电动机主电路，电动机停转，实现过载保护。

（3）欠压和失压保护

当电动机正在运行时，如果电源电压由于某种原因消失，在电源电压恢复时，电动机又将自行启动，这就可能造成生产设备的损坏，甚至造成人身事故。对电网来说，防止电压恢复时电动机自行启动的保护叫失压保护或零压保护。

欠压和失压保护是通过接触器 KM 的自锁触点来实现的。在电动机正常运行中，由于某种原因使电网电压消失或降低，当电压低于接触器线圈的释放电压时，接触器释放，自锁触点断开，同时主触点断开，切断电动机电源，电动机停转。如果电源电压恢复正常，电动机不会自行启动，避免了意外事故的发生。只有操作人员再次按下 SB_2 后，电动机才能启动。控制电路具备了欠压和失压的保护能力以后，有如下 3 个方面的优点。

① 防止电压严重下降时电动机在重负载情况下的低压运行。

② 避免电动机同时启动而造成电压的严重下降。

③ 防止电源电压恢复时，电动机突然启动运转，造成设备和人身事故。

4. 控制电路的安装

（1）准备元器件

准备好三相异步电动机 1 台、隔离开关 1 个、热继电器 1 个、交流接触器 1 个、熔断器 3 个（实验台中自带）、按钮开关（红黑）2 个、导线若干。三相异步电动机实验板如图 5-18 所示。

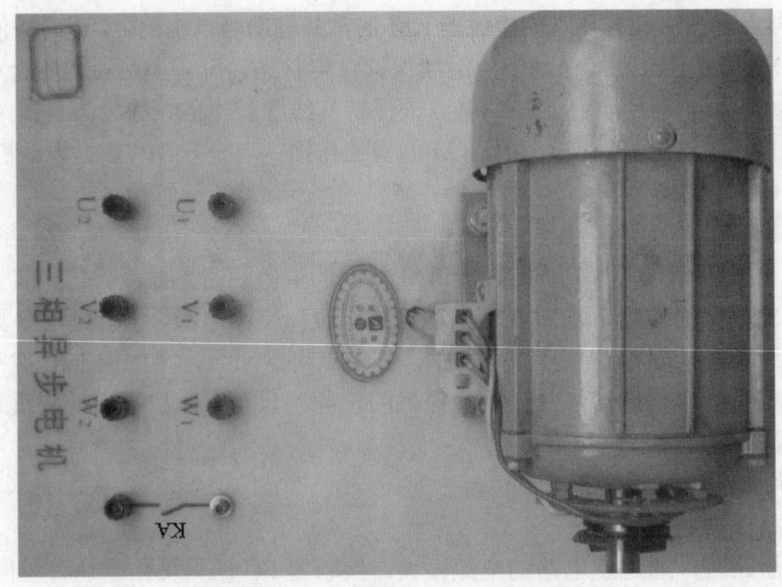

图 5-18 三相异步电动机实验板

（2）按照电路原理图接线

按照图 5-17 所示单向运转控制电路电气原理图，先连接三相异步电动机所在的主电路，依次接入图中元器件；再连接控制电路，依次接入图中元器件，如图 5-19 所示。

图 5-19　单向运转控制电路实际连接图

（3）通电调试电路

电路连接完毕后，可以通电调试，测试一下是否能够实现实验目标。如果有问题，应逐步排查故障，并调试电路使之能够正常运行。如图 5-20 所示，如果安装正确，电动机良好，电动机应能转动。

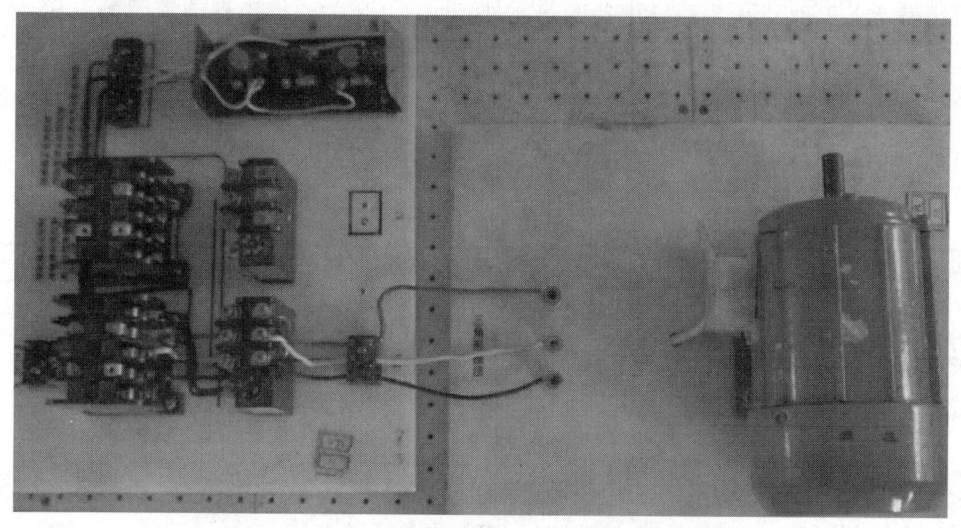

图 5-20　单向运转控制电路三相电动机实际连接图

任务四　电动机正反转控制电路的安装

电动机正反转控制应用于生产中的很多场合，如机床工作台的前进与后退、起重机吊钩的提升与下降、机床主轴的正转与反转等。要实现电动机正反转运行，只需将电动机三相电源线中的任意两相对调即可。在控制电路中，只需用两个交流接触器就能实现，如图 5-21 所示。

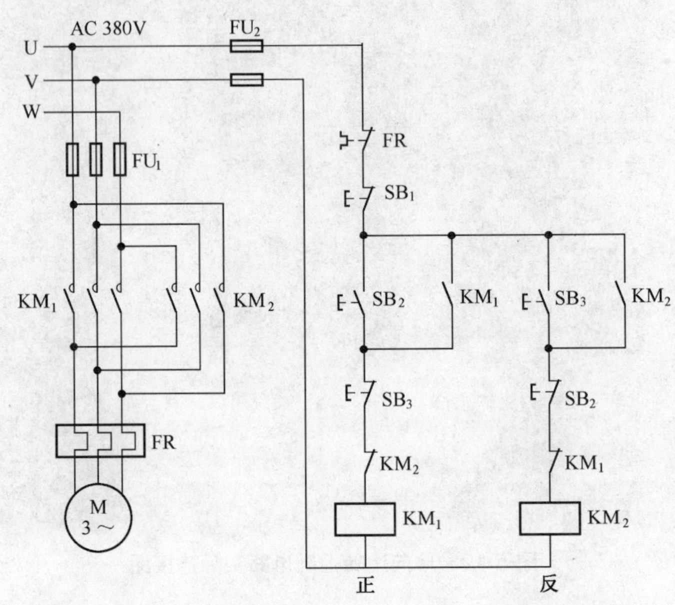

图 5-21　具有电气连锁功能的电动机正反转控制电路

1. 读图

图 5-21 中，U、V、W 是三相交流电，线电压为 380V。FU_1、FU_2 为熔断器，FR 为热继电器，FR 为热继电器的热元件，FR 为热继电器的常闭触点 95-98（图 5-13 所示的铁壳开关背部有数字标示，下同）。SB_1 为停止按钮常闭开关；SB_2、SB_3 是实现正反转的启动按钮常开开关，SB_2、SB_3 是实现正反转连锁的按钮常闭开关；KM_1、KM_2 为交流接触器的线圈，KM_1、KM_2 为交流接触器的常开触点；KM_1、KM_2 为交流接触器的常闭触点；(M 3～) 为三相交流鼠笼式异步电动机。

2. 控制电路的工作原理

① 当按下正转启动按钮 SB_2 时，交流接触器 KM_1 线圈得电，接触器 KM_1 的主触点接通，电动机正转；在按下 SB_2 启动时，SB_2 的常开触点使 KM_1 线圈得电，SB_2 的常闭触点串入到 KM_2 线圈的控制电路中，使 KM_2 线圈绝对不能得电；在 KM_1 线圈得电时，

接触器 KM_1 的动合辅助触点闭合自锁，使电动机正转工作；KM_1 的常闭触点（动断辅助触点）断开，使 KM_2 线圈绝对不能得电，实现连锁。

② 如果需要电动机反转，必须先按下停止按钮 SB_1，使接触器 KM_1 线圈失电，主触点断开，电动机停转，然后再按反转按钮 SB_3；当按下 SB_1 停止常闭按钮时，KM_1、KM_2 线圈均不得电，电动机停机。

③ 当按下 SB_3 按钮时，接触器 KM_2 的主触点接通，使电动机上的 U 与 W 两相对调，所以电动机反转。在 KM_2 线圈得电时，接触器 KM_2 的动合辅助触点闭合自锁，使电动机反转工作；KM_2 的常闭触点（动断辅助触点）断开，使 KM_1 线圈绝对不能得电，实现连锁。

注意：如果两个接触器的主触点同时接通，会发生 U 与 W 两相电源之间短路。所以对正反转控制电路的基本要求是，必须保证两个接触器不能同时工作。这种在同一时间里两个接触器只允许一个通电工作的控制环节称为互锁或连锁环节。

在图 5-21 中，接触器 KM_1 的动断辅助触点串联在接触器 KM_2 的线圈电路中，而接触器 KM_2 的动断辅助触点串联在接触器 KM_1 的线圈电路中，因此当接触器 KM_1 线圈通电电动机转动时，接触器 KM_1 的动断辅助触点断开，切断接触器 KM_2 线圈控制电路，使两个交流接触器线圈不可能同时通电，避免了上述短路现象的发生。交流接触器的这两个动断辅助触点称为连锁触点，也称为互锁触点。

3. 控制电路的保护环节

（1）短路保护

短路时，通过熔断器 FU 的熔体熔断切开主电路。

（2）过载保护

过载保护通过热继电器 FR 实现。当主电路电流大于设定值时，热继电器 FR 的常闭触点 95-96 断开，停机。

（3）欠压和失压保护

欠压和失压保护是通过热继电器和交流接触器 KM 来实现的。

4. 控制电路的安装

（1）准备元器件

准备好三相异步电动机 1 台、热继电器 1 个、交流接触器 2 个、熔断器 5 个（未用）、按钮开关 3 个、导线若干、三相电源插座或配电盘。

（2）按照电路原理图接线

按照图 5-21 所示的电气控制电路，先连接三相异步电动机所在的主电路，依次接入图中元器件；再连接控制电路，依次接入图中元器件，如图 5-22 所示。SB_2、SB_3 的两个常闭触点没有连接。

（3）通电调试电路

电路连接完毕后，可以通电调试，测试一下是否能够实现实验目标。如果有问题，应逐步排查故障，并调试电路使之能够正常运行，如图 5-23 所示。

图 5-22　具有电气连锁功能的电动机正反转控制电路实际接线图（一）

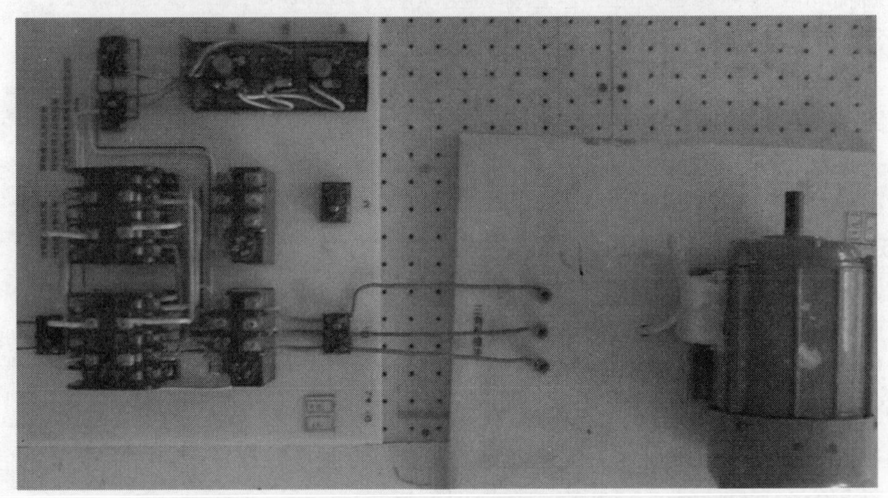

图 5-23　具有电气连锁功能的电动机正反转控制电路实际接线图（二）

任务五　Y−△启动控制电路的安装

1. 电路设计思想

Y—△降压启动也称为星形—三角形降压启动，简称星三角降压启动。这一电路的设计思想仍是按时间原则控制启动过程，所不同的是，在启动时将电动机定子绕组接成星形，每相绕组承受的电压为电源的相电压（220V），减小了启动电流对电网的影响，保护了启动时的电动机不被烧坏。而在其启动后期则按预先整定的时间换接成三角形接法，每相绕组承受的电压为电源的线电压（380V），电动机进入正常运行，这时功率较大。凡是正常运行时定子绕组接成三角形的鼠笼式异步电动机，均可采用这种电路。

2. 典型电路

定子绕组接成 Y—△降压启动的自动控制电路电气原理图如图 5-24 所示。

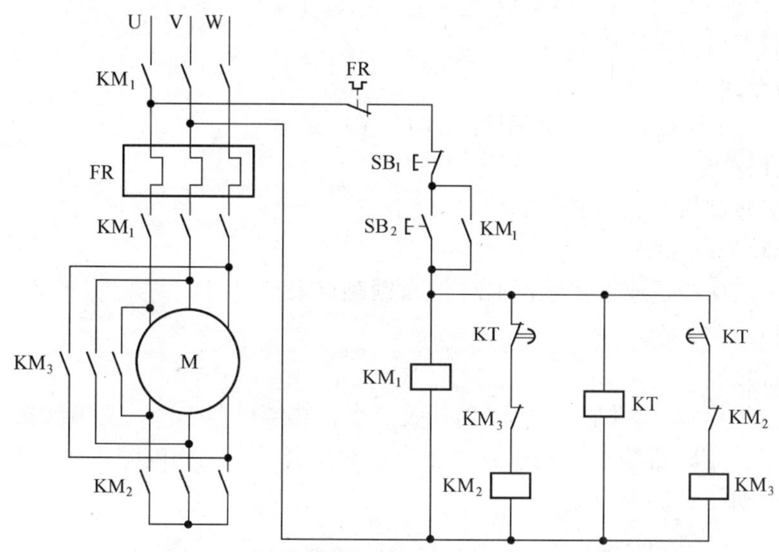

图 5-24　Y—△降压启动控制电路电气原理图

（1）工作原理

① 按下启动按钮 SB_2，中间继电器 KM_1 线圈得电（220V），中间继电器 KM_1 的常开辅助触点闭合而自锁，时间继电器的线圈得电（380V）。中间继电器 KM_1 的常开主触点闭合，给电动机送三相 380V 电源。

② 时间继电器的线圈得电后并没有马上动作，延时断开的常闭触点仍是通的，交流接触器 KM_2 线圈得电，KM_2 的常开主触点闭合，电动机定子绕组 3 个末端 U_2、V_2、W_2 接在了一起，电动机 M 按星形连接接入电源（220V）启动。

③ 时间继电器的线圈刚开始得电时，延时闭合的常开触点仍是断开的，KM_3 的线圈不得电；KM_2 线圈得电时，KM_2 的常闭触点断开 KM_3 的电源，保证接触器 KM_2 线圈得电时，KM_3 线圈不能得电而互锁。

④ 时间继电器线圈得电一定时间后（一般 8s 左右），时间继电器的常闭触点断开，接触器 KM_2 失电，KM_2 的常开触点均断开，电动机 M 星形启动结束。KM_1 的常闭触点闭合，时间继电器的常开触点闭合，接触器 KM_3 线圈得电，其常开主触点闭合，使电动机 M 由星形启动切换为三角形运行。KM_3 的常闭辅助触点断开 KM_2 线圈的电源，保证了接触器 KM_3 线圈得电时，KM_2 线圈绝对不得电。

（2）停车

按下停止按钮 SB_1，辅助电路中间继电器 KM_1 线圈断电，各接触器释放，电动机断电停车。

（3）三相鼠笼式异步电动机采用 Y—△降压启动的优缺点

定子绕组星形接法时，启动电压为直接采用三角形接法时的 1/3，启动电流为三角形接法时的 1/3，因而启动电流小、特性好，不易烧坏电动机，电路较简单，投资少。其缺点是启动转矩也相应下降为三角形接法的 1/3，转矩特性差。因此，该电路适用于轻载或空载启动的场合。另外，Y—△连接时要注意其旋转方向的一致性。

（4）控制电路的保护环节

① 短路保护

短路时，通过熔断器 FU 的熔体熔断切开主电路。

② 过载保护

过载保护通过热继电器 FR 实现。

③ 欠压和失压保护

欠压和失压保护是通过接触器 KM 的自锁触点来实现的。

3．控制电路的安装

（1）准备元器件

准备好三相异步电动机 1 台、隔离开关 1 个、热继电器 1 个、交流接触器 3 个、时间继电器 1 个、熔断器 3 个、按钮开关 2 个、导线若干、三相电源 1 个，Y—△降压启动控制实验板如图 5-25 所示。

图 5-25　Y—△降压启动控制实验板

（2）按照电路原理图接线

按照图 5-17 所示单向运转控制电路电气原理图，先连接三相异步电动机所在的主电路，依次接入图中元器件；再连接控制电路，依次接入图中元器件，连接后如图 5-26 所示。

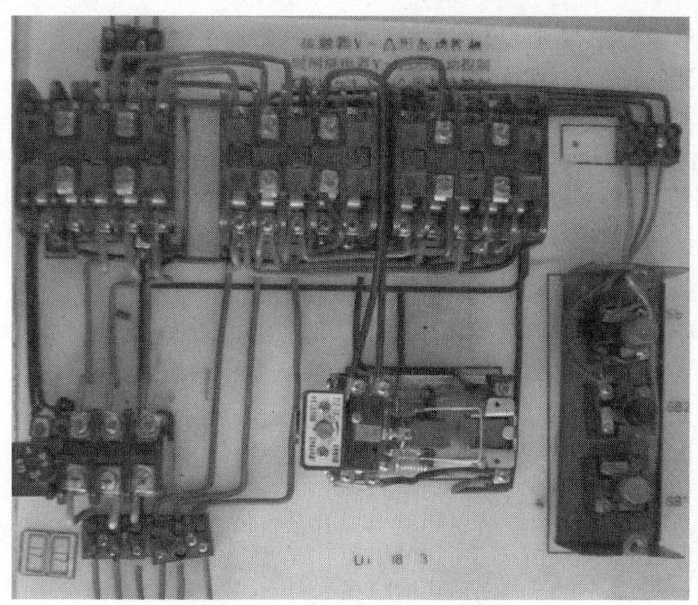

图 5-26 Y—△降压启动控制实验板

（3）通电调试电路

电路连接完毕后，可以通电调试，测试一下是否能够实现实验目标。如果有问题，应逐步排查故障，并调试电路使之能够正常运行，如图 5-27 所示。

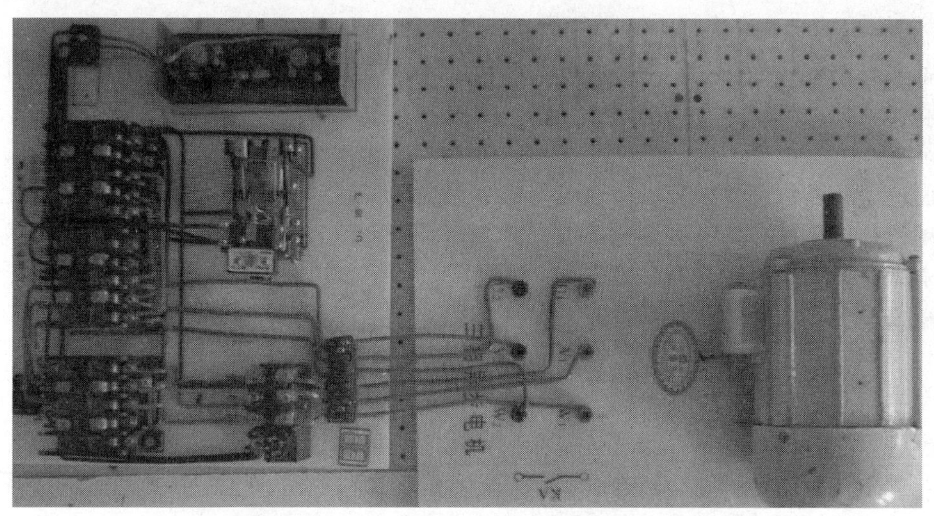

图 5-27 Y—△降压启动控制电路实际接线图

二、项目基本知识

知识点一 交流电动机的分类

1. 按工作电源分类

根据电动机工作电源的不同，交流电动机可分为单相电动机和三相电动机。

2. 按结构及工作原理分类

交流电动机按结构及工作原理可分为异步电动机和同步电动机。

同步电动机又可分为永磁同步电动机、磁阻同步电动机和磁滞同步电动机。

异步电动机可分为感应电动机和交流换向器电动机。感应电动机又分为三相异步电动机、单相异步电动机和罩极异步电动机等。交流换向器电动机又分为单相串励电动机、交直流两用电动机和推斥电动机。

3. 按启动与运行方式分类

电动机按启动与运行方式可分为电容启动式单相异步电动机、电容运转式单相异步电动机、电容启动运转式单相异步电动机和分相式单相异步电动机。

4. 按用途分类

电动机按用途可分为驱动用电动机和控制用电动机。

驱动用电动机又分为电动工具（包括钻孔、抛光、磨光、开槽、切割、扩孔等工具）用电动机，家电（包括洗衣机、电风扇、电冰箱、空调器、录音机、录像机、影碟机、吸尘器、照相机、电吹风、电动剃须刀等）用电动机及其他通用小型机械设备（包括各种小型机床、小型机械、医疗器械、电子仪器等）用电动机。

控制用电动机又分为步进电动机和伺服电动机等。

5. 按转子结构分类

电动机按转子结构可分为笼型感应电动机（旧标准称为鼠笼型异步电动机）和绕线转子感应电动机（旧标准称为绕线型异步电动机）。

6. 按运转速度分类

电动机按运转速度可分为高速电动机、低速电动机、恒速电动机、调速电动机。

低速电动机又分为齿轮减速电动机、电磁减速电动机、力矩电动机和爪极同步电动机等。

调速电动机除可分为有极恒速电动机、无极恒速电动机、有极变速电动机和无极变速电动机外，还可分为电磁调速电动机、直流调速电动机、PWM 变频调速电动机和开关磁阻调速电动机。伺服电动机分交、直流两类。

知识点二　交流电动机的原理

1. 旋转磁场

在三相异步电动机中实现机电能量转换的前提是必须产生一种旋转磁场。三相异步电动机的定子绕组中通入对称三相电流后，就会在电动机内部产生一个与三相电流的相序一致的旋转磁场。所谓旋转磁场，就是一种随时间变化且以一定转速旋转的磁场。这时静止的转子与旋转磁场之间存在相对运动。

三相异步电动机的定子绕组如图 5-28 所示，每相绕组有一个线圈，当三相绕组接成星形与三相对称电源连接后，三相绕组中就有三相电流通过，即

$$i_U=\sin(\omega t)\text{A}$$
$$i_V=\sin(\omega t-2\pi/3)\text{A}$$
$$i_W=\sin(\omega t+2\pi/3)\text{A}$$

三相电流随时间变化的波形如图 5-29 所示。

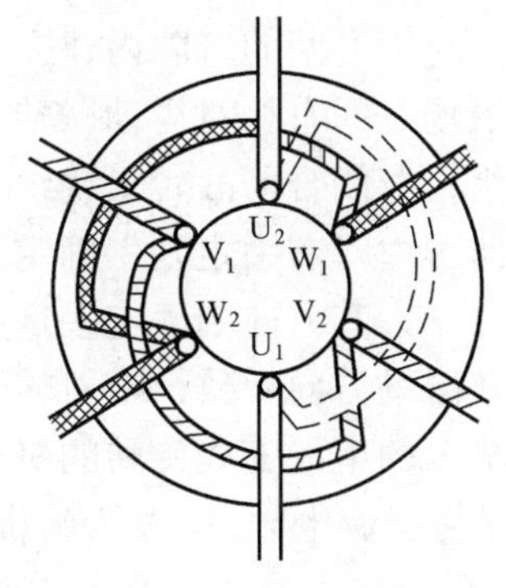

图 5-28　三相异步电动机的定子绕组

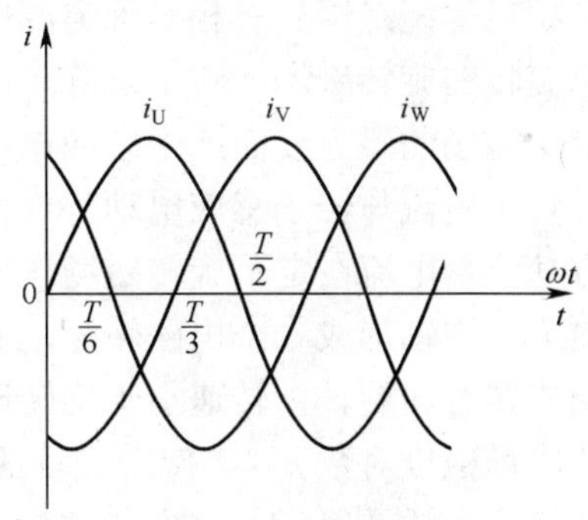

图 5-29　三相交流电波形

由于三相电流随时间的变化是连续的且极为迅速，因此为了便于考察三相电流产生的合成磁场的效应，可以通过几个特定的瞬间，以窥其全貌。为此，选择ωt=0、ωt=T/6、ωt=T/3、ωt=T/2 四个特定瞬间，并规定：电流为正值时，电流从每相绕组的首端（U_1、V_1、W_1）流进，末端（U_2、V_2、W_2）流出；电流为负值时，电流从每相绕组的末端流进，首端流出。在表示线圈导线的“○”内，用“×”号表示电流流入，用“•”号表示电流流出。依次观察图 5-30 的（a）、（b）、（c）、（d），便会看出三相对称电流通过三相对称绕组建立的合成磁场并不是静止不动的，也不是方向交变的，而是犹如一对磁极旋转产生的磁场。从ωt=0 的瞬间到ωt=T/6、ωt=T/3、ωt=T/2 的瞬间，随着三相电流的变化，当三相对称电流通过三相对称绕组时，必然产生一个大小变化、转速一定的旋转磁场（即圆形旋转磁场）。

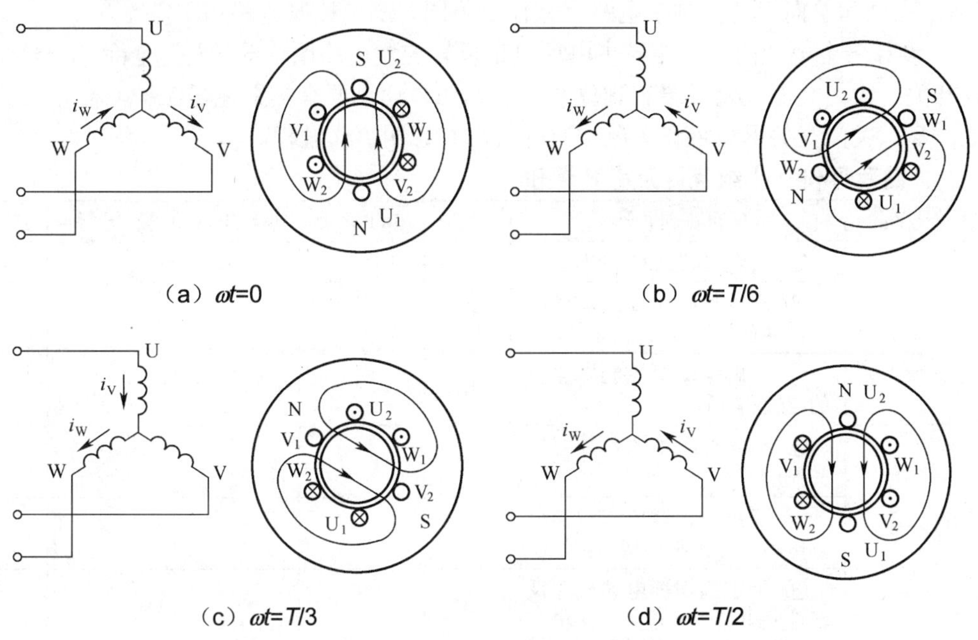

图 5-30　三相电流产生的合成磁场

2. 三相异步电动机的工作原理

当三相对称绕组接到三相对称电源以后，就会在定、转子之间的气隙内建立一个以同步转速旋转的旋转磁场。转子是静止的，转子与旋转磁场之间有相对运动，转子导体因切割定子磁场的磁力线而产生感应电动势。因转子绕组自身闭合，故转子绕组内有电流流通，转子电流与转子感应电动势近似同相位，其方向可由“右手定则”确定。转子绕组的有功分量电流在定子旋转磁场作用下将产生电磁力 F，其方向由“左手定则”确定。电磁力对转轴形成一个电磁转矩，其作用方向与旋转磁场方向一致，拖着转子顺旋转磁场的旋转方向旋转，转速小于旋转磁场的转速，将输入的电能变成旋转的机械能。二极旋转磁场磁极对数 p=1，旋转磁场的转速 $n_0=60f/p$，f 为交流电频率，p 为磁极对数，n_0 表示旋转磁场的转速，单位为 r/min（转每分）。

由以上分析可知，三相感应电动机转动的基本工作原理是：定子三相对称绕组中通入三相对称电流产生圆形旋转磁场；转子导体切割旋转磁场产生感应电动势和电流；转子载流导体在磁场中受到电磁力的作用，从而形成电磁转矩，驱使电动机转子转动。

项目学习评价

一、思考练习题

1. 交流电动机是怎样进行分类的？三相交流电动机由哪几大部分组成，各部分的作用分别是什么？

2. 时间继电器、热继电器与普通交流接触器的表示方法有什么不同？

3. 什么是自锁环节？什么是互锁环节？

4. 点动和单向运转控制在电路上有什么不同？画出控制电路和主电路。

5. 设计一个电动门的三相异步电动机正反转控制电路图，要求大门全部打开时要有到位开关，大门全部关闭时要有到位开关，三相电动机要有热继电器保护，停止按钮用红色，开、关门开关用绿色和黑色按钮开关，并说明工作过程。

二、自我评价、小组互评及教师评价

评价方面	项目评价内容	分值	自我评价	小组互评	教师评价	得分
理论知识	① 明确电动机的分类	5				
	② 理解旋转磁场的形成原理，并理解正反转原理	10				
	③ 理解电动机控制电路中的自锁和互锁	10				
实操技能	① 认识低压电器，并明确其作用	10				
	② 能正确识读单向运转控制电路，并正确连接电路	15				
	③ 能正确识读电动机正反转控制电路，并正确连接电路	20				

续表

评价方面	项目评价内容	分值	自我评价	小组互评	教师评价	得分
实操技能	④ 能正确识读 Y—△启动控制电路，并正确连接电路	20				
学习态度	① 严肃认真的学习态度	5				
	② 严谨条理的工作态度	5				
安全文明生产	文明拆装，实习后清理实习现场，保证不漏装元器件和螺丝					

三、个人学习总结

成功之处	
不足之处	
改进方法	

项目六　直流稳压电源的制作（三端稳压器）

项目情境创设

在日常生活中经常遇到一些需要低压直流电的情况，如收音机、随身听、电动玩具车甚至电动剃须刀等，如果能制作一个输出电压大小可调的高性能直流稳压电源，将会使日常生活中需要供电的小问题一一得到解决。对于一个电子爱好者来说，这种稳压电源当然更是不可缺少的，下面将引领大家动手亲自制作一个高质量的稳压电源。

项目学习目标

学习目标		学习方式	学　时
知识目标	① 了解半导体的基础知识，掌握普通二极管主要参数的含义 ② 掌握常用整流、滤波电路的结构 ③ 掌握常用三端稳压器电路的结构形式 ④ 掌握稳压电源电路结构图中各组成部分的作用 ⑤ 了解稳压电源的工作原理	实验	10
技能目标	① 能分清二极管的引脚，并能检测常见二极管的好坏 ② 能分清常用三端稳压器的引脚功能 ③ 能读懂稳压电源电路原理图和装配图，并能根据原理图和 PCB 图进行安装、焊接 ④ 会调试和检修稳压电源	讲授	6

项目基本功

一、项目基本技能

任务一　二极管的识别及检测

1. 识别常见二极管

二极管是最简单的半导体器件，在电路中的应用很广泛，其共同特点是单向导电性，即其正极接高电压，负极接低电压，则二极管导通；反之，二极管正极接低电压，负极接高电压，则二极管截止。

根据其结构不同，各厂家还生产出许多不同用途的二极管，常见的二极管如表 6-1 所示。

表 6-1　常见的二极管

二极管种类	二极管符号	常见图片	作　用
整流二极管	+ VD −		用于将交流电转换为直流电
稳压二极管			利用二极管的反向击穿电压特性，用于稳定电路中的电压
发光二极管	VD + −		二极管的电极间加上正向电压后，能发出光线
光电二极管、光敏二极管	VD + −		在反向电压作用下，无光照时，二极管中无电流；有光照时，二极管中会产生电流
开关二极管	+ VD −		开关二极管的导通与截止的转换时间很短

2. 常见二极管的检测

（1）二极管的引脚识别

① 直观判断法

对于普通二极管，其外表面有标志环。如 1N40 系列的整流二极管，其外表面上涂有银色的标志坏，相应的一侧引脚为负极，另一引脚为正极。

对于引脚在同一侧的二极管，如发光二极管，引脚较长的是正极，引脚较短的是负极。

发光二极管多采用透明树脂封装，管心下部有一个浅盘，管内电极宽大的为负极，而电极窄小的为正极。也可从管身形状和引脚的长短来判断。通常，靠近管身侧向小平面的引脚为负极，另一端引脚为正极；长引脚为正极，短引脚为负极。

② 万用表判断法

普通二极管：将万用表拨于 R×1k 挡，测量二极管的导通电阻和截止电阻，二者应该有明显的区别，如图 6-1 所示。以电阻小的一次为准，黑表笔接的是正极，红表笔接的是负极。

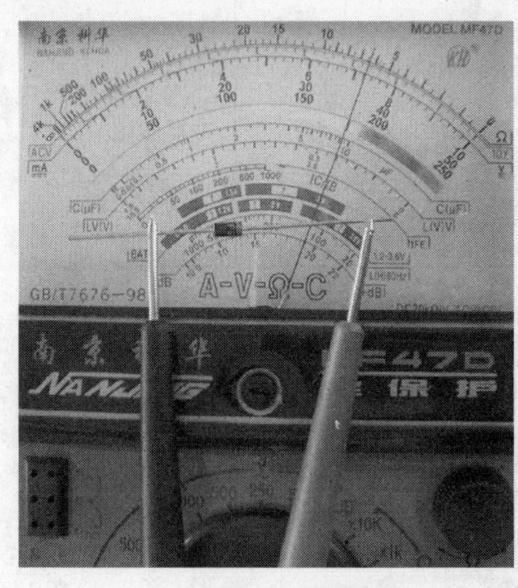

（a）测量正向导通电阻

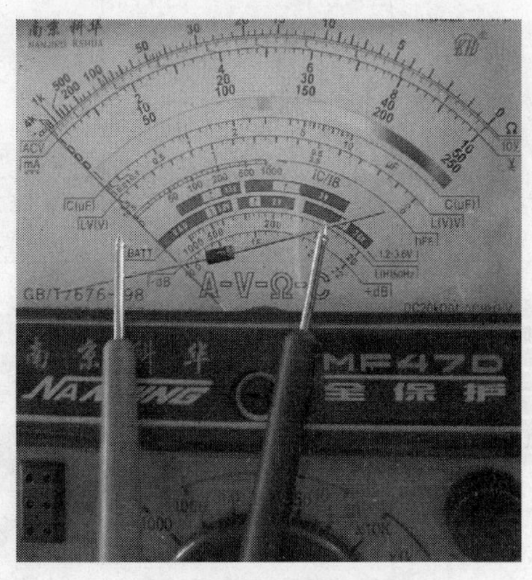

（b）测量反向截止电阻

图 6-1 万用表检测二极管

稳压二极管：对于稳压二极管正、负极的判断，也用 R×1k 挡，判断方法与普通二极管相同。

发光二极管：用万用表 R×10k 挡测量发光二极管的正、反向电阻值。正常时，正向电阻值（黑表笔接正极时）为 10～20kΩ，反向电阻值为 250kΩ～∞。较高灵敏度的发光二极管，在测量正向电阻值时，管内微亮。以导通时为准，黑表笔接的是正极，红表笔接的是负极。

也可以用 4V 左右的直流电源直接测试，发光时，电源正极接的是发光二极管的正极，电源负极接的是发光二极管的负极。

（2）二极管的检测

① 普通二极管的检测

检测二极管的好坏主要是检测其是否具有单向导电性。

通常，锗材料二极管的正向电阻值，MF47 型万用表 R×1k 挡为 1kΩ 左右，反向电阻值为 8～50kΩ；硅材料二极管的电阻值，MF47 型万用表为 5～9kΩ，MF64 型万用表为 9～15kΩ，反向电阻值均为无穷大。正向电阻越小越好，反向电阻越大越好。正、反向电阻值相差越悬殊，说明二极管的单向导电特性越好。若测得二极管的正、反向电阻值均接近零或阻值较小，则说明该二极管内部已击穿短路或漏电损坏。若测得二极管的正、反向电阻值均为无穷大，则说明该二极管已开路损坏。

② 稳压二极管的检测

对于稳压值小于 9V 的稳压二极管，可以利用万用表 R×10k 挡中的 9V 电池来检查其反向击穿现象。将万用表拨于 R×10k 挡测稳压二极管反向电阻时，指针也将偏转，稳压值越小的偏转越大。

对于稳压值较大的稳压二极管，可以借用输出电压为 0～30V 且连续可调的直流电源稳压器来检测。稳压 13V 以下的稳压二极管，可将稳压电源的输出电压调至 15V，将电源正极串接一只 1.5kΩ 限流电阻后与被测稳压二极管的负极相连接，电源负极与稳压二极管的正极相接，再用万用表测量稳压二极管两端的电压值，所测的读数即为稳压二极管的稳压值。若稳压二极管的稳压值高于 15V，则应将稳压电源调至 20V 以上。

③ 光敏二极管的检测

电阻测量法：用黑纸或黑布遮住光敏二极管的光信号接收窗口，然后用万用表 R×1k 挡测量光敏二极管的正、反向电阻值。正常时，正向电阻值在 10～20kΩ，反向电阻值为无穷大。若测得正、反向电阻值均很小，则说明该光敏二极管漏电。再去掉黑纸或黑布，使光敏二极管的光信号接收窗口对准光源，然后观察其正、反向电阻值的变化。正常时，正、反向电阻值均应变小，阻值变化越大，说明该光敏二极管的灵敏度越高。若测得正、反向电阻值均为无穷大，说明光敏二极管断路损坏。

电压测量法：将万用表置于 1V 直流电压挡，黑表笔接光敏二极管的负极，红表笔接光敏二极管的正极，将光敏二极管的光信号接收窗口对准光源，正常时应有 0.2～0.4V 的电压（其电压与光照强度成正比）。

电流测量法：将万用表置于 50μA 或 500μA 电流挡，红表笔接正极，黑表笔接负极，正常的光敏二极管在白炽灯光下，随着光照强度的增加，其电流会从几微安增大至几百微安。

任务二　三端稳压器的识别及检测

1．识别三端稳压器

集成三端稳压器是一种串联调整式稳压器，内部设有过热、过流和过压保护电路。它只有 3 个外引出端（输入端、输出端和公共地端）。将整流滤波后的直流电压接到集成三端稳压器输入端，在输出端就得到稳定的直流电压。其电路简单、使用方便，在许多电路中得到应用。

集成三端稳压器按性能和用途，可分为三端固定输出正稳压器、三端固定输出负稳压器、三端可调输出正稳压器和三端可调输出负稳压器 4 大类。

常见三端稳压器的外形及引脚排列如图 6-2 所示。

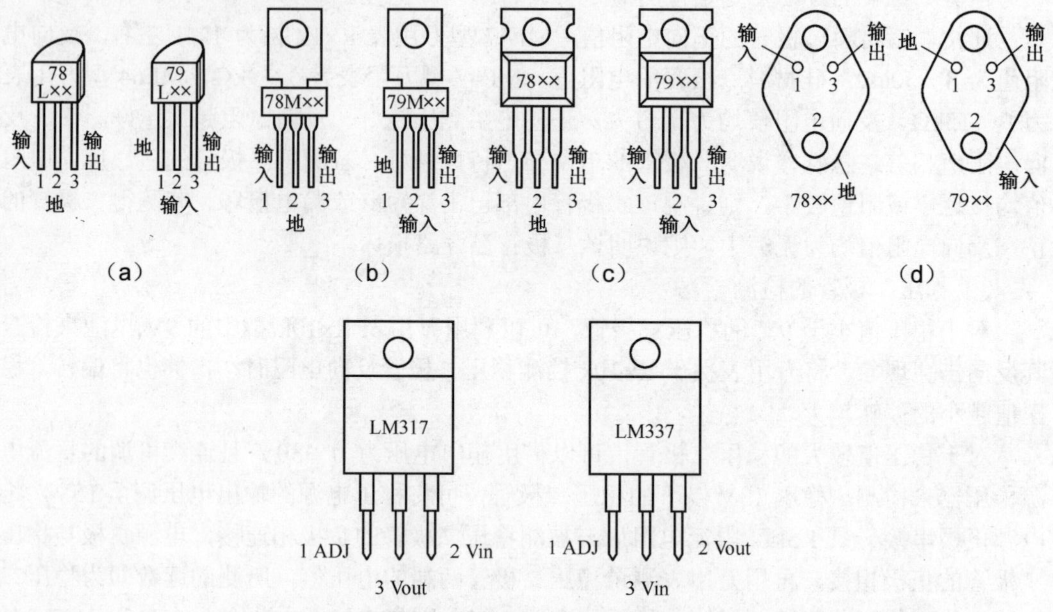

图 6-2 常见三端稳压器的外形及引脚排列

2. 三端稳压器的检测

78 系列三端稳压器的散热片与地相连，79 系列三端稳压器的散热片与输入端相连，引脚排列顺序为从左向右依次为电位最高的引脚、电位最低的引脚、中间电位的引脚。

三端固定输出正稳压器以 7800 系列为主，三端固定输出负稳压器以 7900 系列为主，如 7805、7812、7905、7912 等，输出电压值有 5V、6V、8V、9V、12V、15V、18V、24V 等系列值。三端可调输出正稳压器以 LM×17 为主，三端可调输出负稳压器以 LM×37 为主，如 LM317（见图 6-3）和 LM337。

图 6-3 LM317 直流电源板

任务三 直流稳压电源的安装与调试

1. 直流稳压电源识图

（1）直流稳压电源原理图和 PCB 图

① 直流稳压电源原理图如图 6-4 所示。

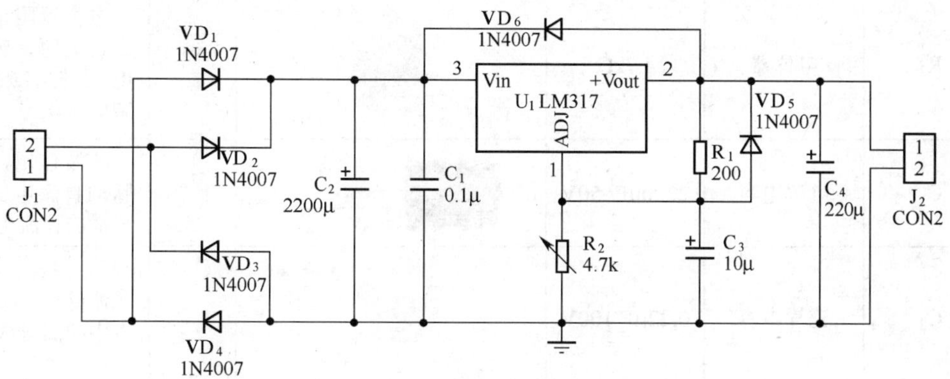

图 6-4 直流稳压电源原理图

② 直流稳压电源 PCB 图和元器件安装位置图如图 6-5 所示。

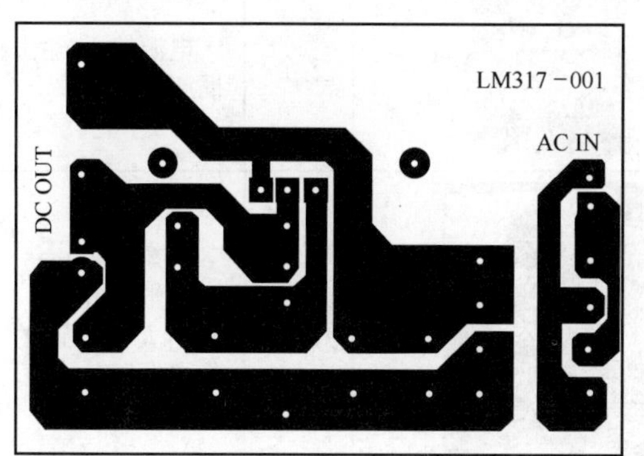

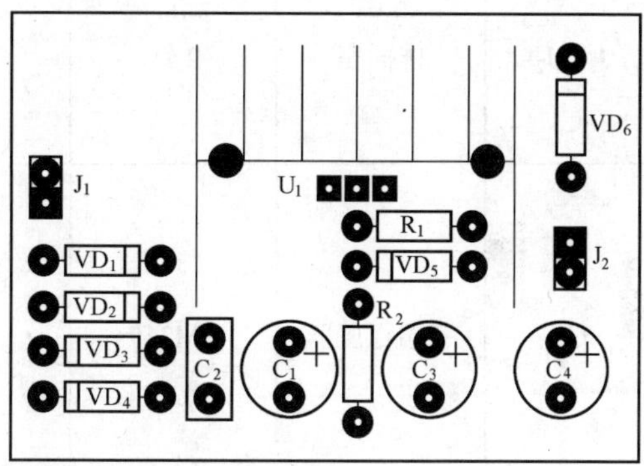

图 6-5 直流稳压电源 PCB 图和元器件安装位置图

（2）直流稳压电源电子元器件的作用与识别（如表 6-2 所示）

表 6-2 直流稳压电源电子元器件的作用与识别

设计序号	元器件名称	元器件参数	图 形	数量	作 用
VD_1～VD_6	二极管	1N4007		6 个	VD_1～VD_4 组成桥式整流电路，用于把交流电转换为脉动的直流电 VD_6 起保护作用，防止 LM317 被感性负载的反峰电压击穿

续表

设计序号	元器件名称	元器件参数	图　形	数量	作　用
R_1	电阻	200Ω	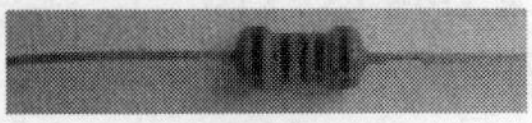	1个	为分压上偏置电阻，色环为红、黑、黑、黑、棕
R_2	电位器	4.7kΩ		1个	电位器阻值从小调大时，输出电压在 1.25～37V 变化
C_1	电解电容	2200μF/ 50V		1个	滤波作用，使脉动直流电变成平滑的直流电
C_2	瓷片电容	0.22μF/100V	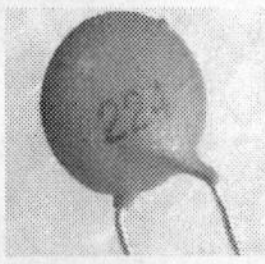	1个	滤除脉动直流电中的高频成分
C_3	电解电容	220μF/50V		1个	滤波作用，使输出波形更加平滑
J_1、J_2	排插座	2 针		2个	电源输入/输出插座
U_1	三端稳压器	LM317		1个	三端稳压器，输出大小可调的稳定电压
	散热片			1个	帮助LM317散热，有效增大LM317 的输出电流
	机制螺丝	3×10		1个	将LM317固定到散热片上

2. 主要元器件的检测及质量判断

LM317 的检测方法如表 6-3 所示。

表 6-3 LM317 的检测方法

项　　目	MF47 型万用表挡位	检 测 方 法	电　　阻
输出脚与散热片电阻（相通）	R×1k 挡		0Ω
调整脚与散热片（输出脚）之间正、反向电阻	R×1k 挡		30kΩ
	R×1k 挡		阻值很大
输入脚与散热片（输出脚）之间电阻	R×1k 挡		7kΩ

续表

项　　目	MF47型万用表挡位	检 测 方 法	电　　阻
输入脚与散热片（输出脚）之间电阻	R×1k 挡	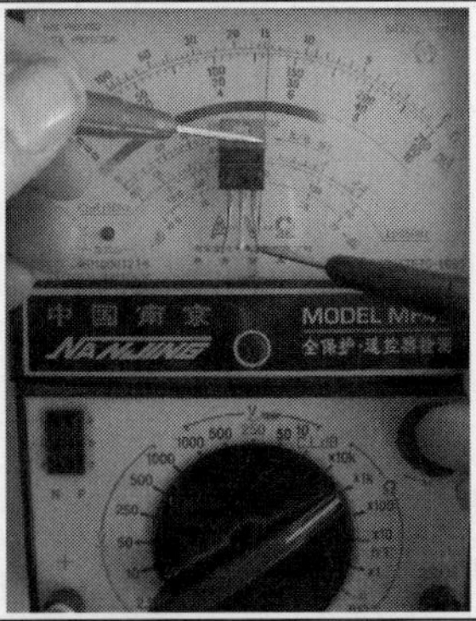	15kΩ
输入脚与调整脚之间电阻	R×1k 挡	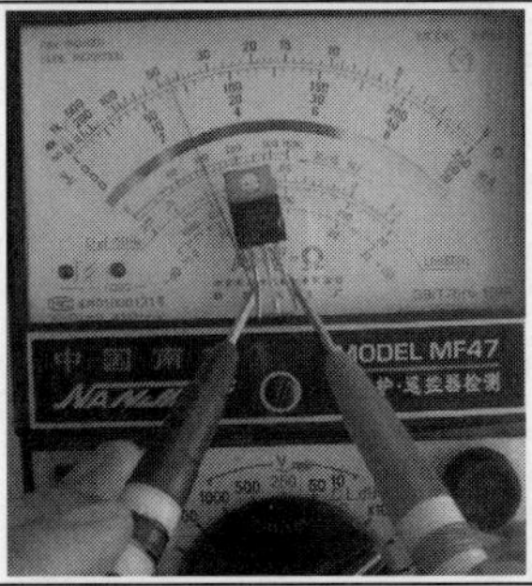	45kΩ
	R×1k 挡		150kΩ

任两脚之间的电阻为零，说明 LM317 稳压集成块已短路损坏。

3. 电路板的安装与调试

（1）电路板的安装

① 组装 LM317 组件，将 LM317 用螺丝固定到散热片上，在元器件背面和散热片接触的地方涂上一层散热硅脂，保证导热良好。

② 按照由高到低的顺序，先装固定电阻、二极管和插座，再安装电容器。

③ 焊接 LM317 组件，注意要先焊接散热片引脚，再焊接 LM317 引脚。

④ 用导线将 R_2 的位置引出来，焊接到电位器的任一固定端和滑动端。

⑤ 把电位器和电路板固定到自制的电源机壳内，并将变压器的输出插头连接到电路板上。

⑥ 分别为红、黑导线焊接相对应颜色的鳄鱼夹，并做好二芯插头连接到电路板的输出插座上。

（2）目测检查

① 对照电路原理图认真检查电路板的元器件是否和图纸一致。

② 认真检查焊点是否牢固，有无连焊、虚焊等不良现象。

③ 检查电位器旋钮是否旋转顺畅、鳄鱼夹焊接是否可靠、啮合是否紧密、220V 电源线有无破损隐患。

（3）直流电阻测试

① 测交流输入端电阻。用万用表的电阻挡检查电源输入端直流电阻的大小是否在正常范围，一般来说，由于存在容量比较大的电解电容，所以表笔接通时数字或指针所显示的数值会慢慢由小变大，直到几千欧姆以上就说明输入端基本正常；若保持长时间的小阻值，则表明电路存在短路的不正常现象，应作进一步的检查，以确定是否存在元器件质量问题或电路焊接不良现象。

② 测输出端对地电阻。用万用表的电阻挡测量输出端电阻值，一般在几千欧姆以上属于正常值，若显示几十欧姆一下，一般表示有问题存在，应该进一步检查是否存在元器件质量问题或者电路板局部焊接不良现象。

（4）测量关键点的电压

① 输入端交流电压。测量输入电压是否与电源变压器的参数一致，该交流电压的正常值应该为 35V。

② 整流滤波输出直流电压。经过整流滤波后的直流电压值应该为 35V×（1.1～1.4）。在空载时一般为最大值（49V 左右），表示滤波电路正常；若滤波电容失效或者容量下降严重，该电压会大幅下降甚至跌至 35V×0.9，即 31.5V 左右。

③ 输出电压范围测量。将电位器旋至最小输出电压（应该在 1.25V），然后缓慢调节电位器至最大，输出电压会不断上升至 37V，则说明电源调节范围符合要求。

④ 带载能力测试。将输出电压调至 12V，然后输出端接入 12Ω/12W 假负载，记录电压的下降幅度，若不小于 0.5V，则表示带载能力正常。

二、项目基本知识

知识点一　半导体材料

1．半导体

自然界的物质若按导电能力划分，可分为导体、半导体和绝缘体 3 种。半导体的导电能力介于导体和绝缘体之间。常用的半导体材料有硅和锗。

2．本征半导体和杂质半导体

（1）本征半导体

纯净的单晶半导体称为本征半导体。本征半导体中的载流子（自由电子空穴对）在常温下数量少、导电能力差。

（2）杂质半导体

在本征半导体中掺入微量有用元素后形成的半导体称为杂质半导体，杂质半导体内部有两种载流子（自由电子、空穴）参与导电。根据掺入杂质的不同，可分为P型半导体和N型半导体两种。

N型半导体：在本征半导体中掺入五价杂质原子，例如，掺入磷原子，可形成N型半导体。这种半导体主要靠自由电子导电。

P型半导体：在本征半导体中掺入三价杂质原子，例如，掺入硼原子，可形成P型半导体。这种半导体主要靠空穴导电。

3. PN结的形成

在同一块本征半导体晶片上，采用特殊的掺杂工艺，在两侧分别掺入三价元素和五价元素，一侧形成P型半导体，另一侧形成N型半导体，则在这两种半导体交界面的两侧分别留下了不能移动的正、负离子，形成一个具有特殊导电性能的空间电荷区，称为PN结。

4. PN结的单向导电性

PN结的导电特性决定了半导体器件的工作特性，是研究二极管、三极管等半导体器件的基础。

（1）PN结加正向电压

P区接外加电源正极、N区接外加电源负极时，称PN结加正向电压（也称正向偏置）。外加的正向电压削弱了内电场，PN结呈现低阻性，称PN结加正向电压时导通。

（2）PN结加反向电压

P区接外加电源负极、N区接外加电源正极时，称PN结加反向电压（也称反向偏置）。外加反向电压的方向与PN结内电场方向相同，加强了内电场，PN结呈现高阻性，称PN结加反向电压时截止。

由此可以得出结论：PN结具有单向导电性，正向导通，反向截止。

知识点二　二极管的主要参数

描述器件特性的物理量称为器件的特性。二极管的主要参数如下。

最大整流电流 I_F：二极管允许通过的最大正向平均电流。

最大反向工作电压 U_R：二极管允许的最大工作电压，一般取击穿电压的一半作 U_R。

反向电流 I_R：二极管未击穿时的电流，其值越小，二极管的单向导电性越好。

最高工作频率 f_M：其值取决于PN结结电容的大小，电容越大，频率越低。

补充说明：硅二极管温度每增加8℃，反向电流将约增加一倍；锗二极管温度每增加12℃，反向电流大约增加一倍。另外，无论是硅二极管还是锗二极管，温度每升高1℃，正向压降 V_F 减小2～2.5mV，即具有负的温度系数。

知识点三　整流电路原理

整流电路的作用是把交流电转变为直流电。交流电的特点是，电路中的电流方向或电压方向随时间在周期性不断变化，而直流电路中电流（或电压）的方向是不改变的。整流电路的形式主要有以下几种。

1. 单相半波整流电路

单相半波整流电路的电路形式简单，如图6-6所示。其输出电压为输入交流电压的半个周期，输出的直流电压平均值小，$U_o=0.45\,U_2$，电压波动幅度较大，对电源的利用率也低。

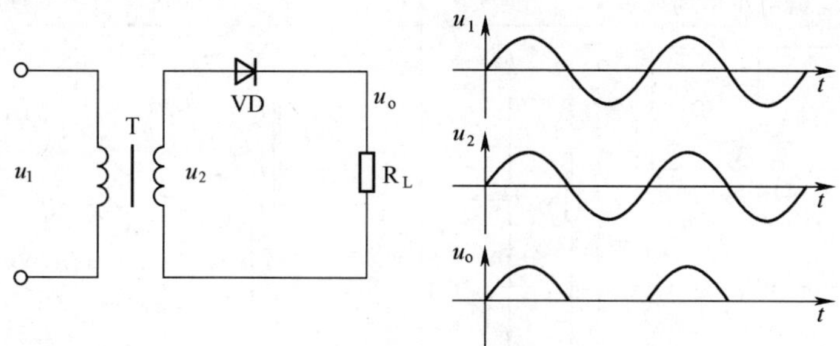

图 6-6　半波整流电路及波形

2. 单相全波整流电路

单相全波整流电路的电路形式及输出电压波形如图 6-7 所示，全波整流电路增加了一只整流二极管，同时利用带有抽头的变压器的分相作用，在变压器的次级回路中产生了两个电压相同而相位相反的交流电，使两只二极管交替导通，使输出的直流电压为交流电压的整个周期波形，输出平均电压 $U_o=0.9\,U_2$，输出电压较高，但是由于需要抽头，因此增加了变压器的成本，而且整流二极管的反向耐压值也相应地增加了一倍。

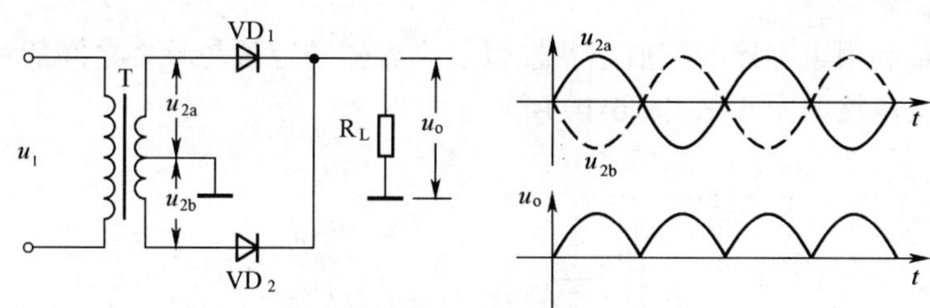

图 6-7　全波整流电路及波形

3. 单相桥式整流电路

单相桥式整流电路的电路形式及输出波形如图 6-8 所示。

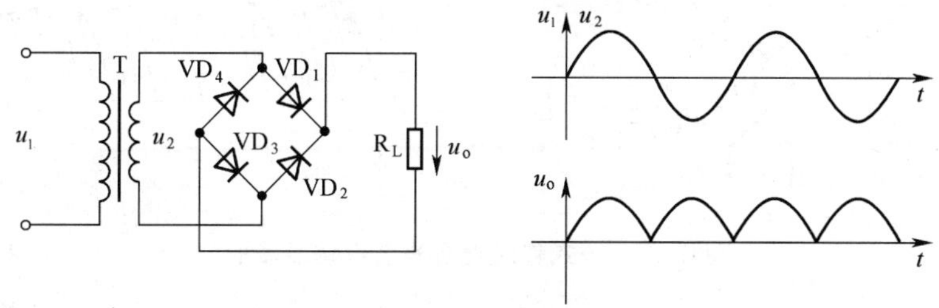

图 6-8　桥式整流电路及波形

桥式整流电路中使用 4 只整流二极管组成桥式电路，每只二极管作为整流电路的一只桥臂，在交流电的每半个周期相对的 2 个“桥臂”导通，保证了负载上的电流与电压的方向始终没有变化。具体工作情况如表 6-4 所示。

表 6-4　　桥式整流电路工作原理

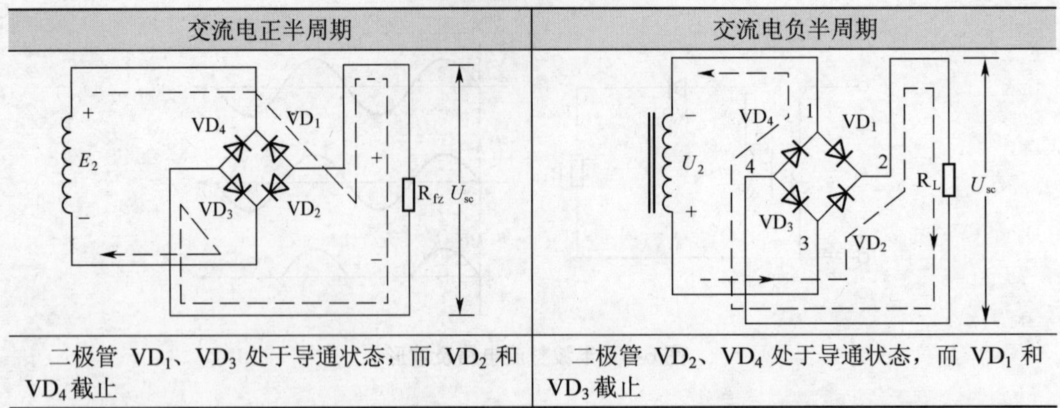

交流电正半周期	交流电负半周期
二极管 VD_1、VD_3 处于导通状态，而 VD_2 和 VD_4 截止	二极管 VD_2、VD_4 处于导通状态，而 VD_1 和 VD_3 截止

桥式整流电路输出的直流电压与全波整流电路一样，$U_o=0.9\,U_2$，但是对变压器没有特殊要求，因此目前整流电路的主要形式是桥式整流电路。

知识点四　滤波电路原理

滤波电路的作用是滤除电路中的交流成分，使直流电流中的纹波系数变小，成为平滑的直流电压。滤波元件主要有电容器和电感器，主要电路形式有以下几种。

1. 电容滤波

电容滤波是利用电容器的充放电特性以及电容器的容抗与频率之间的关系进行的。常见的电容滤波电路如图 6-9、图 6-10 所示。

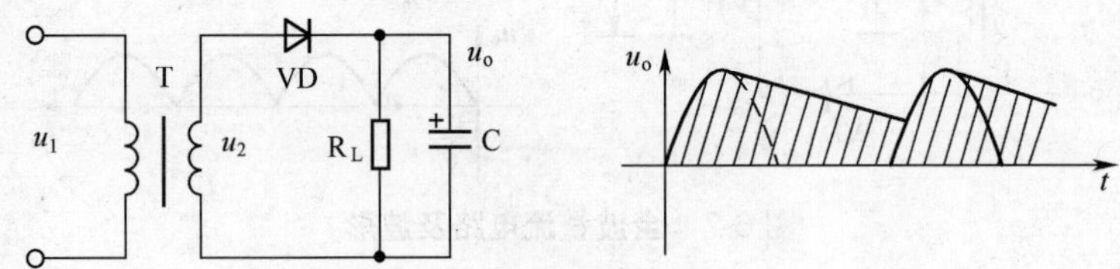

图 6-9　电容滤波电路及波形

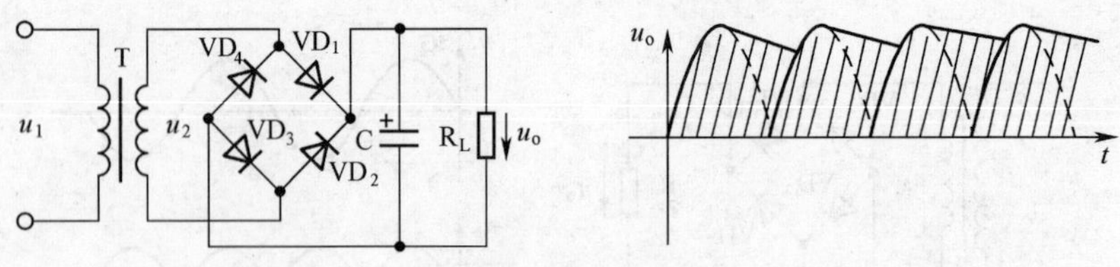

图 6-10　桥式整流电容滤波电路及波形

在整流二极管导通时，整流输出电压对电容器 C 充电，同时对负载供电；而当二极管输出的整流电压降低时，电容器上充的电压高于二极管的正向电压，二极管截止，不再对电容器充电，电容器对负载放电。由于电容器的存在，负载上的电压不会随整流电压大幅度变化，减小了电压波动，即减小了输出电压的纹波系数，提高了输出电压的平均电压值。

对于半波整流电路，加上滤波电容后，带负载时输出电压 U_o=U_2，不带负载（空载）时输出电压 U_o=1.4U_2。

对于全波整流电路和桥式整流电路，加上滤波电容后，带负载时输出电压 U_o=1.2u_2，不带负载（空载）时输出电压 U_o=1.4U_2。

另外，用容抗与负载的阻抗不同也可以解释。对于阻性负载，直流电与交流电的阻抗相同，而对于电容器来说，X_C=1/（ωC）。整流后的脉动直流电，可以视为是由频率为 0 的直流电与多种频率交流电叠加而成的，二者流过电容与负载组成的并联电路时，电容对交流电的容抗很小，而对直流电的容抗为无穷大，因此将交流电“短路”，而直流成分被“开路”，这样负载上就主要是直流电压了。

综上所述，在电容滤波电路中，滤波电容的容量越大，滤波效果越好，但是容量变大，也将使成本增加，而且对电路的冲击电流（浪涌电流）增大，对二极管的要求也增加。另外，滤波电容必须与负载并联。

2. 电感滤波

电感滤波电路是利用电感器上的电流发生变化时，电感器将产生感生电动势的特点来实现的。其电路如图 6-11 所示。

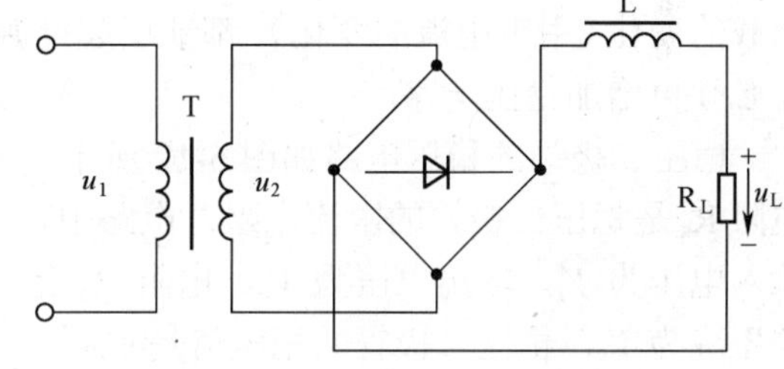

图 6-11 电感滤波电路

电抗器的感抗 X_L=ωL，对于频率高的交流电成分来说，感抗很大；而对于频率为 0 的直流电来说，感抗为 0。整流后的脉动电流流过电感器与负载组成的串联电路时，对于交流成分来说，电感上分得了较大的电压，而负载上的分压却很少；而对直流成分，电感器几乎没有压降，负载上却分压很多。也就是说，在负载上的交流脉动成分很少，电压波动也很少，纹波系数减小。

在电感滤波电路中，电感器一定要与负载组成串联电路。

3. 复式滤波电路

电容滤波电路体积小、重量轻、成本低，但是只适合于负载较轻、输出电流较小的电路。电感滤波适合于负载重、输出电流大的电路，但是为了追求滤波效果，必然要加大电感器的电感量，因此其体积增大、重量变大、成本也增加，不利于产品的小型化。目前电路中常采用电感电容复合滤波电路，具体如表 6-5 所示。

表 6-5 复式滤波电路

LC 滤波电路	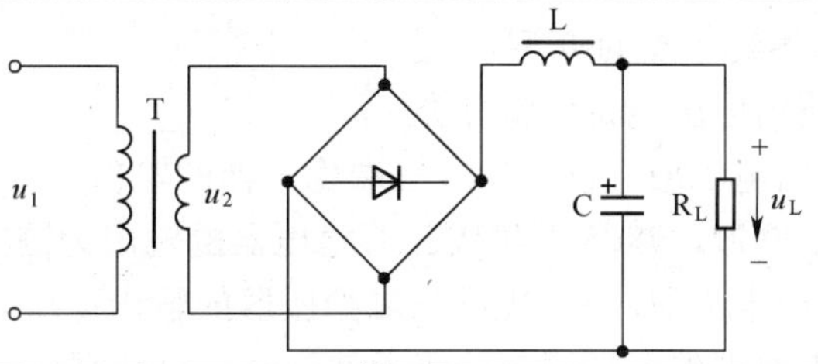 L　T　u_1　u_2　C　R_L　u_L

续表

π型 LC 滤波电路	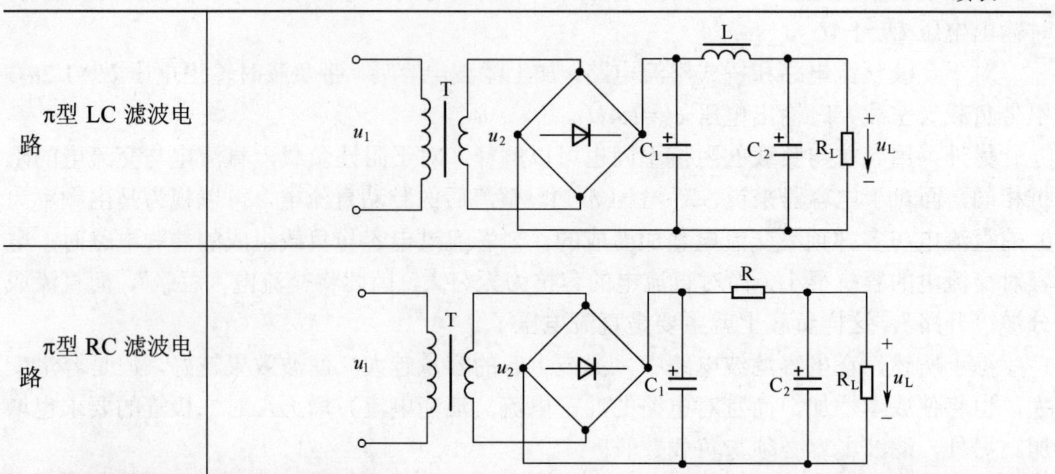
π型 RC 滤波电路	

知识点五　稳压二极管电路

整流滤波后输出的是平稳的直流电，但是它的电压是不稳定的。供电电压的变化或负载的变化（用电电流的变化），都能引起电源电压的波动。要获得稳定不变的直流电源，还必须再增加稳压电路。

稳压二极管的稳压电路如图 6-12 所示。电阻 R_s 是稳压二极管的限流电阻。电路中，输入电压为 V_i，输出电压为 V_o，电阻 R_s 上的压降为 V_s，稳压二极管的稳压值是 V_{ZD}。如果输入电压 V_i 大于稳压二极管的额定稳压值 V_{ZD}，稳压二极管反向击穿，两端电压保持在 V_{ZD}。

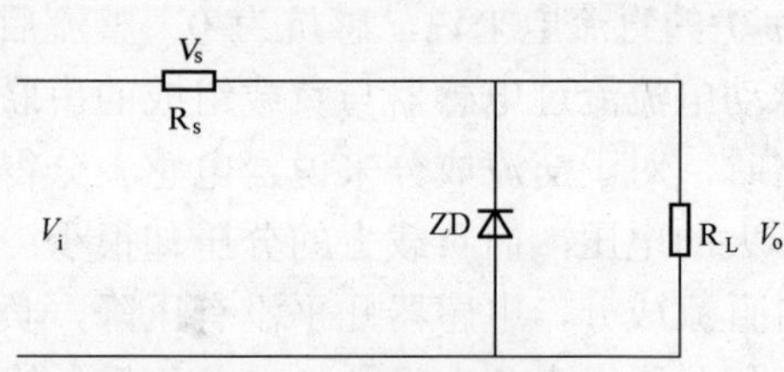

图 6-12　稳压二极管电路

当因电源因素导致输入电压 V_i 增大时，输出电压 V_o 也有加大的趋势，这时电路中电流增大，致使电阻 R_s 上的电压 V_s 增大，而 $V_o=V_i-V_s$，此时输出电压可以保持基本不变。可见，电阻 R_s 在电路中的作用很大，一定不能少。

知识点六　集成三端稳压器

集成三端稳压器是一种串联调整式稳压器，内部设有过热、过流和过压保护电路。它只有 3 个外引出端（输入端、输出端和公共地端），将整流滤波后的直流电压接到集成三端稳压器输入端，在输出端就得到稳定的直流电压。其电路简单、使用方便，因此在许多电路中得到应用。

1. 集成三端稳压器的分类

（1）根据输出电压能否调整分类

① 固定输出电压型，该类集成三端稳压器的输出电压是由制造厂家预先调整好的，输出为固定值。例如，7805 型集成三端稳压器的输出为固定+5V。

② 可调输出电压型，该类集成三端稳压器的输出电压可通过改变少数外接元件值来实现在较大范围内调整。当调节外接元件值时，可获得所需的输出电压。例如，CW317

型集成三端稳压器的输出电压在 12～37V 连续可调。

（2）根据输出电压的正、负类型分类

① 输出正电压系列的集成稳压器（78××），其输出端电压对公共端为负向电压，例如 7805、7806、7809 等。其中，字头“78”表示输出电压为正值，后面数字表示输出电压的稳压值。

② 输出负电压系列的集成稳压器（79××），其输出端电压对公共端为负向电压，例如 7905、7906、7912 等。其中，字头“79”表示输出电压为负值，后面数字表示输出电压的稳压值。

（3）根据输出电流分类

① 输出为小电流，代号“L”。如 78L××，最大输出电流为 0.1A。

② 输出为中电流，代号“M”。如 78M××，最大输出电流为 0.5A。

③ 输出为大电流，代号“S”。如 78S××，最大输出电流为 2A。

表 6-6 中列出了几种固定三端稳压器的参数。

表 6-6　几种固定三端稳压器的参数（C_i=0.33μF，C_o=0.1μF，T_a=25℃）

参　数	单　位	7805	7806	7815
输出电压范围	V	4.8～5.2	5.75～6.25	14.4～15.6
最大输入电压	V	35	35	35
最大输出电流	A	1.5	1.5	1.5

2. 集成三端稳压器应用电路

（1）固定三端稳压器 78 系列

固定三端稳压器 78 系列常见应用电路如图 6-13 所示。

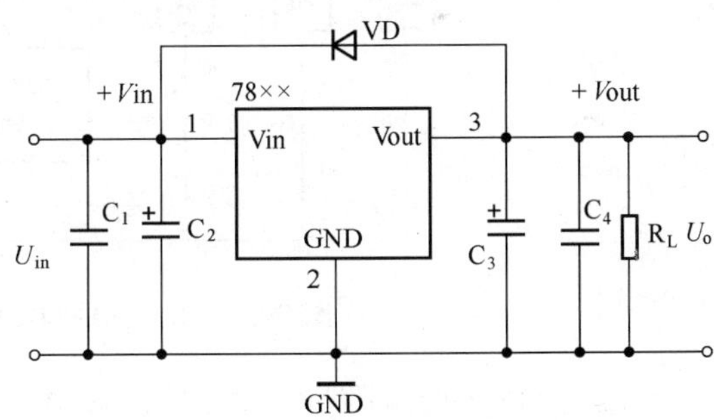

图 6-13　固定三端稳压器 78 系列常见应用电路

为了保证稳压性能，使用三端稳压器时，要求输入电压与输出电压相差至少 2V，但也不能太大，否则会增大器件本身的功耗以至于损坏器件。图 6-13 所示电路中，C_1 的作用是消除输入连线较长时其电感效应引起的自激振荡，减小纹波电压。在输出端接电容 C_4 是为了消除电路中的高频噪声。一般 C_1 选用 0.33μF，C_4 选用 0.1μF。电容的耐压应高于电源的输入电压和输出电压。若 C_4 容量较大，一旦输入端断开，C_4 将从稳压器输出端向稳压器放电，易使稳压器损坏。因此，可在稳压器的输入端和输出端之间跨接一个二极管，可以起到保护作用。

（2）固定三端稳压器 79 系列

固定三端稳压器 79 系列常见应用电路如图 6-14 所示。

（3）78 系列和 79 系列三端稳压器引脚的判别

78 系列三端稳压器的散热片与地相连，79 系列三端稳压器的散热片与输入端相连，引脚排列从左向右依次为电压最高、最低、中间电位。

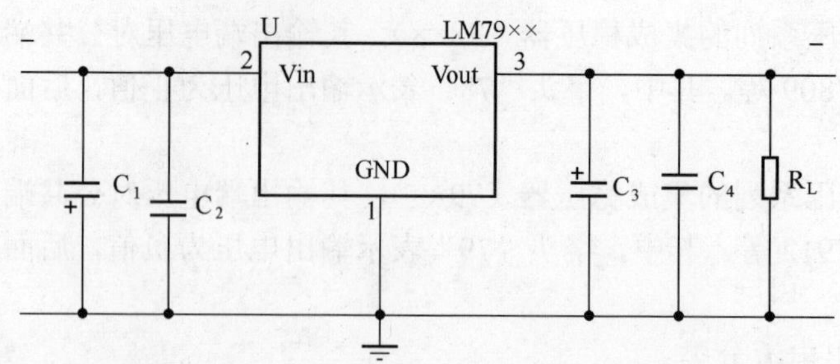

图 6-14 固定三端稳压器 79 系列常见应用电路

3. 集成三端固定稳压器工作原理

集成三端固定稳压器是一种典型的串联调整式稳压器。从图 6-15 可以看出，它由启动电路、基准电路、误差放大器、调整管、取样电阻等组成，与分立元器件的串联调整稳压器电路工作原理完全相同。

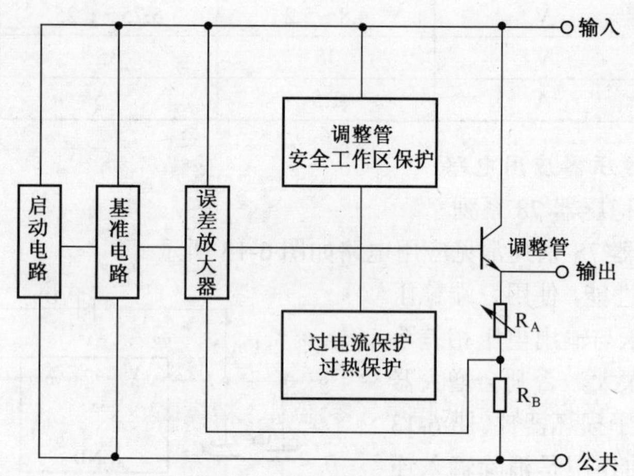

图 6-15 集成三端固定稳压器内部方框图

集成三端固定稳压器的全部元器件都制作在一片 2.1mm×2.4mm 的硅片上，大部分电路都采用了线性集成电路的通用线路理论和技术，如恒流源，能隙式基准电压源，高增益、低漂移误差放大器等。

下面以 7800 系列为例，简要分析电路功能，图 6-16 所示为其电路原理图。

（1）启动电路

启动电路由 R_4、ZD、VT_{12}、VT_{13}、R_5、R_6、R_7 等组成。当电路接通时，输入电压经 R_4 使 ZD 有电流通过而建立稳定电压，这样使 VT_{12} 导通。这时有电流通过 R_5、R_6、R_7，使 VT_{13} 基极建立足够的电位，VT_{13} 的集极电流流入 VT_8、VT_9，推动基准源电路及误差放大器进入正常工作状态，这时启动电路与其他电路的联系被切断。

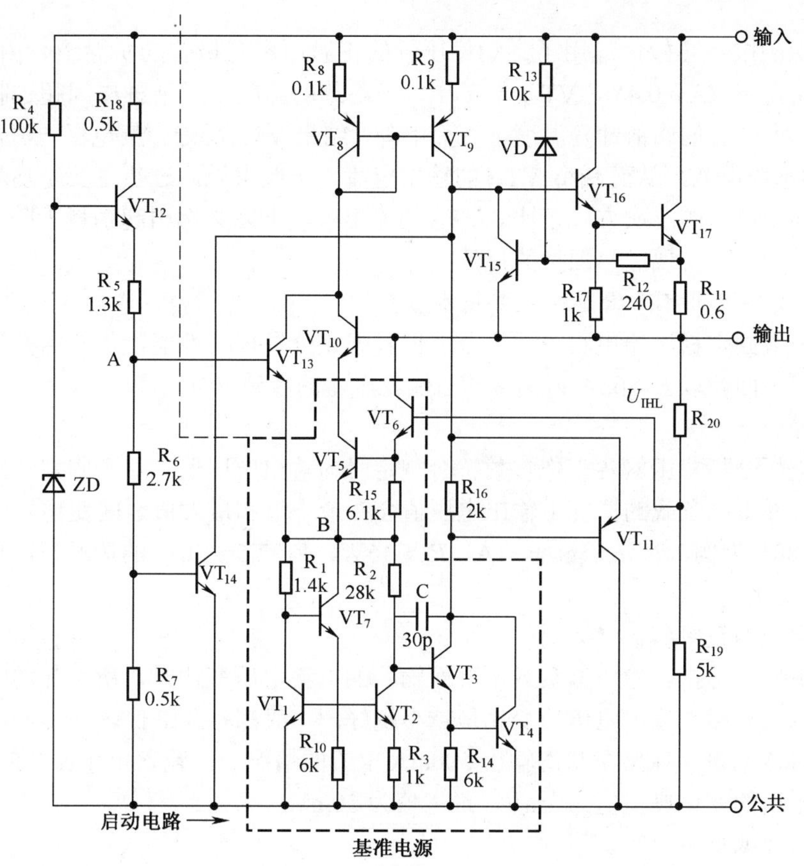

图 6-16　7800 系列稳压器电路原理图

（2）基准电压源电路

由 VT_8、VT_9 组成镜像恒流源，由 VT_1、VT_2、VT_5、VT_6 及 R_1、R_2、R_3、R_{15} 组成能隙式基准电压源。它的特点是低噪声、零温漂、精度高。

（3）误差放大器

它的部分电路与基准源共用，VT_3、VT_4 接成达林顿结构，共射组态，并采用了温度补偿措施。以恒流源 VT_9 作为集电极的有源负载，这样使得放大器有很高的增益。

（4）调整管

调整管是稳压器的关键器件，由 VT_{16}、VT_{17} 组成达林顿结构，接成射极跟随器输出。

（5）保护电路

由 R_{11}、R_{12}、VT_{15} 组成过电流保护和短路保护电路。全部负载电流都流经 R_{11} 使之成为检测元件，当输出电流超过规定值时，R_{11} 上的压降将大于 0.6V，这时 VT_{15} 导通，流入 VT_{16} 基极的电流被 VT_{15} 分流。这是一种典型的限流型保护电路。

R_{12}、R_{13}、VD、VT_{15} 组成了调整管安全工作区保护电路。在容许工作电流下，VT_{17} 的 V_{ce} 处在 VD 的齐纳击穿电压之下（7V），当工作电流加大时，VD、R_{13} 将有电流通过而流入 VT_{15} 基极，这时 VT_{15} 集电极将流过电流，从而减少 VT_{16} 基极的电流，起到保护作用。

过热保护电路巧妙地运用了齐纳稳压管的正温漂和三极管的负温漂，由 R_7、VT_{14} 组成。在常温下 U_{R7}=0.4V，VT_{14} 不工作。当芯片的温度由于某种原因超过临界值时，U_{R7} 上升，而 VT_{14} 的阈值却随温度上升而下降，结果 VT_{14} 导通，集电极电流加大，引出了 VT_{16} 的基极电流，从而减小 VT_{17} 的输出电流。一般来说，过热主要是功耗过大，而功耗又与输出电流的二次方成正比。VT_{17} 的输出电流下降必然引起功耗下降，这样结温也随之下降，从而实现过热保护的目的。

4. 集成三端固定稳压器的主要技术参数

集成三端固定稳压器电路虽然简单，但若想充分发挥其性能，仍然需要认真了解其主要参数。下面就以 L7805A 为例说明三端稳压器的参数。

（1）输出电压 V_o

输出电压是指稳压器各工作参数符合规定时的输出电压值。对于固定输出稳压器，它是常数，在不同负载的情况下输出电压值会在最小值和最大值之间变化。

以 L7805 为例，在 I_o=5mA～1A、P_o≤15W、V_1=7.5～20V 的情况下，输出电压在 4.8～5.2V 变化。

（2）电压调整率ΔV_o（*）

电压调整率是指当稳压器负载不变而输入的直流电压变化时，所引起的输出电压的相对变化量。显然，输出电压的变化是越小越好，一般都是几毫伏。

以 L7805 为例，在常温状态输出 500mA 电流的情况下，输入电压在 7.5～25V 变化时，输出电压的变化典型值为 7mV，最大值为 50mV。

（3）负载调整率ΔV_o

负载调整率是指当输入电压保持不变而输出电流在规定范围内变化时，稳压器输出电压变化量。

以 L7805 为例，当负载变化范围在 5mA～1.5A 时，输出电压的变化范围在 30～100mV。

（4）静态电流 I_q

对于线性稳压器来说，静态电流 I_q 是一个非常重要的参数。该电流是驱动大功率调整管所必需的，它不流向负载，而是直接流向地，因此该电流是越小越好。

（5）静态电流变化量ΔI_q

它是指在负载发生变化的情况下，静态电流的变化量。

（6）输出噪声电压 e_N

输出噪声电压即三端稳压块输出噪声电压。

（7）纹波抑制比 *SVR*

纹波抑制比是三端稳压器的另一个非常重要的参数，低频电路可以不关心这个参数，但对高频电路来说这个参数就显得非常重要了。

（8）电压降下量 V_d

三端稳压器都是降压的，输出电压和输入电压的差就是电压的降下量。电压降下量越小越好，因为它与功耗有关。

以 L7805 为例，要维持 5V 的输出，输入电压必须在 7V 以上。

（9）输出电抗 R_o

同样是一个跟频率有关的参数，频率越高，输出电抗会有所增大。

以 L7805 为例，在 1kHz 的时候，输出抵抗为 17mΩ。

（10）短路保护电流 I_{sc}

如果负载电流大于该电流，过流保护电路启动，输出电压会迅速降低。

以 L7805 为例，该电流为 2.0A。

（11）尖峰输出保护电流 I_{scp}

负载即使是瞬间也不能达到的电流，如果大于该电流，过流保护电路就会启动，输出电压迅速降低。

以 L7805 为例，该电流为 2.2A。

（12）输入电压范围 V_i

输入电压范围即保证规定输出电压所必需的输入电压范围。

5. 三端稳压器的使用注意事项

① 防止引脚中的输入端与输出端反接。7800 与 7900 系列稳压器的生产厂家很多，由于不同厂家产品引脚的编号不统一，有的厂家引脚编号按 1、2、3 排列，有的厂家则按 1、3、2 排列，所以在使用前一定要将引脚的 3 个端弄清，区分出输入端、输出端，最好先参阅生产厂家的产品说明，确认无误后再接入电路，否则反接电压超过 7V 时将会击穿功率调整管，损坏稳压器。

② 防止稳压器的浮地故障。7800 系列稳压器的外壳与接地端相连，而外壳通常又接在散热片上，有人认为有了散热器与地线的接触可以不必再接稳压器的接地端，这是不正确的。因为机械接点时间一长，表面会因氧化、受震动等原因而导致接触不良，这样会造成浮地故障，如图 6-17（a）所示。一旦接地端断开，输出电压 V_o 就可能接近未稳压的输入电压 V_i，这样就可能因 V_o 电压过高而造成负载电路损坏。所以，必须在稳压器的接地端接可靠的地线。

发现浮地故障时，应先断电后接线，否则还有可能损坏稳压器。

③ 防止稳压器输入端短路。当稳压器接有大电容负载，并且输出电压高于 6V 时，应当在输入端与输出端接入保护二极管，如图 6-17（b）所示。

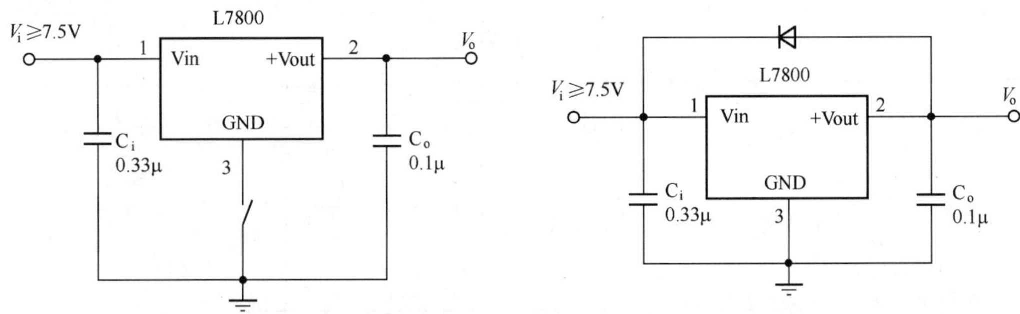

（a）浮地故障示意图　　（b）保护二极管接入示意图

图 6-17　浮地故障及保护二极管接入示意图

当输入端对地短路时，其电位迅速接近零电位，而输出端由于有大电容，储存很多电荷而来不及释放，其电位仍接近输出电压值 V_o，这时电容将通过稳压器的输出调整管释放电荷，其 PN 结在高于 7V 的反向偏置电压下会被击穿。如果有了保护二极管，就能及时将电容的电荷释放，从而保护了稳压器。当然，如果在实际电路中输入端不会出现短路情况，也可以不接保护二极管。

④ 瞬态过电压。在各种稳压器的参数中，都给出了最大输入电压值 V_{imax}。实际使用中，一定要注意输入电压不能超过此值。一旦有瞬态电压超过额定输入电压的最大值，或者低于地电位 0.8V 以上，并且有足够的能量时，就会损坏稳压器（特别是当输入端远离滤波电容时）。这时可以在输入端与公共端之间接入一个大于 0.1μF 的电容加以解决。

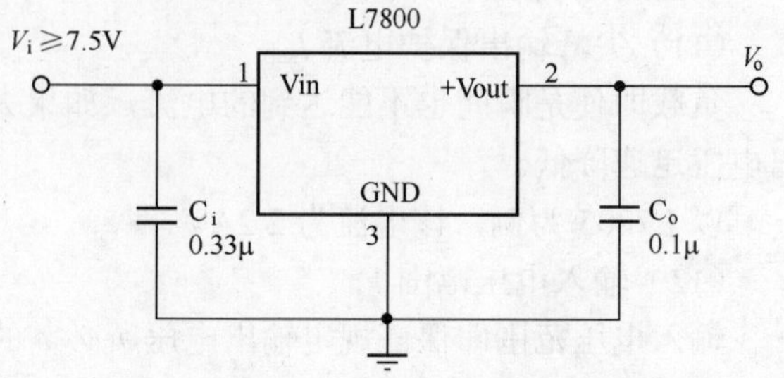

图 6-18 瞬态电压保护电容接入示意图

在安装时，要注意尽量使滤波电容和 0.33μF 电容靠近稳压器，这样可以有效地防止瞬态过电压，如图 6-18 所示。

项目学习评价

一、思考练习题

1．常用的二极管有哪些种类，符号各是什么？

2．简述普通二极管引脚的判别和质量的判断方法。

3．简述稳压值低于 9V 的稳压二极管引脚的判别和质量的判断方法。

4．对于半波整流电路：① 有负载无滤波电容时，输出电压为多少？② 有负载有滤波电容时，输出电压为多少？③ 无负载有滤波电容时，输出电压为多少？

5．对于桥式整流和全波整流电路：① 有负载无滤波电容时，输出电压为多少？② 有负载有滤波电容时，输出电压为多少？③ 无负载有滤波电容时，输出电压为多少？

6．说出图 6-19 中元器件的作用：① C_1、C_2、C_3、C_4；② VD。

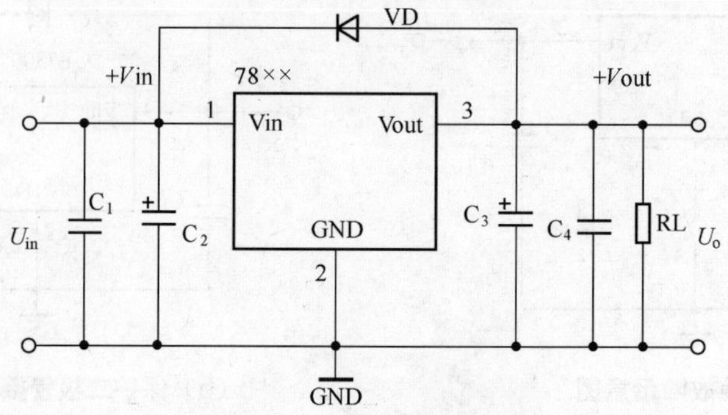

图 6-19 思考练习题 6 电路

二、自我评价、小组互评及教师评价

评价方面	项目评价内容	分值	自我评价	小组互评	教师评价	得分
理论知识	① 掌握半导体的基础知识	10				
	② 理解 3 种整流电路的工作原理	10				
	③ 理解常用滤波电路的工作原理	10				
	④ 掌握三端稳压器的分类和常用电路形式	10				
实操技能	① 掌握常用二极管的测量方法（正、负极和质量判断）	10				
	② 能正确分辨常用三端稳压器的型号和类型，确定其引脚作用	20				
	③ 正确组装稳压电源，并测试其性能	20				
学习态度	① 严肃认真的学习态度	5				
	② 严谨条理的工作态度	5				
安全文明生产	文明拆装，实习后清理实习现场，保证不漏装元器件和螺丝					

三、个人学习总结

成功之处	
不足之处	
改进方法	

项目七　亚超声波遥控开关的制作

项目情境创设

三极管是电子产品中的基本元器件之一，以它为核心组成的各种放大电路也是各种电子产品的基本电路单元，为我们构成了功能各异、形式丰富的电子产品。本项目通过组装亚超声波遥控开关，要求读者学习并掌握三极管的检测方法，以及各种放大电路的电路形式和工作原理。

项目学习目标

学习目标		学习方式	学　时
知识目标	① 掌握三极管的主要参数及含义 ② 掌握基本放大电路的电路形式和工作原理 ③ 明确常见选频放大器和功率放大器的电路形式和原理	实验	8
技能目标	① 能读懂亚超声波遥控开关电路原理图和装配图 ② 能根据原理图和 PCB 图进行安装、焊接电路 ③ 会调试和检修亚超声波遥控开关	讲授	8

项目基本功

一、项目基本技能

任务一　亚超声波遥控开关识图

1. 亚超声波遥控开关原理图和 PCB 图

（1）亚超声波遥控开关原理图

亚超声波遥控开关原理图如图 7-1 所示。

（2）亚超声波遥控开关 PCB 图

亚超声波遥控开关 PCB 图如图 7-2 所示。

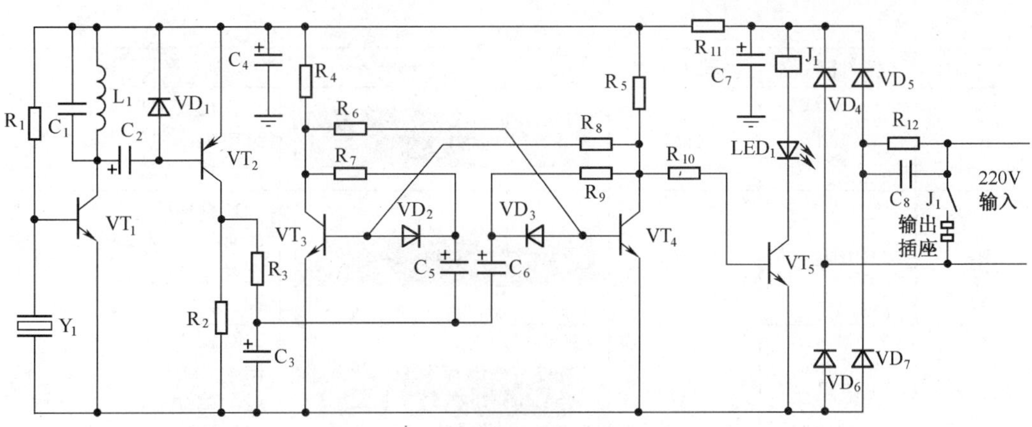

图 7-1　亚超声波遥控开关原理图

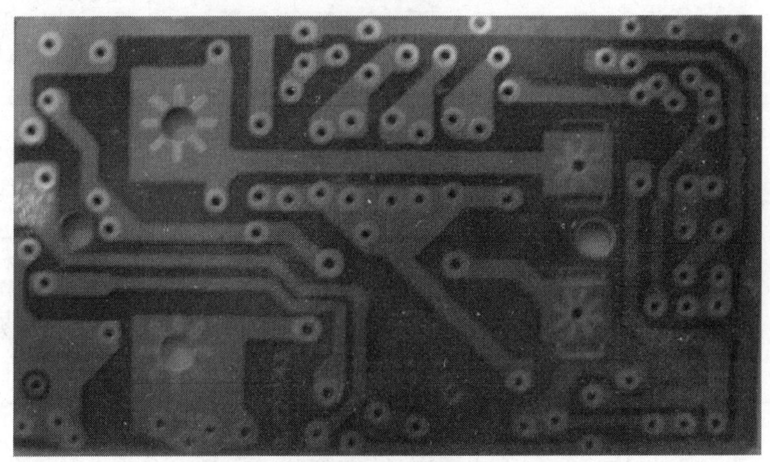

图 7-2　亚超声波遥控开关 PCB 图

2. 亚超声波遥控开关电子元器件的识别与作用

亚超声波遥控开关电子元器件的识别与作用如表 7-1 所示。

表 7-1　亚超声波遥控开关电子元器件的识别与作用

序　号	元器件名称	元器件参数	图　形	作　用
VD_1～VD_7	二极管	1N4007		VD_1 对 VT_2 的发射结起保护作用
				VD_2、VD_3 作为隔离二极管，保证 VT_3、VT_4 基极处的电流方向
				VD_4～VD_7 组成桥式整流电路，将交流电转变为脉动直流电供给控制电路使用
R_1	电阻	680kΩ		三极管 VT_1 的上偏置电阻，决定 VT_1 的工作状态，色环为蓝、灰、黑、红、棕

续表

序　　号	元器件名称	元器件参数	图　　形	作　　用
R_2	电阻	1kΩ	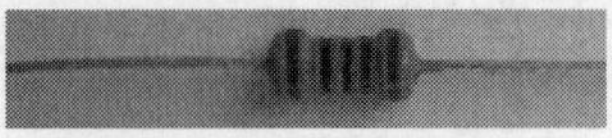	三极管VT_2的集电极负载电阻，色环为棕、黑、黑、棕、棕
R_3	电阻	100Ω	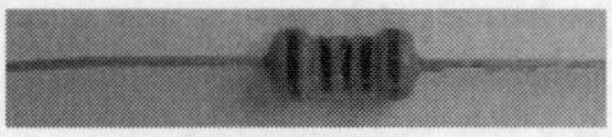	耦合电阻，把VT_2放大的亚超声音频电信号送至触发器输入端，色环为棕、黑、黑、黑、棕
R_4、R_5	电阻	10kΩ	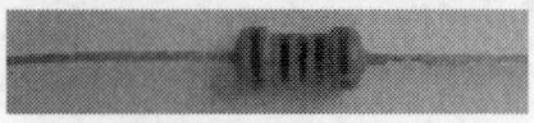	分别为VT_3、VT_4的集电极电阻，分别为之供电，色环为棕、黑、黑、红、棕
R_6、R_8	电阻	10kΩ	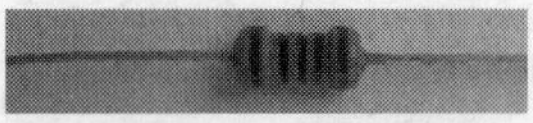	分别为VT_3、VT_4的基极上偏置电阻，为其提供静态偏置电压，色环为棕、黑、黑、红、棕
R_7、R_9	电阻	2.2kΩ	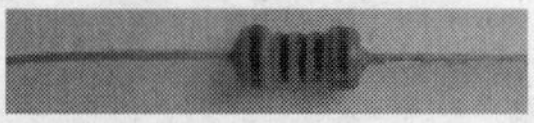	是电容C_5、C_6的充电电阻，是触发器的组成元件，色环为红、红、黑、棕、棕
R_{10}	电阻	2.2kΩ	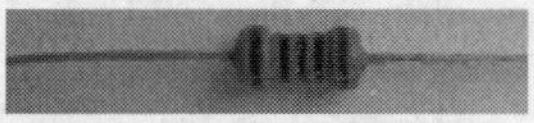	耦合电阻，将VT_4的输出信号直接耦合到VT_5的基极，同时为VT_5基极提供偏置电压，色环为红、红、黑、棕、棕
R_{11}	电阻	1kΩ	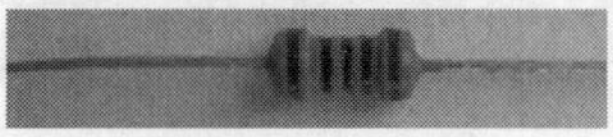	为限流降压电阻，隔离继电器驱动电路与控制电路的工作电压，使二者有各自的工作电压，色环为棕、黑、黑、棕、棕
R_{12}	电阻	680kΩ	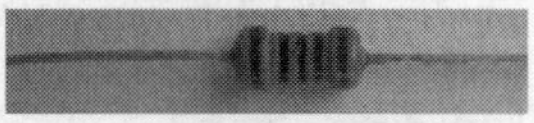	为C_8放电电阻，与之组成阻容降压电路，色环为蓝、灰、黑、红、棕
C_1	电容	10nF	 103	与电感L_1组成并联谐振，谐振频率约为20kHz，对应于亚超声波的频率，排除其他声音的干扰
C_2	电容	10μF/25V	 10μF 25V	耦合电容，将VT_1放大选频后的遥控信号耦合到VT_2的基极
C_3	电容	4.7μF/16V	 50V 4.7μF	滤波电容，与R_3组成积分电路，将VT_2放大的电信号加以滤波

续表

序　　号	元器件名称	元器件参数	图　　形	作　　用
C_4	电容	47μF/16V 10μF		滤波电容
C_5、C_6	电容	10μF/25V		耦合电容
C_7	电容	100μF/25V		滤波电容
C_8	电容	334J/250V 0.033μF		阻容降压电路，将 220V 电压降低，供给控制电路使用
VT_1、 VT_3、 VT_4、VT_5	三极管	9014 8050		VT_1：把亚超声波模拟信号放大 VT_3、VT_4：单稳态触发电路中心元件 VT_5：为继电器线圈提供工作电流
VT_2	三极管	8550		选择性放大亚超声波模拟信号
Y_1	压电陶瓷片			声电转换器，将控制气球发出的声音信号转变为相应频率的电信号
J_1	继电器	磁场线圈工作电压 12V 一组开关		用于控制交流电源的输出，实现遥控功能
LED_1	发光二极管			用于指示遥控开关的工作状态以及输出插座上是否有电
L_1	电感	56μH		与 C_1 组成并联谐振电路，谐振频率约为 18kHz，用于选择输入的音频信号，只有频率为亚超声波信号时才能触发控制电路

续表

序　号	元器件名称	元器件参数	图　形	作　用
	平丝	3×5	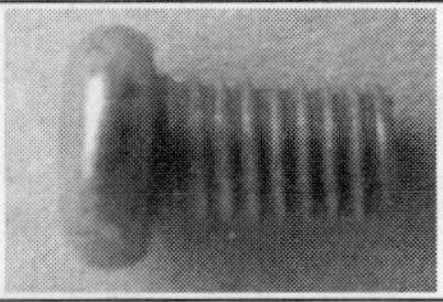	用来固定电源插头于电路板上
	自攻丝	3×10		固定外壳与后盖
	外壳			用于保护遥控开关和使用者
	电源插头		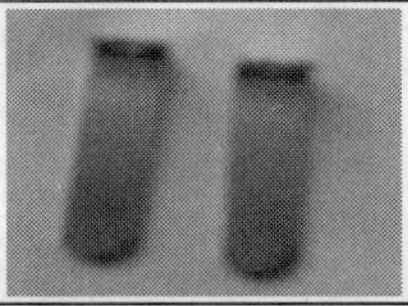	用于连接市电电源
	电源插座		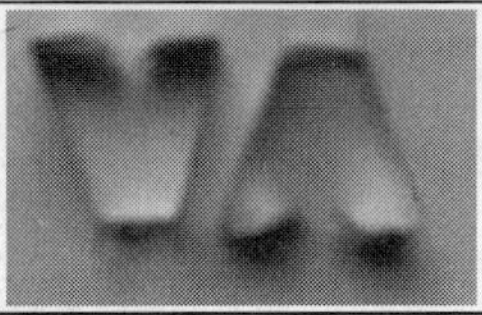	用于输出电源给用电器

任务二　主要元器件的测量及质量判断

1. 三极管的识别与测试

常见的三极管有金属封装和塑料封装等形式，如图 7-3 所示。

图 7-3　常见的三极管封装形式

三极管的引脚排列比较复杂，在使用时一定要先明确三极管的导电类型和引脚排列顺序，避免组装电路时出错，造成人为故障。具体检测方法如下。

（1）三极管导电类型及 e、b、c 的判别

① 利用型号判定导电类型

在晶体管的表面上一般都印制有型号代码，各个国家的表达方式不尽相同，有的比较规律直观，而有的则需要查询手册。

我国晶体管命名方法（国家标准 GB 249—89）的规定如图 7-4 所示。

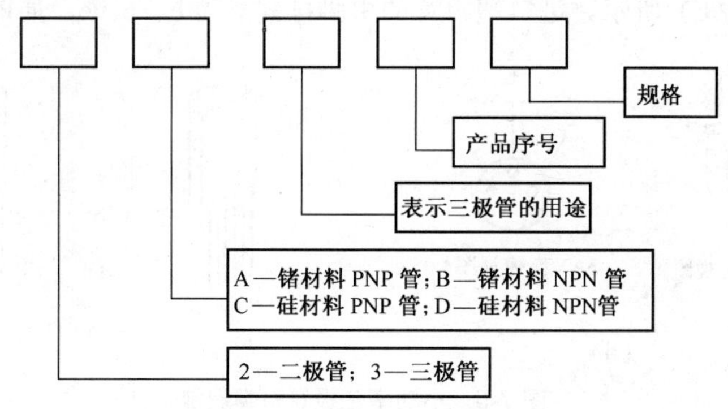

图 7-4 国产晶体管命名方法

命名方式的第 3 部分即表示晶体管用途的字母含义如表 7-2 所示。

表 7-2 国产晶体管常用字母含义

符号	意 义	符号	意 义
X	低频小功率管（<3MHz，<1W>）	D	低频大功率管（<3MHz，>1W）
G	高频小功率管（>3MHz，<1W）	A	高频大功率管（>3MHz，>1W）
K	开关管	T	晶闸管
CS	场效应管	BT	特殊器件
P	普通型	W	稳压管
Z	整流管	U	光电器件

日本生产的半导体分立器件型号由 5～7 部分组成，通常只用到前 5 个部分，其各部分的符号意义如下。

第 1 部分：用数字表示器件有效电极数目或类型。0—光电（即光敏）二极管、三极管及上述器件的组合管，1—二极管，2—三极或具有两个 PN 结的其他器件。

第 2 部分：日本电子工业协会 JEIA 注册标志。

第 3 部分：用字母表示器件使用材料极性和类型。A—PNP 型高频管，B—PNP 型低频管，C—NPN 型高频管，D—NPN 型低频管，F—P 控制极可控硅，G—N 控制极可控硅，H—N 基极单结晶体管，J—P 沟道场效应管，K—N 沟道场效应管，M—双向可控硅。

第 4 部分：用数字表示在日本电子工业协会 JEIA 登记的顺序号。不同公司生产的性能相同的器件可以使用同一顺序号；数字越大，说明越是近期产品。

第 5 部分：用字母表示同一型号的改进型产品标志。

② 利用外形判定引脚类型

小功率三极管常用金属外壳和塑料外壳封装。金属外壳封装的三极管，如果壳上有定位销，则将管底朝上，从定位销起，按顺时针方向，3 个极依次为 e（发射极）、b（基极）、c（集电极）；若管壳上无定位销，且 3 个极在半圆内，仍将管底朝向自己，按顺时针方向，3 个极依次为 e、b、c，如图 7-5 所示。国产塑料外壳封装的管子，面对平面，3 个极置于下方，从左到右，3 个电极一般依次为 e、b、c（平面朝自己，从左到右为 e、b、c），如图 7-5（b）所示。进口塑封管的引脚排列多为 b、c、e，如图 7-5（c）所示。

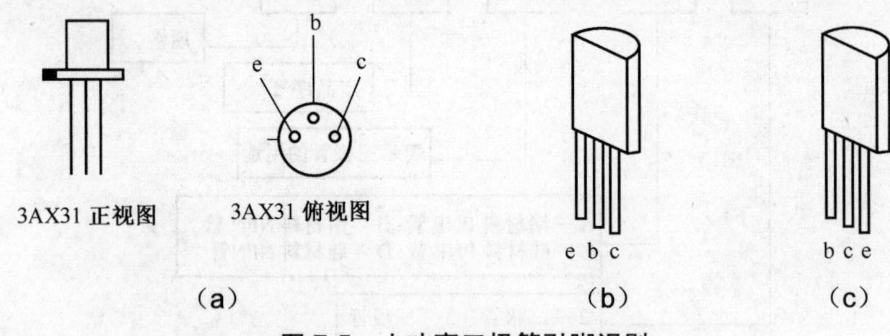

图 7-5　小功率三极管引脚识别

大功率三极管也分为金属外壳与塑封两种。金属封装大功率管的外壳即是集电极 c，其引脚排列如图 7-6 所示，大功率塑封管的引脚排列如图 7-7 所示。

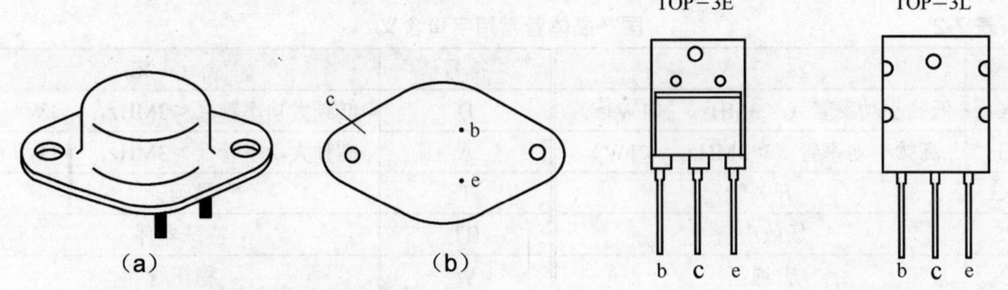

图 7-6　金属封装大功率三极管引脚排列　　图 7-7　大功率塑料封装三极管引脚排列

③ 利用万用表判断导电类型和电极

a．查找基极 b。万用表选择 R×100k 或 R×1k 挡位，假定一个引脚是基极 b，将万用表一个表笔固定在该引脚上，用另外一个表笔去分别碰触另外两个电极，测量其电阻值，方法如表 7-3 所示。如果两次电阻值都很大或都很小，则该电极可能为基极 b；将表笔对调再测两次，如果阻值与刚才两次相反，则该电极是基极 b。

如果在假定一个引脚是基极 b 后进行的测量中，两次电阻值一次大一次小，则该引脚一定不是基极，或者三极管已损坏。

b．确定导电类型。将黑表笔置于已测出的基极 b 上，红表笔置于另外一个电极，如果阻值很小，则该三极管是 NPN 管；如果阻值很大，则为 PNP 管。如果导通电阻为几千欧，说明该三极管是硅材料的；如果导通电阻为几百欧，则说明该三极管是锗材料的。

表 7-3　　　　　　　　NPN 型三极管的判别方法

项目	测量方法（R×1k 挡）			备　注
be、bc 正向电阻	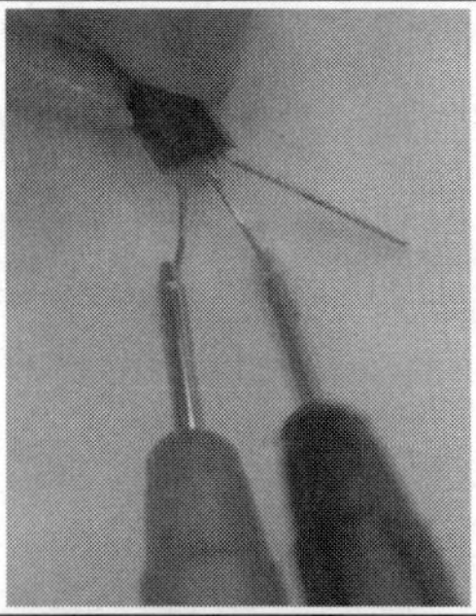	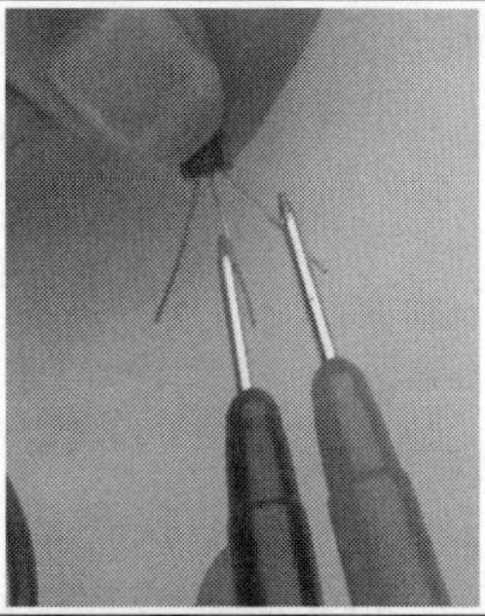		9kΩ左右
be、bc 反向电阻	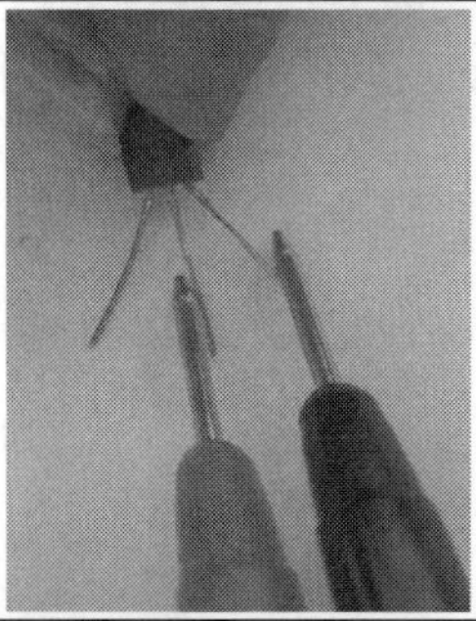	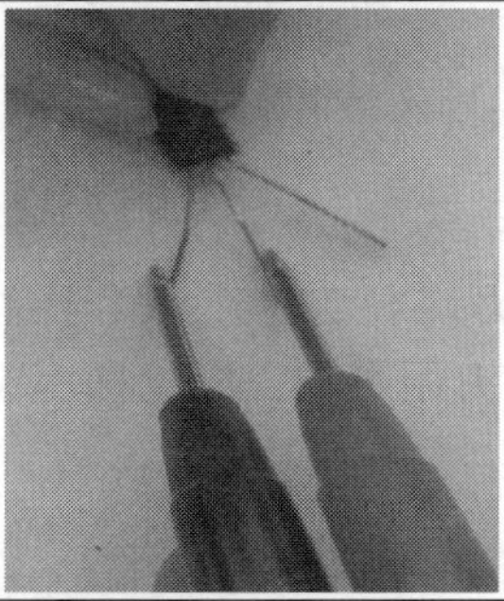		无穷大
ce 间正、反向电阻	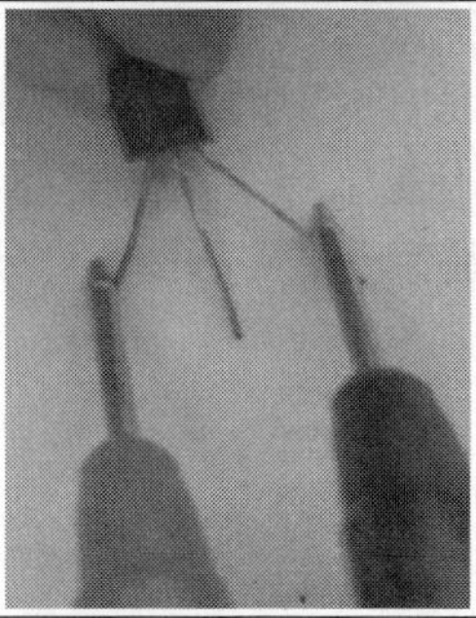	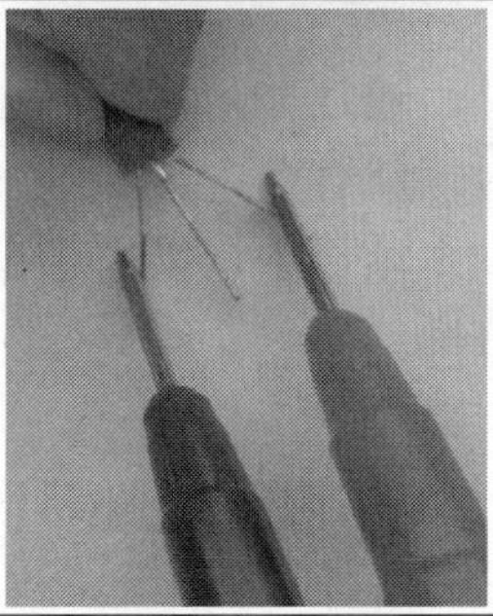		无穷大
确定 c、e 极		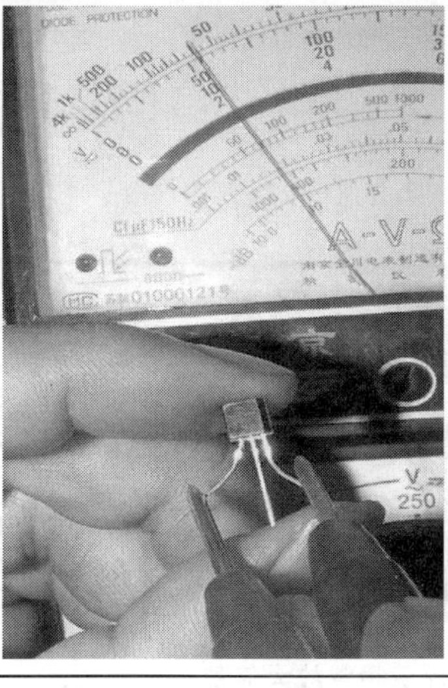		用手短路 be 极时，ec 极间电阻值为无穷大 用手短路 cb 极时，ce 极间电阻值为较小，指针偏转较明显

c．判定集电极 c。对于 NPN 管，先假定一个引脚为集电极 c，另一个电极自然就假定为发射极 e 了，用手或舌头“短接”假定的集电极与已确定的基极，并用黑表笔碰触假定的集电极，红表笔碰触假定的发射极，观察指针偏转的情况。重新假定集电极与发射极，重新测一次 ce 间的导通电阻，以指针偏转大的一次为准，黑表笔接触的电极就是集电极，红表笔接触的是发射极。

对于 PNP 管，检测方法一样，只是要将红表笔接触假定的集电极，黑表笔接触假定的发射极。

（2）三极管质量的判别

在确定三极管引脚类型和名称时，如果不能找到某一个电极与另两个电极之间都具有单向导电性，说明该三极管已损坏；如果电阻值都很小，说明三极管已经被击穿；如果阻值都是无穷大，说明三极管已被烧断。同时还要测量 ce 之间的电阻值，也不能很小，否则也说明三极管损坏。

（3）测量三极管的放大倍数

利用万用表上的 h_{FE} 功能，将万用表功能开关置于“h_{FE}”处，将确定了导电类型与引脚的三极管的 3 个电极分别插到万用表的三极管插座中，注意引脚顺序和导电类型，如图 7-8 所示。

2．压电陶瓷片的测量

（1）认识压电陶瓷片

压电陶瓷片是一种声电转换元件，通过在两片铜制圆形电极中间放入压电陶瓷介质材料制成。当电压作用于压电陶瓷时，就会随电压和频率的变化产生机械变形。当压电陶瓷振动时，则会产生一个电荷。在本项目中，当向压电晶片元件施加超声振动时，就会产生一个电信号，用作超声波传感器。

（2）压电陶瓷的测量

第 1 种方法：用万用表 R×10k 挡测两极电阻，正常时应为无穷大，然后轻轻敲击陶瓷片，指针应略微摆动，如图 7-9 所示。

图 7-8　用万用表测三极管放大倍数

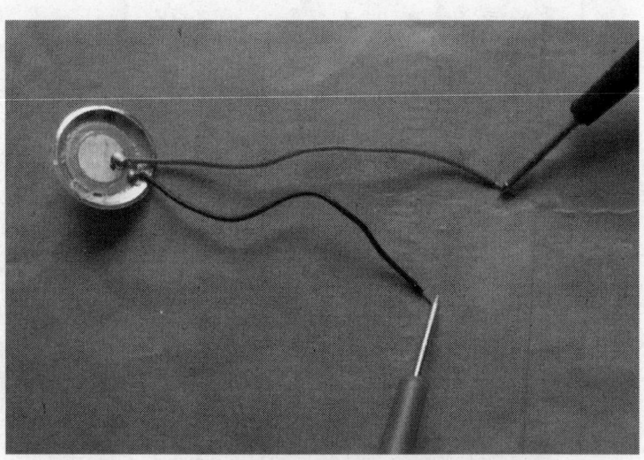
图 7-9　压电陶瓷的测量方法

第 2 种方法：将万用表的量程开关拨到直流电压 2.5V 挡，左手拇指与食指轻轻捏住压电陶瓷片的两面，右手持万用表的表笔，红表笔接金属片，黑表笔横放于陶瓷表面上，然后左手稍用力压一下，随后又松一下，这样在压电陶瓷片上产生两个极性相反的电压信号，使万用表的指针先向右摆，接着回零，随后向左摆一下，摆幅越大，说明压电陶瓷片的灵敏度越高。若万用表指针静止不动，说明压电陶瓷片内部漏电或破损。

切记不可用湿手捏压电陶瓷片，测试时万用表不可用交流电压挡，否则观察不到指针摆动，且测试之前最好用 R×10k 挡，测其绝缘电阻应为无穷大。

3. 继电器的测量

（1）认识继电器

继电器是一种电子机械开关，它由漆包铜线在一个圆铁芯上绕几百圈至几千圈制成，当线圈中流过电流时，铁芯产生磁场，把铁芯上边的带有接触片的铁板吸住，使之断开第 1 个触点而接通第 2 个开关触点；当线圈断电时，铁芯失去磁性，由于接触铜片的弹性作用，使铁板离开铁芯，恢复与第 1 个触点的接通。因此，可以用很小的电流去控制其他电路的开关。整个继电器由塑料或有机玻璃防尘罩保护着，有的还是全密封的，以防止其触电氧化。

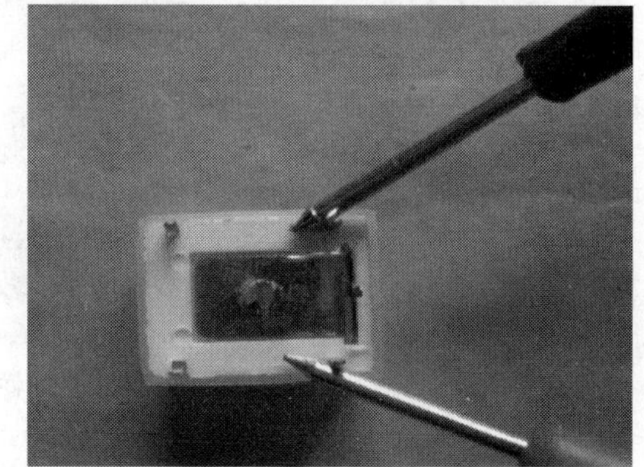

图 7-10　检测继电器磁场线圈电阻

（2）检测继电器

① 检测继电器磁场线圈

用万用表电阻挡测量继电器磁场线圈，测量方法如图 7-10 所示。电阻值如果为无穷大，则说明继电器已开路，不能使用。

② 通电检测法

用直流电源给继电器提供工作电压，观察触点的吸合情况，并用万用表检测触点间导通电阻，其值应该为 0，否则继电器不能使用。

任务三　亚超声波遥控开关电路板的安装与调试

1. 亚超声波遥控开关电路板的安装

（1）检测亚超声波遥控开关各元器件及部件

① 检查电路板是否有破裂现象，检查覆铜是否有开裂现象。

② 检查套件的外壳是否有破损现象。

③ 用万用表分别检查各元器件是否损坏。

（2）焊接亚超声波遥控开关的元器件

① 安装电阻、二极管，采用卧式安装方式，发光二极管先不要安装。

② 安装电容和电感器 L_1，要注意电解电容 C_2、C_3、C_4、C_5、C_6 的极性。

③ 安装三极管 VT_1～VT_2，注意不要将引脚焊错，不要用错导电类型。

④ 安装继电器，注意焊接时间要短，防止熔化塑料，使引脚脱落。

⑤ 安装电源插头和电源插座。

⑥ 把发光二极管插在电路板上，测试一下，待发光二极管放在合适的位置上后再

焊接。

⑦ 焊接压电陶瓷片。

2. 亚超声波遥控开关的调试

（1）通电前检查

① 直观检查电路板上的元器件是否焊接错误，以及焊点是否有连焊、虚焊现象，并加以修整。

② 用万用表电阻挡分别测量交流输入端等效电阻，看是否有短路现象，如图 7-11 所示，并找到故障点加以修整。

图 7-11　测量交流输入端等效电阻

③ 用万用表检测整流滤波电路输出端对地电阻，方法如图 7-12 所示。

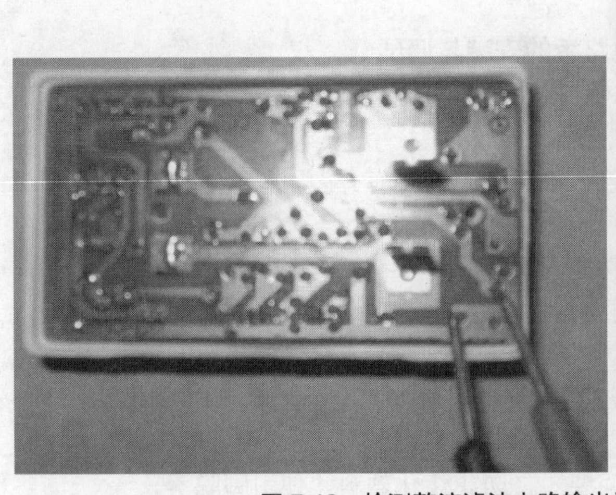

图 7-12　检测整流滤波电路输出端对地电阻

④ 测量前级供电端对地电阻，检查控制电路是否有短路现象，方法如图 7-13 所示。

图 7-13　测量前级供电电路对地电阻

（2）通电试验

在确定元器件焊接无误、焊点无短路故障后，通电试验。用手捏住动力信号皮球，使其发出触发信号，发光二极管应能随之点亮和熄灭，并能听见继电器触电接通、断开的声音。

（3）测量关键点的电压，调试亚超声波遥控开关

① 测量阻容降压后的交流电压，如图 7-14 所示。

图 7-14　测量阻容降压后的交流电压

② 测量整流滤波后输出的直流电压，如图 7-15 所示。

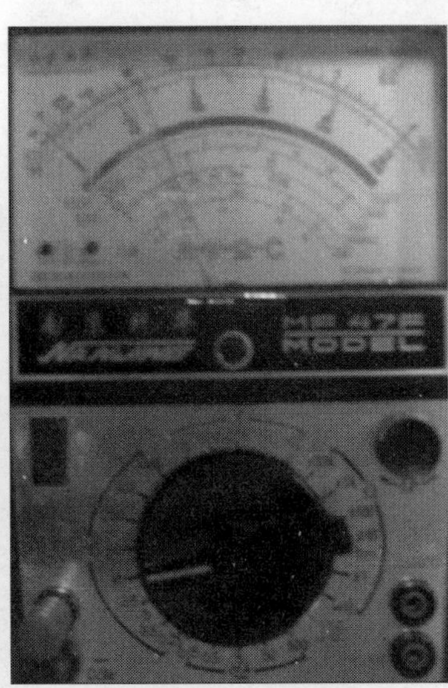

图 7-15　测量整流滤波后输出的直流电压

③ 测量前级电路的供电电压，如图 7-16 所示。

图 7-16　测量前级电路的供电电压

对故障点检修，故障检修实例如下。

【例 7-1】在接收到发射器的遥控指令后，指示灯 VD_7 和受控灯泡同时快速连续闪烁，并能听到继电器衔铁颤抖时产生的机械噪声，1s 之后，颤声停止，受控灯泡和 VD_7 同时熄灭。

解：这种故障常常发生在遥控开关的电源电路中，当市电电压低于 180V 或降压电容器 C_1 的容量不足时，均会因直流电源不足以向整机提供所需的工作电流而造成驱动电路和继电器难以顺利进入正常的吸合状态，表现为吸持不牢、似吸非吸等。

经测量发现市电正常，于是将 C_1 拆下，测得其容量为 0.32μF，电容量已明显减小。

换上一只 0.47μF/400V 的涤纶电容器，故障即可排除。

此外，如果 C_2 失效（无容量），也会导致与本例相同的故障现象。

【例 7-2】在每次遥控开灯时，指示灯 VD_7 和受控灯泡都要闪烁数次之后方能进入稳定的发光状态。

解：在触发脉冲产生电路中，R_3 为 VT_2 的集电极负载电阻，从 R_3 输出触发信号，C_5 的作用是防止误触发。

本例为 C_5 失效，用一只 2.2μF/16V 的电解电容器代换后，故障消除。实践证明，C_5 的取值范围一般在 0.47～3.3μF 比较合适。一般来说，容量选得较大时，遥控开关的响应时间比较长，反之较短。

二、项目基本知识

知识点一　三极管的基础知识

1. 三极管的结构

半导体三极管也称双极型晶体管、晶体三极管，简称三极管。

三极管是由 2 个 PN 结并引出 3 个电极封装后构成的。其 3 个电极为发射极、集电极和基极，分别用字母“e”、“c”和“b”表示。三极管是一种电流控制电流的半导体器件，主要用于放大电信号，也可以起到开关作用，在电子电路中应用极其广泛，是收音机、彩色电视机、稳压电源等电子设备中不可缺少的一种电子器件。

构成三极管的半导体材料主要有硅和锗两种，三极管的 PN 结构成不同，有 NPN 型和 PNP 型两种导电类型，其在电路中的符号分别如图 7-17 所示。

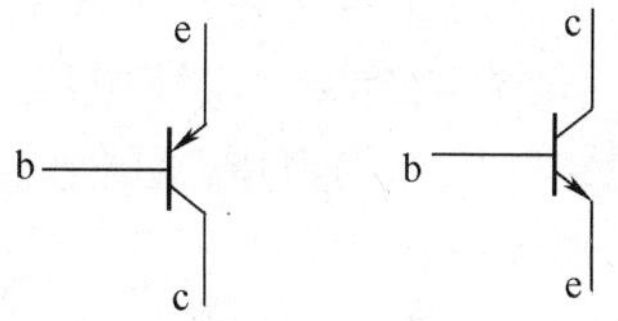

（a）PNP 型　　（b）NPN 型

图 7-17　三极管电路符号

2. 三极管的参数

三极管参数是反映三极管各种性能的指标数值，是放大电路分析和设计时要参考的数据，也是选用三极管的依据。

（1）电流参数

① 共发射极直流电流放大系数 $\overline{\beta}$。它表示三极管在共射极连接时，某工作点处直流电流 I_C 与 I_B 的比值。

共发射极交流电流放大系数 β。它表示三极管在共射极连接且 U_{CE} 恒定时，集电极电流变化量 ΔI_C 与基极电流变化量 ΔI_B 之比。三极管的 β 值太小时，放大作用差；β 值太大时，三极管工作性能不稳定。

② 共基极直流电流放大系数 $\overline{\alpha}$。它表示三极管在共基极连接时，某工作点处 I_C 与 I_E 的比值。

共基极交流电流放大系数 α。它表示三极管在共基极连接且在 U_{CB} 恒定的情况下，I_C 和 I_E 的变化量之比。

通常在 I_{CBO} 很小时，$\overline{\beta}$ 与 β、$\overline{\alpha}$ 与 α 相差很小，因此实际使用中经常混用而不加区别。

③ 集电极最大允许电流 I_{cM}。三极管集电极（c 极）最大允许电流是指三极管参数

变化不超过允许值时允许通过的最大电流，是三极管的一项极限参数，也是三极管的一项安全参数，常用“I_{cM}”表示。三极管在应用中，集电极电流绝对不能超过I_{cM}。

④ 集电结反向饱和电流I_{CBO}。它是指发射极开路，在集电极与基极之间加上一定的反向电压时，流过集电结的反向电流，也称集电结反向截止电流。它是少子的漂移电流。在一定温度下，I_{CBO}是一个常量。随着温度的升高，I_{CBO}将增大，这是三极管工作不稳定的主要因素。在相同环境温度下，硅管的I_{CBO}比锗管的I_{CBO}小得多。集电结反向饱和电流的大小是一项标志集电结质量的参数。

⑤ c-e 极穿透电流I_{CEO}。它是指基极开路，集电极与发射极之间加一定反向电压时，c-e 极间导通的电流，也称 c 极反向电流或 c-e 极截止电流。该电流好像从集电极直通发射极一样，故称为穿透电流，它的值越小，三极管工作越稳定，质量越好。I_{CEO}和I_{CBO}一样，也是衡量三极管热稳定性的重要参数。

⑥ 发射结反向饱和电流 I_{EBO}。它是指集电极开路，发射结加规定电压时，流过发射结的反向电流，也称发射结反向截止电流。I_{EBO}也是衡量三极管质量好坏的一项参数。

（2）电压参数

① 发射结反向击穿电压。用“U_{EBO}”表示，是指集电极开路、发射结反向击穿时，发射极、基极加的反向电压。为了使三极管在应用中不因发射结击穿而损坏，将发射结反向击穿电压规定为一项参数，以指导我们正确选择应用三极管。

② 集电结反向击穿电压。用“U_{CBO}”表示，是指发射极开路、集电结反向击穿时，集电结间所加的电压。任何时候，加在集电结间的反向电压均不应超过U_{CBO}值，否则将击穿损坏三极管。

③ c-e 极击穿电压。加在三极管 c-e 极的电压称为 c-e 极电压。当 c-e 极电压高到一定值时，集电极电流I_C就会急剧增大而将管子烧毁，这种现象叫击穿。能使 c-e 极击穿的电压叫做三极管 c-e 极击穿电压，用“U_M”表示。

（3）集电极最大允许耗散功率P_{CM}

集电结消耗功率，是将 c 极电流和电压产生的功耗转变为热量，故称之为 c 极耗散功率P_C。P_C大到一定值后，产生的高温就会烧坏 PN 结，三极管也就损坏了。使三极管将要烧毁而尚未烧毁的消耗功率，就称为集电极最大允许耗散功率，用“P_{CM}”表示。可见，P_{CM}是一个极限值，是三极管在应用中是否烧坏的界限值。

（4）频率参数

① 共发射极截止频率f_β。在共发射极放大电路中，β值反映了三极管的放大能力。β值大，放大能力强；β值小，放大能力弱。在中低频段时，β值几乎与频率无关，但随着频率的增高，β值下降。当β值下降到中频段β的 0.707 倍时，所对应的频率，称为共发射极截止频率，用f_β表示。

② 特征频率f_T。它是指三极管共发射极电流放大系数β降到 1 时的频率，常用“f_T”表示。当信号频率升高到f_T时，β降至 1，三极管失去放大能力。因此，特征频率f_T可以作为三极管的极限频率。

③ 共基极截止频率f_α。在共基极放大电路中，α值反映了三极管的放大能力。在信

号频率 f 较低时，α 值大则放大能力强，α 值小则放大能力弱。但随着频率的增高，α 值下降。当 α 值下降到中频段 α 的 0.707 倍时，所对应的频率，称为共基极截止频率，用“f_α”表示。信号频率如果再升高，就会使三极管失去放大作用，故也可以说 f_α 是三极管的截止频率。

通常低频三极管多采用 f_β 或 f_α 作为频率参数，规定 f_α>3MHz 的管子叫做高频三极管，f_α<3 MHz 的管子叫做低频三极管。

④ 最高振荡频率 f_M。它是指功率放大倍数等于 1 时的信号频率。它表示了三极管所能运用的最高极限频率。一个三极管在应用中，如果信号频率低于这个极限参数 f_M，信号功率就能得到放大；如果信号频率等于或高于极限频率 f_M，信号功率就得不到放大。

三极管在电路中应用时，信号频率不应大于最高振荡频率 f_M 的 1/3。

（5）集电结电容

三极管有发射结和集电结，发射结空间电荷区构成一个电容，为 b、e 极之间的电容，常用“C_{be}”表示；集电结空间电荷区也构成一个电容，为 c、b 极之间的电容，常用“C_{cb}”表示。这两个电容都叫做三极管的结电容或极间电容。一般极间电容很小，多为几皮法。信号频率升高时，三极管放大系数会降低，结电容的存在就是主要原因之一。在共发射极电路中，信号从 b 极输入，从 c 极输出，C_{cb} 在放大器中起着决定作用，选用三极管时，要求集电结电容越小越好。

知识点二　基本放大电路的组成

1．共发射极基本放大电路

（1）共发射极基本放大电路形式（如图 7-18 所示）

电路中各元器件的作用分别如下。

① 三极管 VT 为放大管，起电流放大作用。

② V_{CC} 为直流电源，给电路提供电能。

③ R_b 为基极偏置电阻，为基极提供直流偏置电压，使其工作于放大状态。

④ R_c 为集电极负载电阻，为三极管集电极提供直流电压，同时将集电极电流 I_C 的变化转换为电压的变化输出。

⑤ R_L 为负载电阻，这里代替了放大器的所有负载。

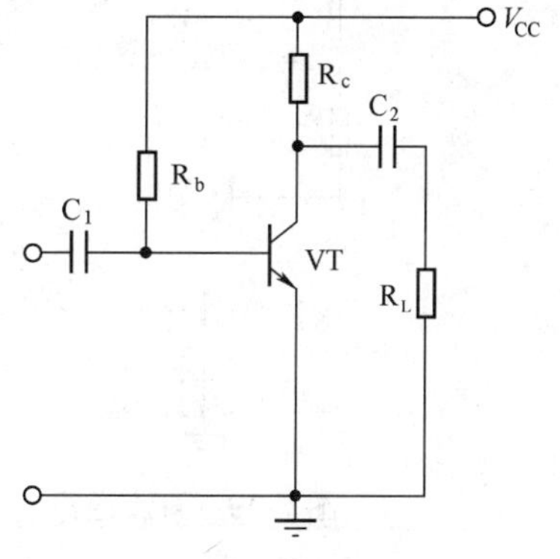

图 7-18　共发射极基本放大电路

⑥ C_1、C_2 为输入和输出耦合电容，用于“隔直流、通交流”，既能防止放大器的直流电压受到信号源与负载的影响，又能保证交流信号的正常放大与输送。

（2）静态分析

① 静态工作点。放大器无交流信号输入的状态，称为放大器的静态。放大器无交流信号输入时各极的直流电流和电压值称为静态工作点 Q。

静态工作点的量一般有 V_{BEQ}、I_{BQ}、I_{CQ} 和 V_{CEQ}，关系如下：

$$I_{BQ}=\frac{V_{CC}-V_{BEQ}}{R_b} \qquad I_{CQ}=\beta I_{BQ} \qquad V_{CEQ}=V_{CC}-I_{CQ}R_c$$

$$I_E=I_{CQ}+I_{BQ}$$

V_{BEQ} 的数值一般是比较固定的，硅管约为 0.7V，锗管约为 0.3V。

② 放大器的 3 种工作状态。根据放大器的静态偏置不同，放大器有 3 种工作状态。

截止状态：三极管的基极工作电压 V_{BE} 小于导通电压，即硅管小于 0.5V，锗管小于 0.2V，此时基极电流 $I_B \approx 0$，$I_C \approx 0$，集电极电压 $V_C \approx V_{CC}$，负载 R_L 上没有电压输出。

放大状态：三极管的基极工作电压 V_{BE} 达到导通电压，即硅管大于 0.5V，锗管大于 0.2V，此时基极电流 I_B 较小，集电极电流 I_C 较大，而且满足 $I_{CQ}=\beta I_{BQ}$ 的关系，I_C 随着 I_B 的变化而成比例变化，这是我们需要的工作状态。

饱和状态：三极管的基极工作电压 V_{BE} 远大于导通电压，即硅管大于 0.5V，锗管大于 0.2V，此时基极电流 I_B 很大，集电极电流 I_C 也很大，$V_{CE}<1V$，而且 I_C 不再随着 I_B 的变化成正比例变化，也就是说尽管 I_B 在增加，但是 I_C 却基本不变化了。

③ 直流通路。直流通路就是指直流电压所走过的电路，因为电容隔直流的作用，将其视为开路即可，如图 7-19 所示。

（3）动态分析

① 动态。动态是指放大器加入交流信号后，电路中的电流、电压随输入信号发生变化的状态。

② 交流通路。交流通路就是指放大器中放大的交流信号所走过的电路，因为大容量的电容器和直流电源对交流电来说阻抗很小，所以均视为短路，如图 7-20 所示。

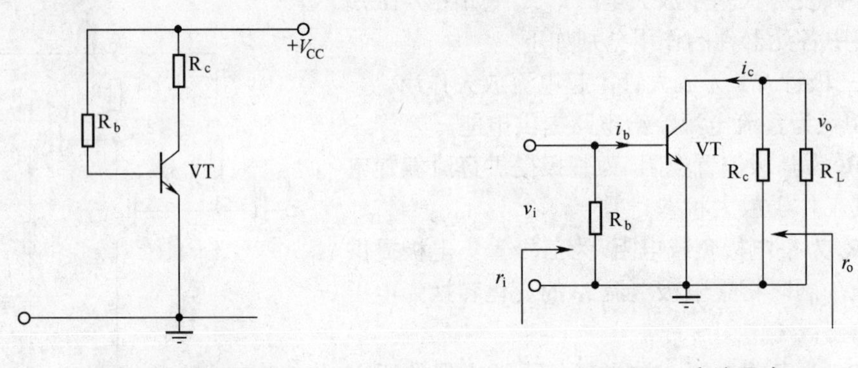

图 7-19 直流通路　　图 7-20 交流通路

③ 常用动态指标如下。

输入电阻 r_i：放大电路输入电阻的总阻抗。

$$r_i=v_i/i_b=R_b\,//\,r_{be}\approx r_{be}$$

输出电阻 r_o：从放大器输出端向里看进去时放大器的等效电阻。

$$R_o=v_o/i_o\approx R_c$$

电压放大倍数 A_v：放大器输出电压与输入电压的比值。

$$A_v=-v_o/v_i=-\beta R_c/r_{be}$$

通频带 f_{BW}：用于衡量放大电路对不同频率信号的放大能力。通常情况下，放大电路只适用于放大某一个特定频率范围内的信号。

2. 分压偏置式放大电路

基本放大电路的电路形式简单，但是其 Q 点容易受到影响而改变，如电源波动、偏置电阻的变化、管子的更换、元件的老化等，最主要的影响则是环境温度的变化。随着温度升高，三极管的反向电流增大且电流放大系数β也增大，三极管就容易进入饱和区，从而引起输出信号失真。图 7-21 所示是一种分压偏置式放大电路，它可以很好地稳定静态工作点。其基极电压主要由基极上下偏置电阻 R_{b1}、R_{b2} 串联分压得到，发射极电阻 R_e 与电容 C_e 引入反馈信号，可以稳定工作点。

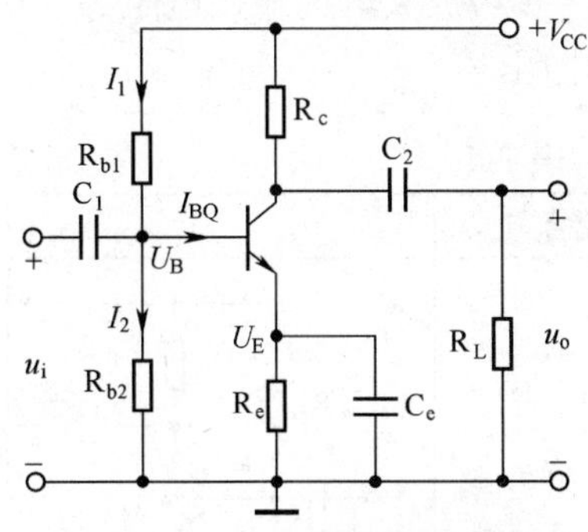

图 7-21 分压偏置式放大电路

3. 共集电极放大电路

图 7-22 所示是共集电极放大电路，由其交流通路图可以看出，三极管的集电极既属于输入回路又属于输出回路的一部分，因此称为共集电极放大电路。

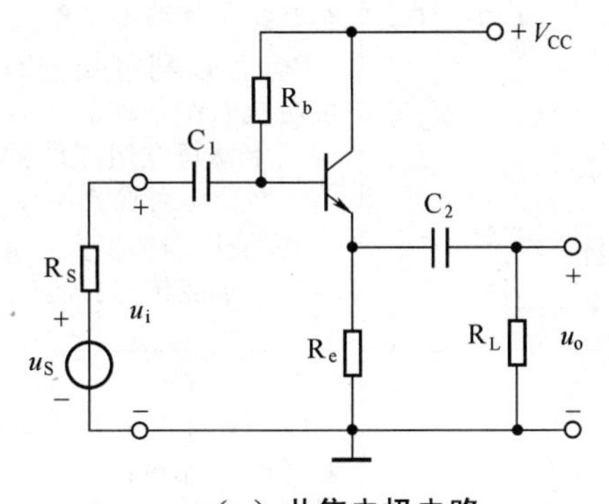

（a）共集电极电路

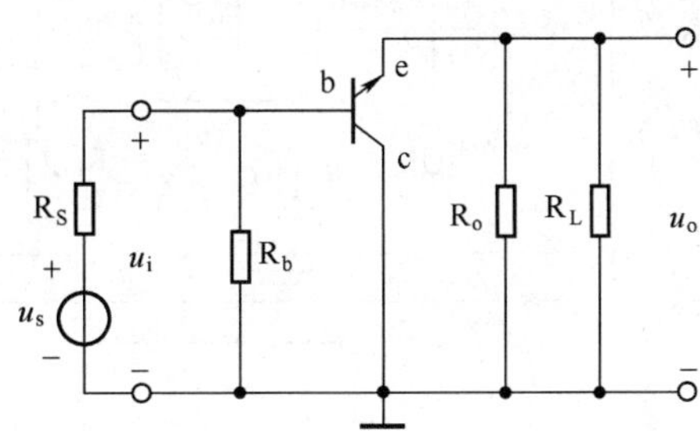

（b）共集电极电路的交流通路

图 7-22 共集电极放大电路

共集电极放大电路的特点如下。

① 放大电路的电压放大倍数 $A_v \approx 1$，且输出信号与输入信号等相位，因此又称为射极跟随器，简称射随器。

② 输入电阻很大，输出电阻很小，常用作中间级，用于隔离上下两级放大电路，用于阻抗匹配。

4. 多级放大器

单级放大器的放大倍数有限，往往不能达到工作要求，需要将多个放大器串联起来，组成一组，称之为多级放大电路。表 7-4 所示是常见的 3 种多级放大器。

多级放大器的性能分析如下。

（1）电压放大倍数 A_v

多级放大器的电压放大倍数是各级放大倍数之积，即 $A_v=A_v1 \cdot A_v2\cdots\cdots$

（2）输入电阻和输出电阻

多级放大器的输入电阻等于第一级放大器的输入电阻，输出电阻等于最后一级的输出电阻。

表 7-4　　常见多级放大器电路形式与特点

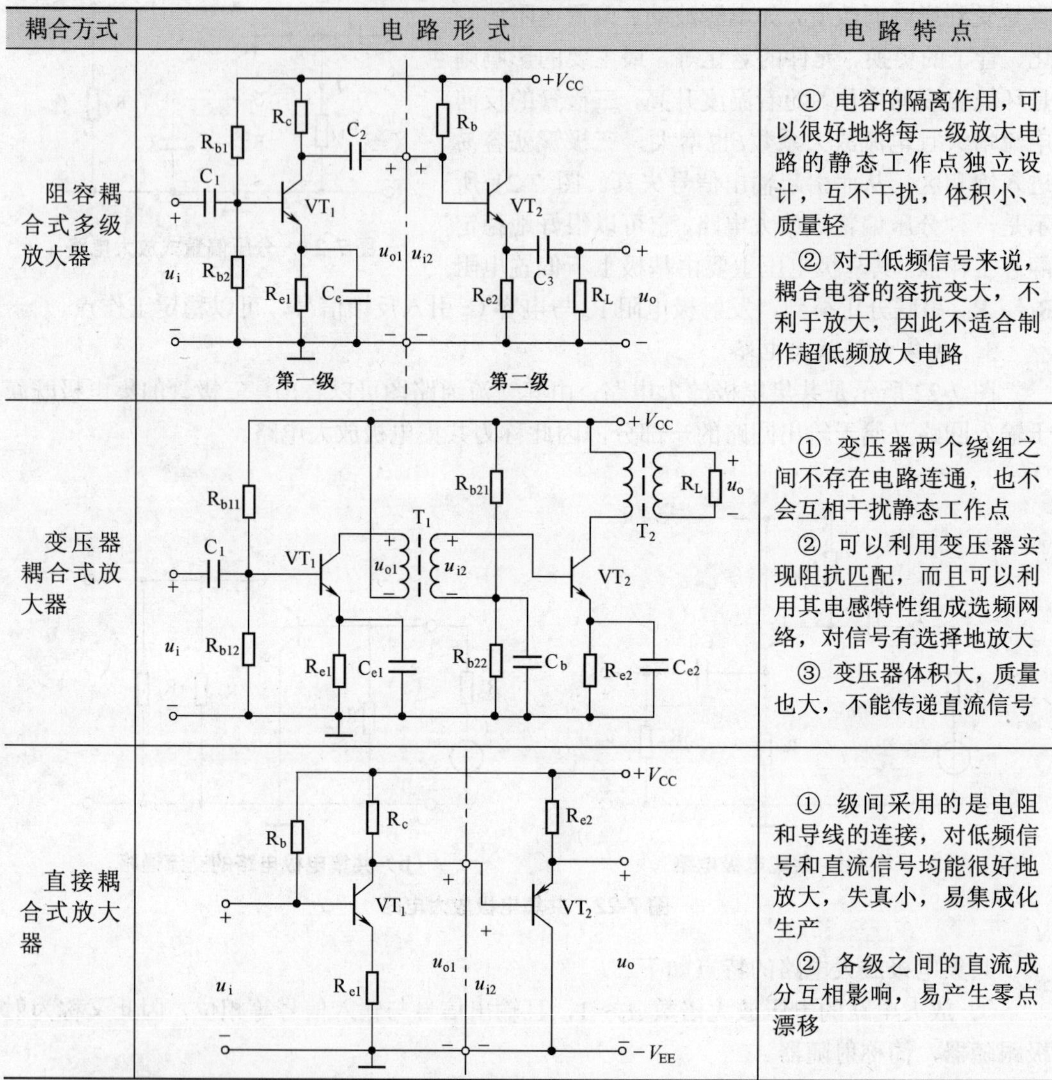

耦合方式	电路形式	电路特点
阻容耦合式多级放大器		① 电容的隔离作用，可以很好地将每一级放大电路的静态工作点独立设计，互不干扰，体积小、质量轻 ② 对于低频信号来说，耦合电容的容抗变大，不利于放大，因此不适合制作超低频放大电路
变压器耦合式放大器		① 变压器两个绕组之间不存在电路连通，也不会互相干扰静态工作点 ② 可以利用变压器实现阻抗匹配，而且可以利用其电感特性组成选频网络，对信号有选择地放大 ③ 变压器体积大，质量也大，不能传递直流信号
直接耦合式放大器		① 级间采用的是电阻和导线的连接，对低频信号和直流信号均能很好地放大，失真小，易集成化生产 ② 各级之间的直流成分互相影响，易产生零点漂移

（3）多级放大器的频率特性与通频带

多级放大器的通频带小于每一级放大器的通频带。

知识点三　选频放大电路的工作原理

基本放大电路是在通频带范围之内，对输入的交流信号进行基本相同倍数的放大，常称之为宽频放大器，而有时我们需要只能某一频带内的信号进行放大或衰减，就要用到选频放大电路。

选频放大电路是在基本放大器的电路上加入选频网络，常用的选频网络有 LC 和 RC

选频网络。RC 选频网络主要用于低频电路，LC 选频网络主要用于高频电路。图 7-23 所示是一个常用的 LC 选频放大电路。

电路中，输出变压器的初级绕组与并联的电容 C 组成 LC 并联回路，具有选频能力，当信号频率 f 等于回路谐振频率时，电路发生并联谐振，使得并联回路阻抗最大，回路两端电压最大，从而选出了频率为 f_0 的信号。对偏离 f_0 的信号，LC 回路阻抗小，输出电压也小，从而衰减了该信号。显然，LC 回路作为放大器的负载，具有选频能力。

知识点四　常见功率放大电路的形式

前面讲的基本放大电路，主要是对小信号进行电压放大，而扬声器、电动机等设备需要较大的驱动电流，就得用到功率放大电路了，也就是通常所说的功放。

1. OCL 乙类互补对称功率放大电路

OCL 乙类互补对称功率放大电路如图 7-24 所示。

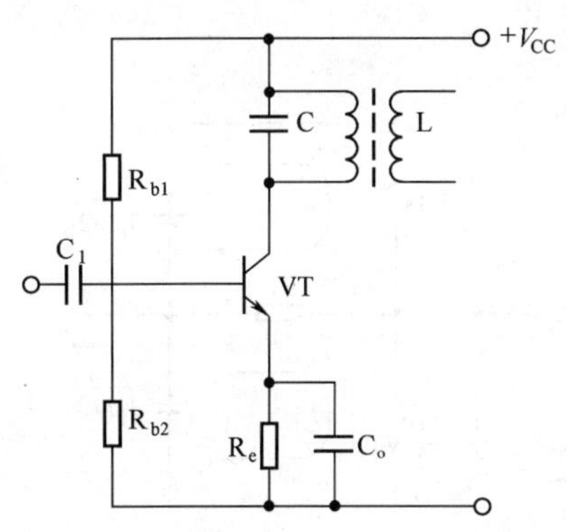

图 7-23　选频放大电路

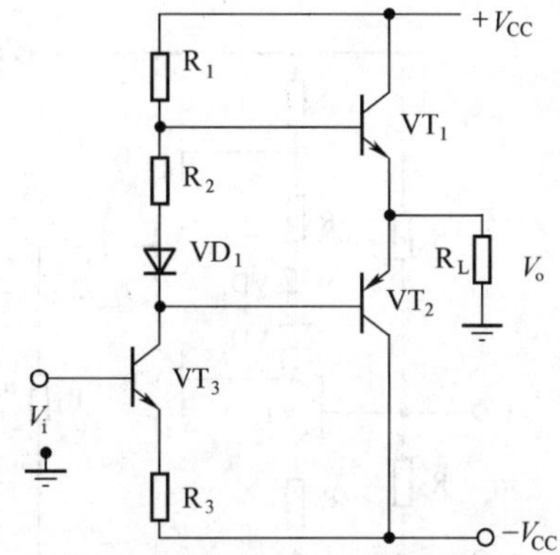

图 7-24　OCL 乙类互补对称功率放大电路

电路中，三极管 VT_1、VT_2 分别为 NPN 管与 PNP 管，二者组成了对管，要求二者的参数尽量一样。二者的发射极连到了一起，作为输出端，基极连到了一起作为输入端，集电极分别连接正、负电源，提供相应的供电回路，电阻 R_1、R_2 和二极管 VD_1 分别为二者提供基极静态偏置电压。等效电路如图 7-25 所示。

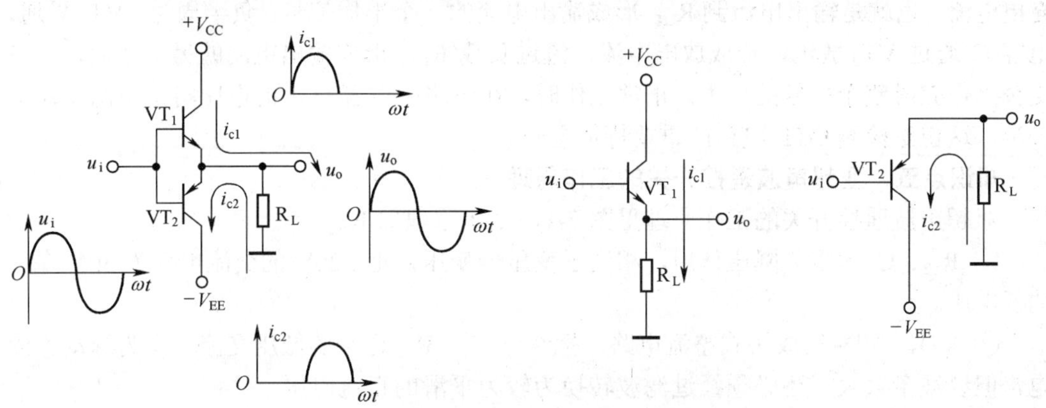

（a）OCL 乙类互补对称功率放大电路　（b）信号正半周 VT_1 工作　（c）信号负半周 VT_2 工作

图 7-25　OCL 乙类互补对称功率等效放大电路

① 无信号时，两个三极管基本不导通，发射极无电流流出，负载 R_L 上无电压输出。

② 输入信号正半周时，两个三极管的基极电压均升高，VT_1 的发射结正偏导通，而 VT_2 的发射结反偏截止，因此有电流从 $+V_{CC}$ 流过 VT_1，经过 R_L 入地，构成回路。

③ 输入信号负半周时，两个三极管的基极电压均降低，VT_1 的发射结反偏截止，而 VT_2 的发射结正偏导通，因此有电流从地经过 R_L 流过 VT_1，再到 $-V_{EE}$，构成回路。

这样，在输入信号的一个周期内，两个三极管交替导通放大，在负载上电流也周期性换向，实现功率放大。

2. *互补对称 OTL 功率放大电路*

在 OCL 电路中需要用到正、负两个对称电源，因此电路中也常常用到互补对称的 OTL 电路，OTL 功放电路只需要提供一个正电源即可，电路比较简单。互补对称 OTL 功率放大电路如图 7-26 所示。

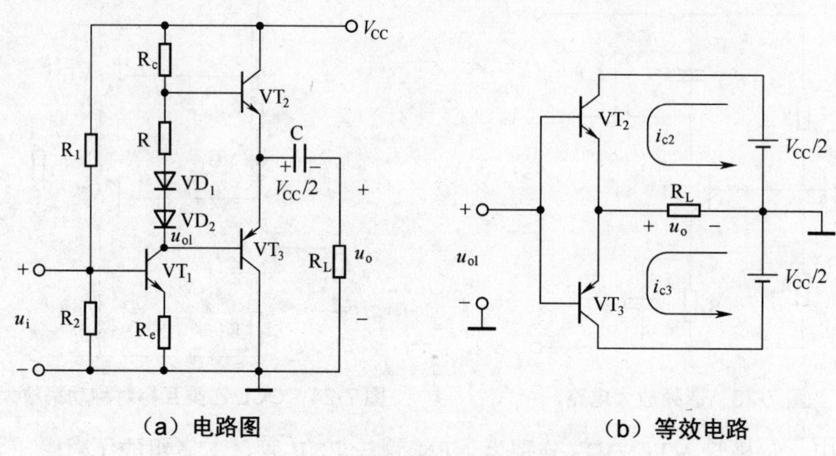

（a）电路图　　（b）等效电路

图 7-26　互补对称 OTL 功率放大电路

OTL 电路工作原理与 OCL 电路类似，只是在输出回路中加入了一只容量很大的电容器，一般容量达到 4700μF。正半周时，VT_2 导通，电源通过 VT_2 对电容 C 充电，形成充电电流，也就是输出电流到 R_L，形成输出电流的一个半周信号；负半周时，VT_3 导通，电容 C 通过 VT_3 放电，形成放电电流，流过负载 R_L，形成输出电流的另一半周，二者交替工作完成整个信号的放大。正常工作时，在电路中电容 C 上的电压将是电源电压的一半，这也是检测 OTL 电路的重要特征之一。

知识点五　亚超声波遥控开关的工作原理

亚超声波遥控开关的工作原理见图 7-1，工作原理如下。

① R_{12}、C_8 起限流降压作用，相当于变压器变压，把 220V 的交流电变为 30V 左右的低电压。

② VD_4～VD_7 组成桥式整流电路，把经过 C_8、R_{12} 送来的低压交流电变为脉动直流电，但纹波条数大，还必须经过滤波转换为较为平滑的直流电压。

③ C_7、R_{11} 和 C_4 组成Π型滤波器，滤波效果好，把纹波系数大的直流电变为了纹波系数小的平滑直流电。

④ Y_1为压电陶瓷片，R_1为VT_1的上偏置电阻，拉高电压，Y_1充当三极管VT_1的下偏电阻，二者串联分压给VT_1（NPN型）三极管基极b供电。当亚超声到来时，Y_1压电陶瓷片的电阻发生变化，继而所分得的电压发生变化，即把亚超声波转变为电信号，送给三极管VT_1进行放大。压电陶瓷片一般不会损坏，不用测量，但是要防止电烙铁碰到振动薄膜，以避免烧坏。测量时，用万用表R×1或R×10k挡测其阻值，用手压弹其薄膜，阻值如果发生变化证明是好的。

⑤ C_1、L_1为VT_1的集电极负载，一方面为集电极提供电源，另一方面，二者谐振于20kHz亚超声波的频率范围，用于选择相对应频率的电信号。人能听到的声音频率为20Hz～20kHz亚超声波是指20kHz附近的超声波频段。

⑥ C_2为耦合电容2.2μF。当20kHz的亚超声通过时，$X_C=1/(2\pi f_C)=1/(2\times3.14\times20\times10^3\times2.2\times10^{-6})=100/(2\times3.14\times2\times2.2)=2\Omega$，此时电容容抗很小，信号可以畅通无阻地通过。

⑦ VD_1、VT_2、R_2组成放大电路，只放大亚超声信号，VT_2平时不导通，处于截止，防止误差干扰信号，以防误触发。

⑧ $R_3=200\Omega$、$C_6=10\mu F$、$C_5=10\mu F$、$C_5=10\mu F$，为阻容耦合元件，与C_2起的作用相同，把亚超声“开关”信号耦合到后边的双稳态触发电路。$C_3=2.2\mu F$，是防误触发电容，消除干扰。

⑨ VT_3、VT_4、R_4、R_5、R_6、R_7、R_8、R_9、R_{10}、VD_2、VD_3等组成双稳态电路，VT_3、VT_4是一个管子处于饱和另外一个管子处于截止状态。假如VT_3处于饱和状态，VT_3的Ve很低，约为“0”，经$R_6=10k\Omega$电阻给VT_4基极b供电，VT_4的V_b=“0”，因此VT_4截止，VT_4的V_c=“1”为高电平，经$R_9=10k\Omega$给VT_3的b极供电，VT_3的V_b=“1”，VT_3饱和导通使VT_4为截止，使VT_4的V_c=“1”，R_4、R_5是VT_3、VT_4的负载。当由R_3、C_6、C_5送来耦合的触发信号到达时，VT_3、VT_4的状态发生翻转，并保持稳定状态，直到下一次触发。

⑩ R_8、VT_5、J_1、LED组成控制电路。

a．当VT_4饱和导通时，VT_4的V_c=“0”，VT_5由于V_b=“0”而截止，继电器J_1线圈中无电流，VD_8（LED_1）不亮，同时常开触点$J_{1\text{-}1}$不动作，处于断开状态，输出插座上无电压；

b．当VT_4截止时，V_{VT4c}=“1”，经$R_8=2.2k\Omega$后使VT_5饱和导通，继电器J_1线圈得电，VD_8（LED_1）点亮指示，同时，常开触点$J_{1\text{-}1}$动作处于闭合状态，输出插座上有220V电压输出。

知识点六　特殊三极管

1．达林顿管

达林顿晶体管亦称复合晶体管。它采用复合连接方式，将两只或更多只三极管的集电极连在一起，而将第1只三极管的发射极直接耦合到第2只三极管的基极，依次级连而成，最后引出e、b、c三个电极。其结构如图7-27所示。

图7-27（a）所示是由两只NPN型三极管构成达林顿管的基本电路，图7-27（b）所示是由两只PNP型三极管构成达林顿管的基本电路。假定达林顿管由n只三极管（VT_1～VT_n）组成，每只三极管的放大系数分别为β_1、β_2、…、β_n，则总放大系数约等于各管放大系数的乘积，即

$$\beta \approx \beta_1 \cdot \beta_2 \cdot \cdots \cdot \beta_n$$

因此，达林顿管具有很高的放大系数，其值可以达到几千倍，甚至几十万倍。利用它不仅能构成高增益放大器，还能提高驱动能力，获得大电流输出，构成达林顿功率开关管。在光电耦合器中，也有用达林顿管作为接收管的。

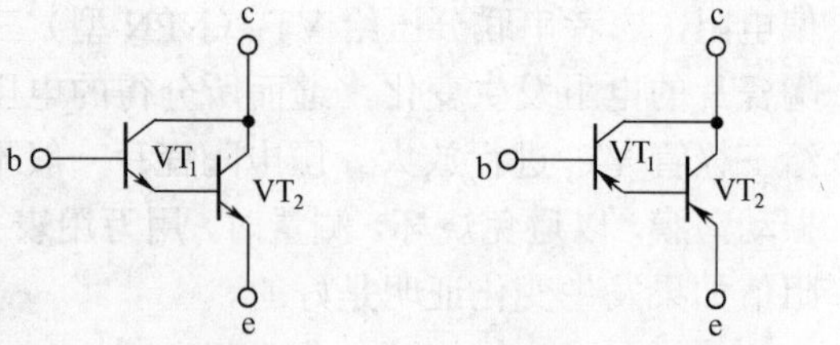

（a）NPN 型　（b）PNP 型

图 7-27　达林顿管的结构

2. 光电三极管

光电三极管又叫光敏三极管，是一种相当于在三极管的基极和集电极之间接入一只光电二极管的三极管，光电二极管的电流相当于三极管的基极电流。从结构上讲，此类管子基区面积比发射区面积大很多，光照面积大，光电灵敏度比较高，因为具有电流放大作用，在集电极可以输出很大的光电流。

光电三极管有塑料、金属（顶部为玻璃镜窗口）、陶瓷、树脂等多种封装材料，引脚分为两脚型和三脚型。一般 2 个引脚的光电三极管，引脚分别为集电极和发射极，而光窗口则为基极。图 7-28 所示为光电三极管的符号、外形和等效电路。

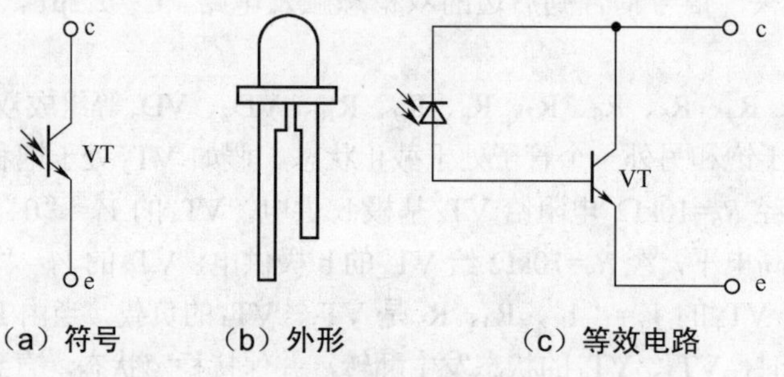

（a）符号　（b）外形　（c）等效电路

图 7-28　光电三极管的符号、外形和等效电路

3. 场效应管

图 7-29 所示是几种常见场效应管的实物图，从外形和电极看，场效应管与三极管相似。但两者的芯片结构、工作性能完全不同，因此场效应管 3 个电极的作用、意义和命名也与三极管不同，分别称为源极、栅极、漏极，相应地用“S”、“G”、“D”表示。场效应管类型不同，电极的排列位置也有所不同。

图 7-29　常见的场效应管

场效应管的电路符号如图 7-30 所示。在场效应管的电路符号中，以一条竖线表示管心晶片，竖线右边 2 条水平线表示漏极和源极，竖线左边一条水平线表示栅极，符号中的箭头是用来区分类型的。箭头从外指向芯片表示 N 沟道型场效应管，如图 7-30（a）、（c）、（e）所示；箭头从芯片指向外表示 P 沟道型场效应管，如图 7-30（b）、（d）、（f）所示。

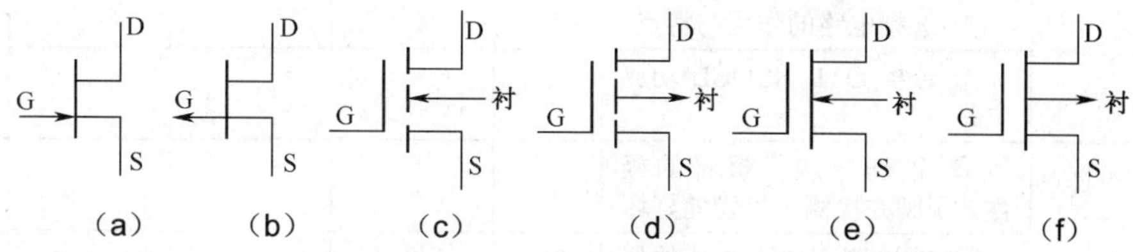

图 7-30 场效应管电路符号

场效应管分 N 沟道与 P 沟道两大类，在每一类中又分结型和绝缘栅型，这样场效应管的电路符号就有区别。图 7-30 中，（a）、（b）表示结型场效应管，（c）、（d）、（e）、（f）表示绝缘栅型场效应管。

绝缘栅型场效应管又分增强型和耗尽型，电路符号也不一样。图 7-30 中，（c）、（d）表示增强型场效应管，（e）、（f）表示耗尽型场效应管。

从电路符号上看，源极和漏极在竖线右边上、下完全对称，直观上没有特殊不同，如果不标出表示电极的字母，则不易区分它们。为此，有意将栅极与源极画在一条线上，以区分结型场效应管的源极和漏极，如图 7-30 的（a）、（b）所示；将栅极与源极画得靠近，以区分绝缘栅型场效应管的源极与漏极，如图 7-30（c）、（d）、（e）、（f）所示。

项目学习评价

一、思考练习题

1．说说国产三极管的型号代码的含义。

2．分辨三极管引脚和导电类型的方法有哪些？

3．使用三极管时主要考虑哪些参数，各表示什么意义？

4．如何检测压电陶瓷片和继电器的质量？

5．请分别画出基本放大电路和分压式放大电路，并指出主要元器件的作用。

6．在多级放大电路中，主要用了哪几种耦合方式，各有什么特点？

7．多级放大器与单级放大器比较有什么特点？

8．选频放大器有什么特点？主要选频网络有哪些？

9．画出常用的 OCL 和 OTL 功放电路形式。

10．场效应管与三极管比较有什么特点？画出常见场效应管的符号，并指出电极与导电类型。

11．请分析达林顿管的特点。

二、自我评价、小组互评及教师评价

评价方面	项目评价内容	分值	自我评价	小组互评	教师评价	得分
理论知识	① 画出基本放大电路，并能分析工作原理	10				
	② 多级放大器的作用与特点	10				
	③ 选频电路的作用与特点	5				
	④ 分析 OTL 和 OCL 功放电路	5				
实操技能	① 正确分辨三极管的极性、引脚并检测三极管的好坏	15				
	② 能检测压电陶瓷片的好坏	5				
	③ 能检测继电器的好坏	5				
	④ 正确焊接电路，保证无错焊、虚焊、连焊等现象	15				
	⑤ 正确检测电路上的相关电阻及电压值，并能处理简单故障	20				
学习态度	① 严肃认真的学习态度	5				
	② 严谨条理的工作态度	5				
安全文明生产	文明拆装，实习后清理实习现场，保证不漏装元器件和螺丝					

三、个人学习总结

成功之处	
不足之处	
改进方法	

项目八　闪光彩灯控制电路的制作

项目情境创设

在节日的夜晚，如果有闪烁不定的彩灯附着在院落的花草中，一定会增添几分欢乐的气氛，下面介绍一款闪烁可调、电路简单的闪光彩灯控制器的制作。

项目学习目标

学习目标		学习方式	学时
知识目标	① 掌握电容降压电源电路结构图 ② 掌握自激多谐振荡电路中各组成部分的作用 ③ 掌握双向晶闸管的工作条件及简单应用	实验	6
技能目标	① 能读懂闪光彩灯电路原理图和装配图 ② 能根据原理图和 PCB 图进行安装、焊接 ③ 会调试和检修闪光彩灯控制器	讲授	8

项目基本功

一、项目基本技能

任务一　晶闸管的识别及检测

晶闸管是晶体闸流管（Thyristor）的简称，俗称可控硅，它是一种大功率开关型半导体器件，在电路中用文字符号为“VS”表示（旧标准中用字母“SCR”表示）。

晶闸管具有硅整流器件的特性，能在高电压、大电流条件下工作，且其工作过程可以控制，因此被广泛应用于可控整流、交流调压、无触点电子开关、逆变及变频等电子电路中。常见晶闸管的内部结构及外形如图 8-1 所示。

普通晶闸管又叫单向晶闸管，有 3 个电极，分别是阳极 A、控制极（门极）G、阴极 K。

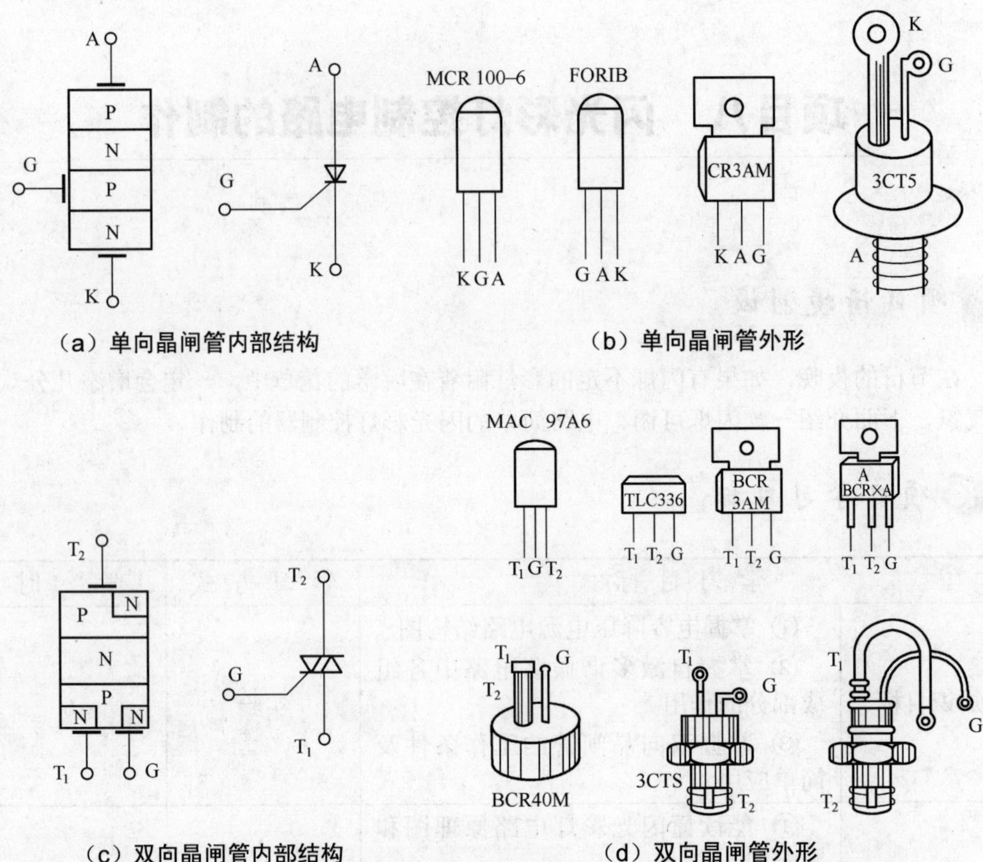

（a）单向晶闸管内部结构　（b）单向晶闸管外形

（c）双向晶闸管内部结构　（d）双向晶闸管外形

图 8-1　常见晶闸管的内部结构及外形

双向晶闸管有 3 个电极，分别是主电极 T_1、主电极 T_2、控制极（门极）G。

1. 晶闸管的种类

晶闸管有多种分类方法。

（1）按关断、导通及控制方式分类

晶闸管按其关断、导通及控制方式，可分为普通晶闸管、双向晶闸管、逆导晶闸管、门极关断晶闸管（GTO）、BTG 晶闸管、温控晶闸管和光控晶闸管等多种。

（2）按引脚和极性分类

晶闸管按其引脚和极性，可分为二极晶闸管、三极晶闸管和四极晶闸管。

（3）按封装形式分类

晶闸管按其封装形式，可分为金属封装晶闸管、塑封晶闸管和陶瓷封装晶闸管 3 种类型。其中，金属封装晶闸管又分为螺栓形、平板形、圆壳形等多种；塑封晶闸管又分为带散热片型和不带散热片型两种。

（4）按电流容量分类

晶闸管按电流容量，可分为大功率晶闸管、中功率晶闸管和小功率晶闸管 3 种。通常，大功率晶闸管多采用金属壳封装，而中、小功率晶闸管则多采用塑封或陶瓷封装。

（5）按关断速度分类

晶闸管按其关断速度，可分为普通晶闸管和高频（快速）晶闸管。

2. 晶闸管的工作原理

晶闸管 VS 在工作过程中，它的阳极 A 和阴极 K 与电源和负载连接，组成晶闸管的主电路；晶闸管的门极 G 和阴极 K 与控制晶闸管的装置连接，组成晶闸管的控制电路，如图 8-2 所示。

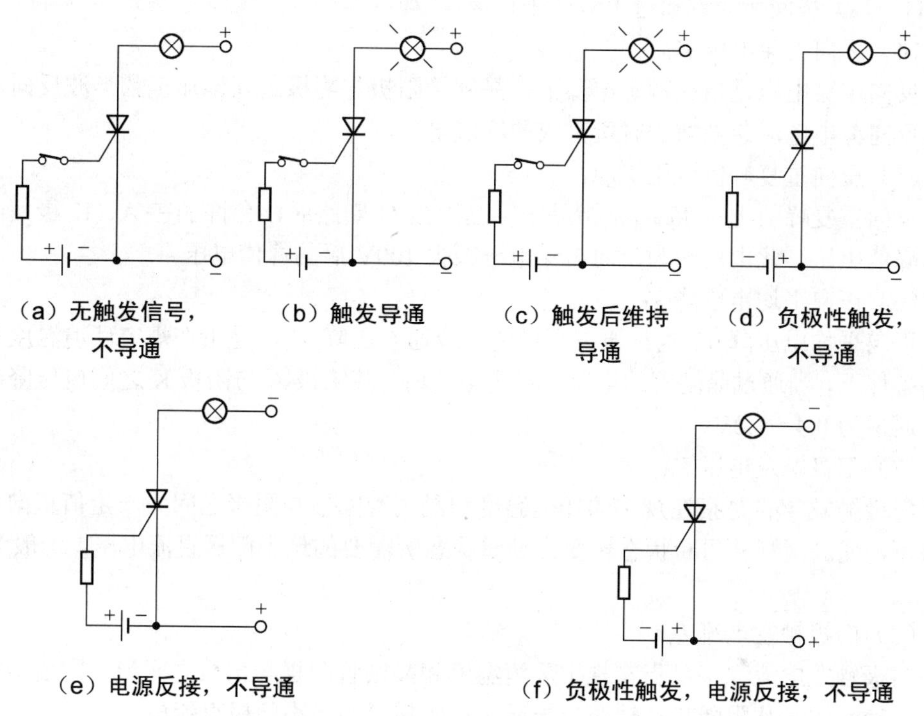

图 8-2 单向晶闸管工作原理示意图

晶闸管的工作条件如下。

① 晶闸管承受反向阳极电压时，不管门极承受何种电压，晶闸管都处于关断状态。

② 晶闸管承受正向阳极电压时，仅在门极承受正向电压的情况下晶闸管才导通。

③ 晶闸管在导通情况下，只要有一定的正向阳极电压，不论门极电压如何，晶闸管保持导通，即晶闸管导通后，门极失去作用。

④ 晶闸管在导通情况下，当主回路电压（或电流）减小到接近于零时，晶闸管关断。

3. 晶闸管的主要参数

晶闸管的主要电参数有正向转折电压 V_{BO}、正向平均漏电流 I_{FL}、反向漏电流 I_{RL}、断态重复峰值电压 V_{DRM}、反向重复峰值电压 V_{RRM}、正向平均电压降 V_F、通态平均电流 I_T、门极触发电压 V_{GT}、门极触发电流 I_{GT}、门极反向电压和维持电流 I_H 等。

（1）正向转折电压 V_{BO}

晶闸管的正向转折电压 V_{BO} 是指在额定结温为 100℃且门极（G）开路的条件下，在其阳极（A）与阴极（K）之间加正弦半波正向电压，使其由关断状态转变为导通状态时所对应的峰值电压。

（2）断态重复峰值电压 V_{DRM}

断态重复峰值电压 V_{DRM} 是指晶闸管在正向阻断时，允许加在 A、K（或 T_1、T_2）极间最大的峰值电压。此电压约为正向转折电压减去 100V 后的电压值。

（3）通态平均电流 I_T

通态平均电流 I_T 是指在规定环境温度和标准散热条件下，晶闸管正常工作时 A、K（或 T_1、T_2）极间所允许通过电流的平均值。

（4）反向击穿电压 V_{BR}

反向击穿电压是指在额定结温下，晶闸管阳极与阴极之间施加正弦半波反向电压，当其反向漏电电流急剧增加时所对应的峰值电压。

（5）反向重复峰值电压 V_{RRM}

反向重复峰值电压 V_{RRM} 是指晶闸管在门极 G 断路时，允许加在 A、K 极间的最大反向峰值电压。此电压约为反向击穿电压减去 100V 后的峰值电压。

（6）正向平均电压降 V_F

正向平均电压降 V_F 也称通态平均电压或通态压降 V_T，是指在规定环境温度和标准散热条件下，当通过晶闸管的电流为额定电流时，其阳极 A 与阴极 K 之间电压降的平均值，通常为 0.4～1.2V。

（7）门极触发电压 V_{GT}

门极触发 V_{GT} 是指在规定的环境温度和晶闸管阳极与阴极之间为一定值正向电压的条件下，使晶闸管从阻断状态转变为导通状态所需要的最小门极直流电压，一般为 1.5V 左右。

（8）门极触发电流 I_{GT}

门极触发电流 I_{GT} 是指在规定环境温度和晶闸管阳极与阴极之间为一定值电压的条件下，使晶闸管从阻断状态转变为导通状态所需要的最小门极直流电流。

（9）门极反向电压

门极反向电压是指晶闸管门极上所加的额定电压，一般不超过 10V。

（10）维持电流 I_H

维持电流 I_H 是指维持晶闸管导通的最小电流。当正向电流小于 I_H 时，导通的晶闸管会自动关断。

（11）断态重复峰值电流 I_{DR}

断态重复峰值电流 I_{DR} 是指晶闸管在断态下的正向最大平均漏电电流值，一般小于 100μA。

（12）反向重复峰值电流 I_{RRM}

反向重复峰值电流 I_{RRM} 是指晶闸管在关断状态下的反向最大漏电电流值，一般小于 100μA。

4. 单向晶闸管的检测

万用表选电阻 R×1 挡，用红、黑两表笔分别测任意两引脚间正、反向电阻，直至找出读数为数十欧姆的一对引脚，此时黑表笔的引脚为控制极 G，红表笔的引脚为阴极

K，另一空脚为阳极 A。然后将黑表笔接已确定了的阳极 A，红表笔仍接阴极 K，此时万用表指针应不动。用短线瞬间短接阳极 A 和控制极 G，此时万用表电阻挡指针应向右偏转，阻值读数为 10Ω左右。如阳极 A 接黑表笔、阴极 K 接红表笔时，万用表指针发生偏转，说明该单向晶闸管已击穿损坏。

任务二　迷你闪光彩灯原理图识图

1. 迷你闪光彩灯电路原理图

迷你闪光彩灯的电路原理图如图 8-3 所示。

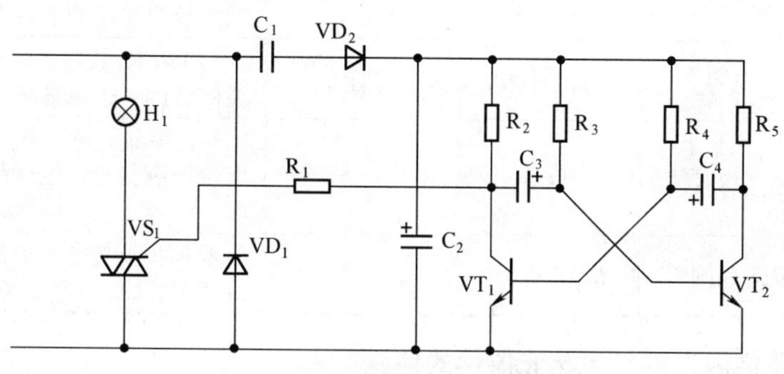

图 8-3　迷你闪光彩灯电路原理图

迷你闪光彩灯控制电路分为 3 个部分。

（1）控制电路供电

在本电路中，采用电容降压的方式获得低压交流电，降压值的大小通过 C_1 的大小调整来获得，然后通过 VD_1 和 VD_2 进行半波整流，通过 C_2 进行电源滤波。

（2）控制信号电路

控制信号电路的核心是一个由两个三极管组成的自激多谐振荡器，其中 $C_3=C_4$、$R_3=R_4$、$R_2=R_5$，且两个三极管的参数一致，通电后两个三极管轮流导通和截止，导通和截止时间由 R_3 和 C_3 的值所决定，调整 R_3、R_4 和 C_3、C_4 的参数，可以改变迷你彩灯闪烁的频率。

（3）控制执行电路

该执行电路由双向晶闸管 VS 和触发电阻 R_1 组成，驱动的灯泡功率由双向晶闸管的电流容量所决定。一般来说，额定电流为 1A 的晶闸管所驱动的灯泡功率不应大于 60W，否则容易导致晶闸管烧毁。

2. 迷你闪光彩灯电子元器件的识别与作用

迷你闪光彩灯电子元器件的识别与作用如表 8-1 所示。

表 8-1　迷你闪光彩灯电子元器件的识别与作用

设计序号	元器件名称	元器件参数	元器件数量	作　用
VD_1、VD_2	二极管	1N4007	2 个	半波整流将交流电转换为直流电
R_1	电阻	1.2kΩ	1 个	晶闸管 VS 的触发电阻

续表

设计序号	元器件名称	元器件参数	元器件数量	作　用
R_2、R_5	电阻	1kΩ	2 个	为三极管 VT_1 和 VT_2 的集电极电阻
R_3、R_4	电阻	20kΩ	2 个	为三极管 VT_1 和 VT_2 的基极偏置电阻，同时与 C_3、C_4 共同决定三极管轮流导通的时间
C_1	电容	0.47μF/400V	1 个	利用电容器的容抗，起到降压作用
C_2	电容	220μF/400V	1 个	滤波作用，将脉动的半波直流电转换为较为平滑的直流电
C_3、C_4	电容	220μF/100V	2 个	与 R_3、R_4 共同决定了三极管轮流导通的时间，也就是决定了振荡器频率
VT_1、VT_2	三极管	9013	2 个	轮流导通，在三极管 VT_1 的集电极取出控制信号，控制晶闸管 VS 的状态
VS_1	双向晶闸管	MAC97A6	1 个	根据控制极获得的触发信号来驱动灯泡的亮暗

任务三　迷你闪光彩灯电路元器件的检测

1. 测量判定晶闸管各引脚

判断晶闸管 MAC97 的引脚并检测晶闸管的性能，如表 8-2 所示。

表 8-2　　用万用表检测 MAC97 晶闸管

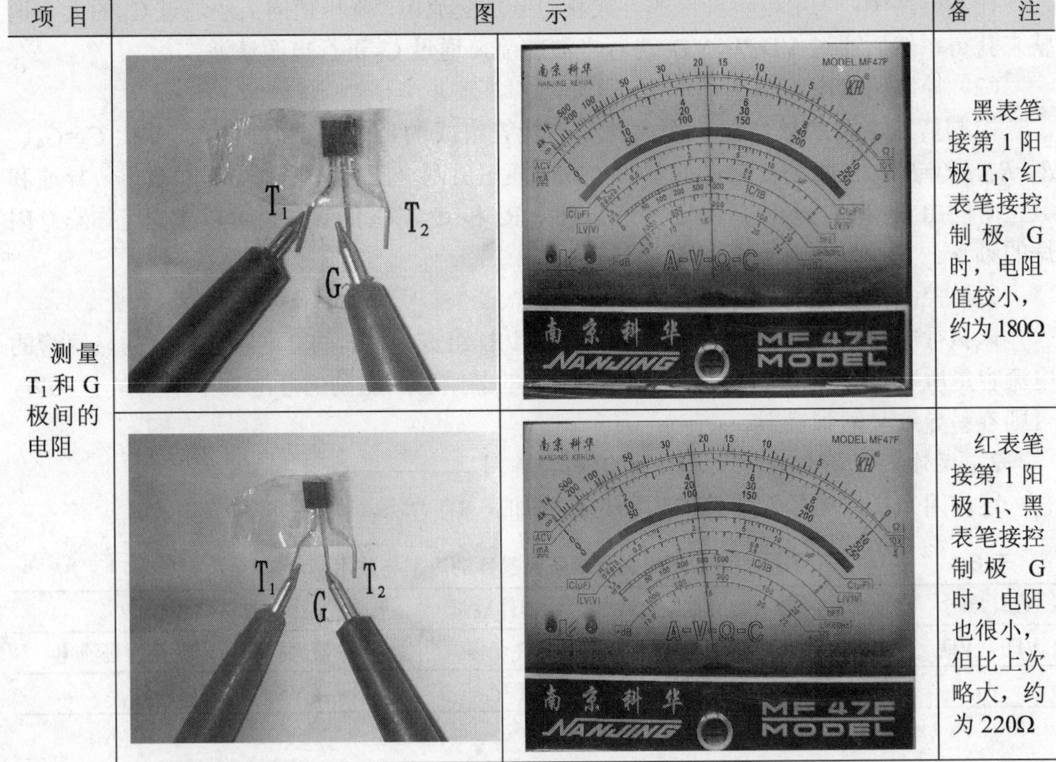

项　目	图　示	备　注
测量 T_1 和 G 极间的电阻		黑表笔接第 1 阳极 T_1、红表笔接控制极 G 时，电阻值较小，约为 180Ω
		红表笔接第 1 阳极 T_1、黑表笔接控制极 G 时，电阻也很小，但比上次略大，约为 220Ω

续表

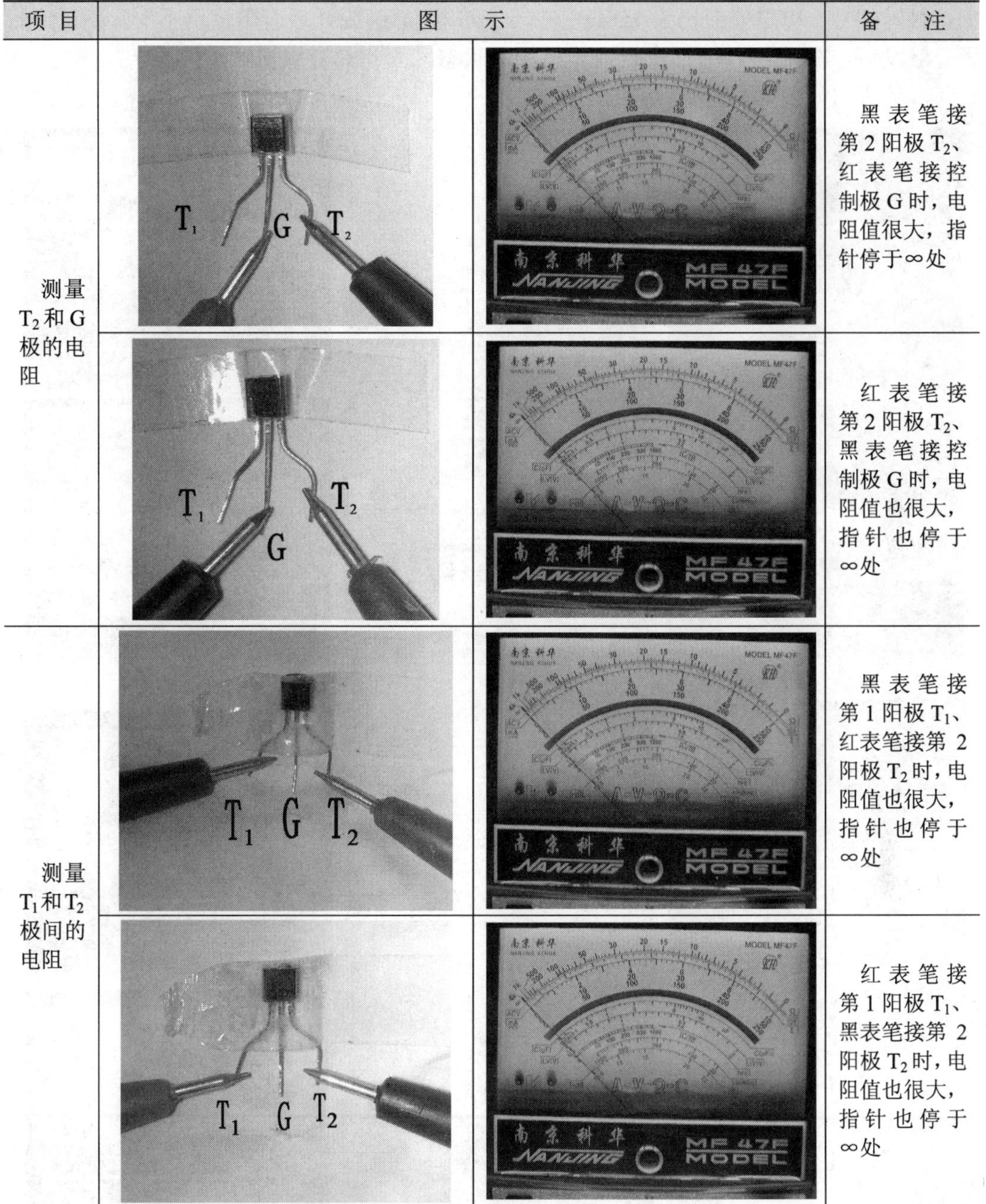

项 目	图 示		备 注
测量 T_2 和 G 极的电阻			黑表笔接第 2 阳极 T_2、红表笔接控制极 G 时，电阻值很大，指针停于∞处
			红表笔接第 2 阳极 T_2、黑表笔接控制极 G 时，电阻值也很大，指针也停于∞处
测量 T_1 和 T_2 极间的电阻			黑表笔接第 1 阳极 T_1、红表笔接第 2 阳极 T_2 时，电阻值也很大，指针也停于∞处
			红表笔接第 1 阳极 T_1、黑表笔接第 2 阳极 T_2 时，电阻值也很大，指针也停于∞处

2. 检测双向晶闸管的触发能力

把黑表笔接假定的 T_1 极，红表笔接假定的 T_2 极，电阻为无穷大。接着用红表笔尖把 T_2 与 G 短路，给 G 极加上负触发信号，电阻值应为 150Ω左右，证明管子已经导通，导通方向为 $T_1 \rightarrow T_2$。再将红表笔尖与 G 极脱开（但仍接 T_2），如果电阻值保持不变，就表明管子在触发之后能维持导通状态。

再把红表笔接假定的 T_1 极，黑表笔接假定的 T_2 极，然后使 T_2 与 G 短路，给 G 极加上正触发信号，电阻值应仍为 150Ω左右，使 G 极与 T_2 脱开后若阻值仍不变，则说明管子经触发后，在 $T_2 \rightarrow T_1$ 方向上也能维持导通状态，因此具有双向触发性质。

具体方法如图 8-4 所示。

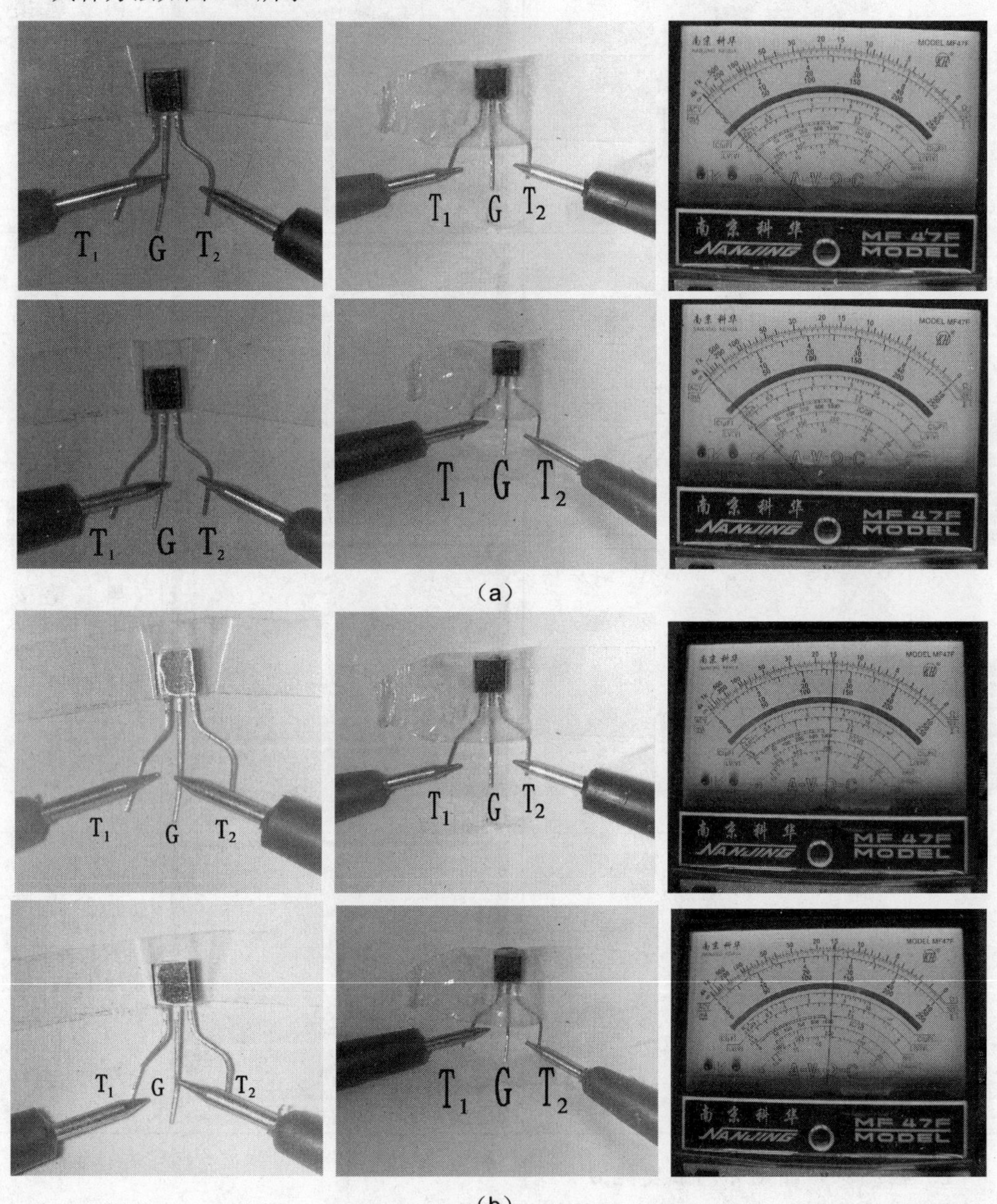

（a）

（b）

图 8-4　双向晶闸管触发能力的检测

任务四　迷你闪光彩灯控制电路的安装与调试

安装与调试步骤如下。

① 按照图 8-5 所示迷你闪光彩灯控制电路印制电路板图进行焊接装配。

② 在元件 H_1 对应的焊盘处引出两条导线，分别接功率小于 60W 的灯泡。

③ 在电源接口处接入 220V 交流电，灯泡 H_1 应该产生闪烁，调节 R_3、R_4 的电阻值来改变自激多谐振荡器的频率，以达到所期望的频率。

④ 将电路板装入适当的外壳即可，注意由于本电路直接与 220V 交流电相连，所以外壳要采用绝缘性能好的塑料外壳，并且保证不能有金属部分外露。

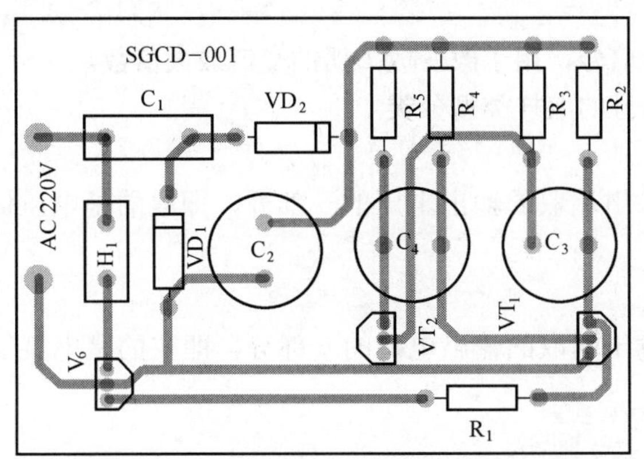

图 8-5 迷你闪光彩灯控制电路印制电路板图

二、项目基本知识

知识点一 反馈电路基本知识

1. 反馈的概念

反馈就是将放大器输出信号的一部分或全部通过一定的电路送回到放大器的输入端，从而控制放大器的工作特性。

传递反馈信号的电路叫做反馈电路。其组成方框图如图 8-6 所示。

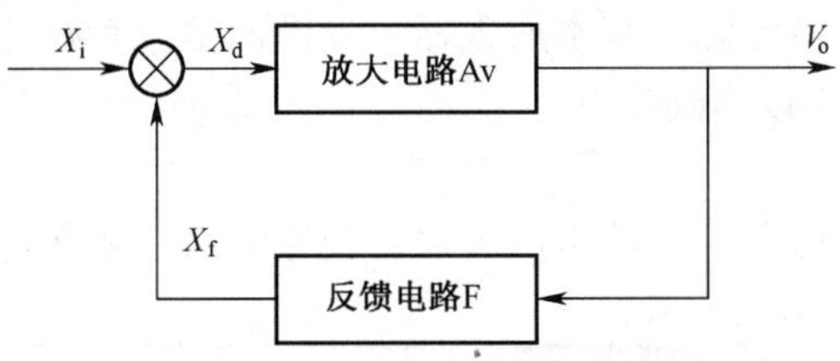

图 8-6 反馈电路组成方框图

2. 反馈电路的分类

（1）按照反馈的极性分类

① 正反馈

反馈信号加到输入端后，信号的极性与输入信号一致，使输入端的信号幅度增强，这类反馈就是正反馈。正反馈会使放大器的输出信号越来越强，例如，扬声器中的剧烈啸叫就是正反馈的作用。

② 负反馈

反馈信号器回送到输入端后，信号的极性与输入信号相反，使输入端的信号幅度减小，这类反馈就是负反馈。负反馈会使放大器的输出信号减小，但是工作更稳定。

（2）按照反馈信号的成分分类

① 直流反馈

反馈信号是直流信号，用于改变直流工作点。

② 交流反馈

反馈信号是交流信号，用于改变放大器的交流放大倍数。

（3）按照反馈信号的取样类型分类

① 电压反馈

反馈信号是从输出端取的输出电压的一部分，即取的是电压信号，如图 8-7（a）所示。

② 电流反馈

反馈信号是从输出端取的输出电流的一部分，即取的是电流信号，如图 8-7（b）所示。

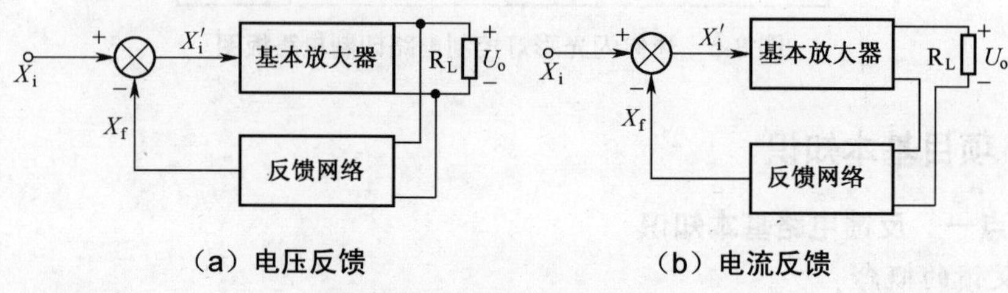

图 8-7　电压与电流反馈电路

（4）按照反馈信号的输入方式分类

① 串联反馈

对交流信号而言，信号源、基本放大器、反馈网络三者在比较端是串联连接，则称为串联反馈，如图 8-8（a）所示。

② 并联反馈

对交流信号而言，信号源、基本放大器、反馈网络三者在比较端是并联连接，则称为并联反馈，如图 8-8（b）所示。

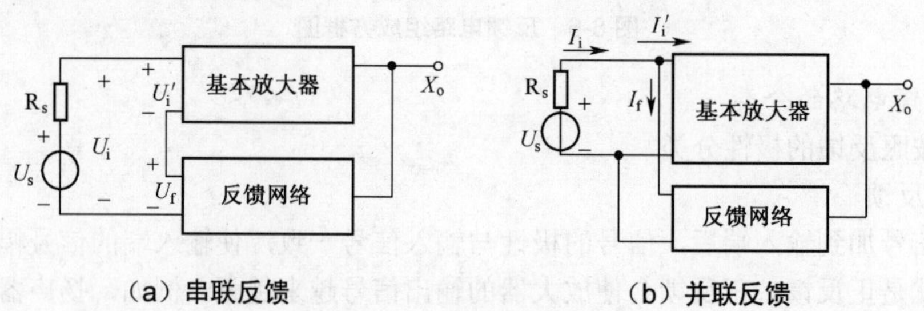

图 8-8　串联与并联反馈电路

综合放大器输入、输出端反馈的类型，放大器中负反馈类型有电流串联负反馈、电流并联负反馈、电压串联负反馈、电压并联负反馈。

知识点二　反馈电路类型的判别

1. 寻找反馈网络

放大电路中连接输出端与输入端的电路就是放大器中的反馈网络（反馈元件），也就是要找出放大电路中既属于输入回路又属于输出回路的电路。

图 8-9 中的反馈网络有以下几个。

① 电阻 R_{e1} 是放大电路 VT_1 的本级反馈元件，其既在 VT_1 的输入回路中，又属于输出回路。

② 电阻 R_{e2} 和电容 C_e 是放大电路 VT_2 的本级反馈元件，其既在 VT_2 的输入回路中，又属于输出回路。

③ 电阻 R_f 是 VT_1、VT_2 两级放大电路的级间反馈元件，它既连接着 VT_1 的输入回路又连接着 VT_2 的输出回路。

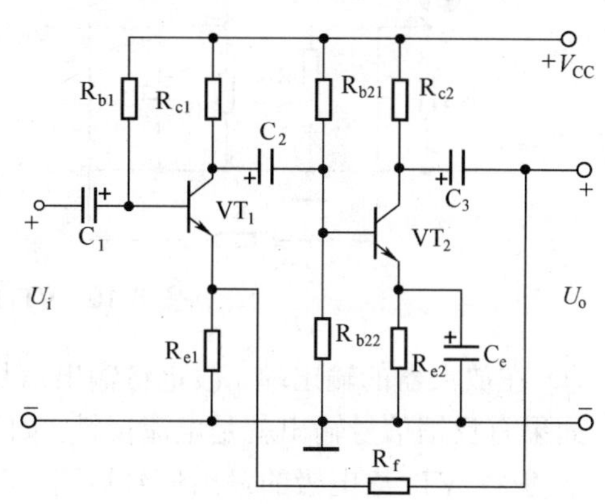

图 8-9　负反馈电路

2. 判定反馈信号的成分

电阻 R_{e1} 上流过的是交直流信号，自然是交直流反馈元件。电阻 R_{e2} 由于并联有旁路电容 C_e，对于交流信号进行旁路，因此二者只是引入了交流反馈。由于电容 C_3 的隔直作用，流过反馈电阻 R_f 的只有交流信号，因此引入的也是交流反馈。

3. 判定反馈的极性

对反馈极性的判断，常常用到“瞬时极性法”。具体方法是：先假定输入电压信号 u_i 在某一瞬间的极性为正（相对于接地端而言），并用⊕作标记，然后顺着信号的传输方向，逐步推出输出信号 u_o 和反馈信号 u_f 的瞬时极性，最后判断反馈信号是增强还是削弱净输入信号，如果是削弱，则为负反馈，若是增强则为正反馈。

如图 8-10（a）所示，假定输入信号瞬间为⊕，经电容 C_1 耦合至 VT_1 的基极，将提高基极的电位，因此基极电流 I_B 增加，导致 I_E 增大，电阻 R_{e1} 上的电压增加，也就是发射极电位 V_E 升高，因此发射结电压 V_{BE} 减小，从而使 I_B 减小。所以，电阻 R_{e1} 引入的是负反馈。

如图 8-10（b）所示，假想将级间反馈网络“断路”，输入回路的瞬间电压为⊕，即发射极电位 V_E 升高，则将使 VT_1 的导通减弱，集电极电位 V_C 将升高，标记为⊕，经电容 C_2 耦合到三极管 VT_2 的基极，使之导通加剧，集电极电位 V_C 降低，标记为⊖，经电容 C_3、电阻 R_f 耦合到 VT_1 的发射极，使发射极电位降低，因此引入的也是负反馈。

4. 判定反馈的类型

对于判定反馈的类型，常利用“假想短路法”。

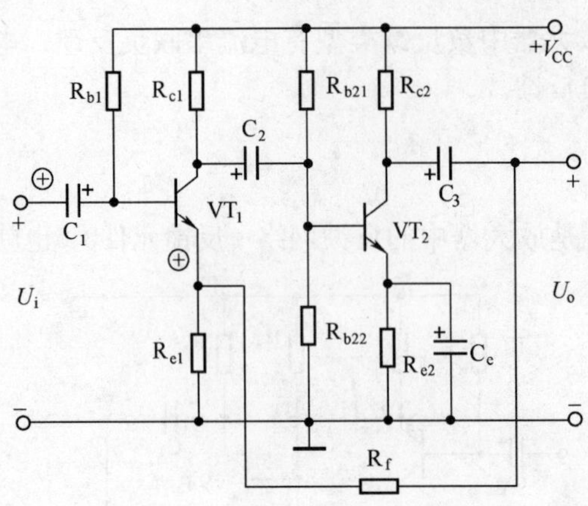

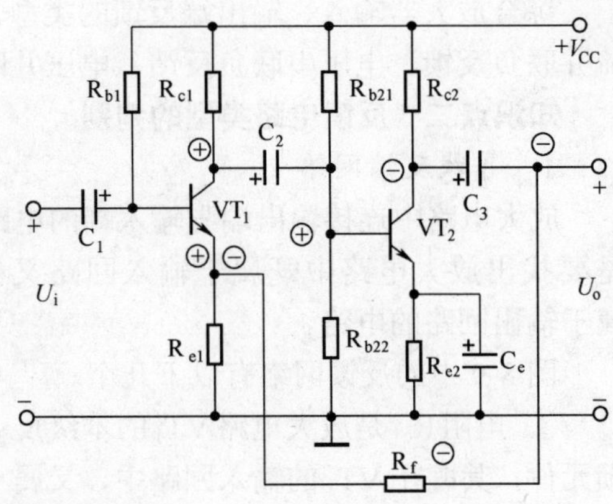

图 8-10 VT₁的反馈极性判定

① 在放大器的输出端，假定将输出信号短路，看看反馈网络是否仍然有反馈信号输出，如果有反馈信号输出就是电流反馈，如果没有反馈信号输出，则为电压反馈。图 8-10 中，假想将 VT_1 集电极的输出信号短路，此时反馈电阻 R_{e1} 上仍然有反馈电压的存在，因此引入的是电流反馈；而假想将 VT_2 集电极的输出信号短路，则 R_f 上将没有反馈信号输入，因此 R_f 引入的是电压反馈。

② 假想将输入信号瞬间短路，如果反馈信号也消失了，就是并联反馈；如果反馈信号仍然存在，就是并联反馈。例如图 8-10 中的 3 个反馈均是串联反馈；而图 8-11 中，电阻 R_f 引入的就是并联反馈。

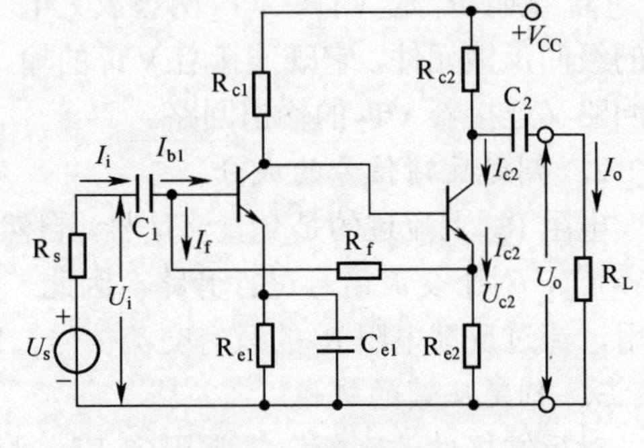

图 8-11 并联反馈

5. 负反馈对放大电路工作特性的影响

① 减小放大倍数，提高放大电路的稳定性。

开环增益：$A_u = \dfrac{U_o}{U_i'}$。

反馈系数：$F_u = \dfrac{U_f}{U_o}$。

闭环增益：$A_{uf} = \dfrac{U_o}{U_i} = \dfrac{U_o}{U_i' + U_f} = \dfrac{A_u U_i'}{U_i' + F_u A_u U_i'} = \dfrac{A_u}{1 + F_u A_u}$。

深度反馈：$1 + F_u A_u >> 1$，称之为深度负，此时 $A_{uf} \approx \dfrac{1}{F_u}$。

由上述各式可以看出，加上负反馈后，电路的放大倍数减小了，在深度负反馈的情况下，放大电路的放大倍数与三极管自身参数的关系不大，只与偏置电路有关，因此受三极管的热稳定性能不好的影响就小了。

② 减小了非线性失真。

③ 改变了放大电路的输入、输出电阻：串联负反馈使输入电阻增加；并联负反馈使输入电阻减小；电压负反馈使输出电阻减小；电流负反馈使输出电阻提高。

④ 扩展了放大电路的通频带。

知识点三　集成运算放大器电路的基本原理和电路分析

1. 集成运算放大器简介

集成运算放大器最早应用于对信号的运算，所以它又称为运算放大器（简称运放）。随着集成运放技术的发展，目前集成运放的应用几乎渗透到电子技术的各个领域，它成为组成电子系统的基本功能单元。集成运算放大器实质上是一种高电压放大倍数、高输入电阻、低输出电阻的直接耦合放大器。它工作在放大区时，输入和输出呈线性关系，所以它又被称为线性集成电路。

一般情况下，可将运放简单地视为具有一个信号输出端口（Out）和同相（U_+）、反相（U_-）两个高阻抗输入端的高增益直接耦合电压放大单元。图形符号如图 8-12 所示。运放的供电方式分双电源供电与单电源供电两种。对于双电源供电的运放，其输出电压可在零电压两侧变化，在差动输入电压为零时输出电压也可置零。采用单电源供电时，运放的输出电压在电源与地之间的某一范围变化。

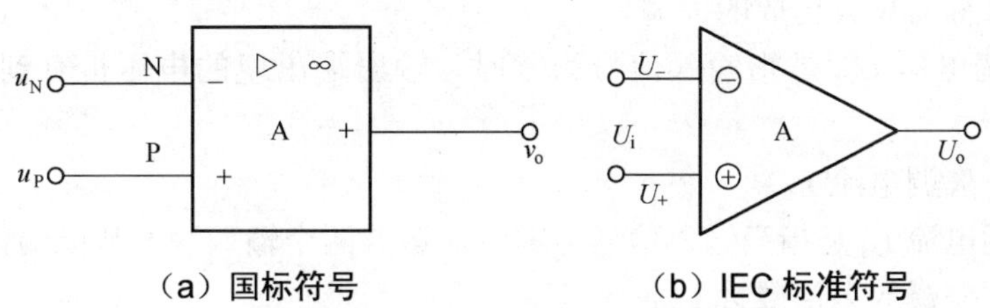

（a）国标符号　　（b）IEC 标准符号

图 8-12　集成运算放大器的图形符号

集成运算放大器内部一般由 4 部分组成，如图 8-13 所示。输入级是一个双端输入的高性能差动放大电阻，要求其输入电阻 R_i 高、开环增益 A_{od} 大、共模抑制比 *CMRR* 大、静态电流小，该级的好坏直接影响集成运放的大多数性能参数，所以更新变化最多。中间级的作用是使集成运放具有较强的放大能力，故多采用复合管做放大管，以电流源做集电极负载。输出级要求具有线性范围宽、输出电阻小、非线性失真小等特点。偏置电路用于设置集成运放各级放大电路的静态工作点。

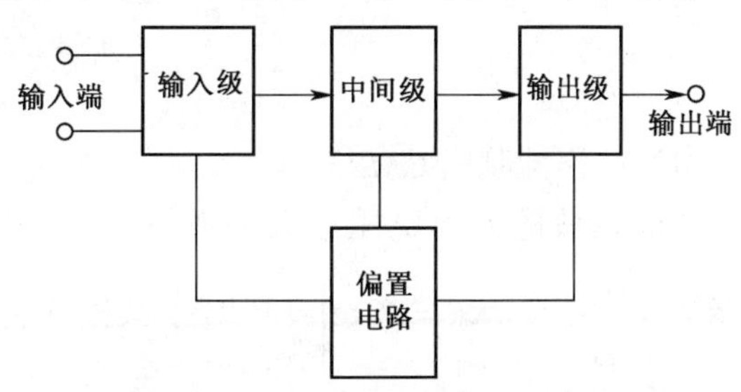

图 8-13　集成运放内部组成结构图

2. 理想状态下运算放大器的指标

理想运算放大器的性能指标如下：开环电压放大倍数 $A_{od}=\infty$，输入电阻 $R_i=\infty$，输入偏置电流 $I_b=0$，共模抑制比 $CMRR=\infty$，输出电阻 $R_o=0$，并且无干扰、无噪声，失调电压、失调电流及它们的温漂均为零。

3. 集成运放的工作状态

根据集成运放输出电压与输入电压的变化关系，集成运放的工作区域分为线性工作区和非线性工作区。

① 集成运放工作在线性放大区时，输出电压与输入电压成正比例变化，表现为$U_o=A_{od}$（U_+-U_-）。其条件是：$U_+=U_-$，同相输入端与反相输入端的电位相等，但不是短路，我们把满足这个条件称为“虚短”；$I_+=I_-$，理想运放的输入电阻为无穷大，因此集成运放输入端不取电流，称之为“虚断”。

② 当集成运放工作在非线性放大区时（饱合区），输入电压较大，输出电压不再与输入电压成正比例变化。集成运放工作在非线性放大区时的条件是：$U_+=U_-$；$U_+>U_-$时，$U_o=U_{oH}$，$U_->U_+$时，$U_o=U_{oL}$。

4. 集成运算放大器的基本指标

集成运算放大器是一种线性集成电路，和其他半导体器件一样，它是用一些性能指标来衡量其质量的优劣。为了正确使用集成运放，就必须了解它的主要参数指标。

（1）输入失调电压 U_{os}

理想运放组件，当输入信号为零时，其输出也为零。但即使是最优质的集成组件，由于运放内部差动输入级参数的不完全对称，输出电压往往不为零。这种零输入时输出不为零的现象称为集成运放的失调。

输入失调电压 U_{os} 是指输入信号为零时，输出端出现的电压折算到同相输入端的数值。

（2）输入失调电流 I_{os}

输入失调电流 I_{os} 是指当输入信号为零时，运放两个输入端的基极偏置电流之差。

（3）开环差模放大倍数 A_{ud}

集成运放在没有外部反馈时的直流差模放大倍数称为开环差模电压放大倍数，用“A_{ud}”表示。它定义为开环输出电压 U_o 与两个差分输入端之间所加信号电压 U_{id} 之比。

$$A_{ud}=\frac{U_o}{U_{id}}$$

（4）共模抑制比 $CMRR$

集成运放的差模电压放大倍数 A_d 与共模电压放大倍数 A_c 之比称为共模抑制比 $CMRR=\left|\frac{A_d}{A_c}\right|$ 或 $CMRR=20\lg\left|\frac{A_d}{A_c}\right|(\text{dB})$。共模抑制比在应用中是一个很重要的参数，理想运放对输入的共模信号其输出为零，但在实际的集成运放中，其输出不可能没有共模信号的成分，输出端共模信号愈小，说明电路对称性愈好，也就是说运放对共模干扰信号的抑制能力愈强，即 $CMRR$ 愈大。

知识点四　振荡电路的组成及振荡条件

1. 振荡电路的组成

（1）振荡电路的定义

无需外加信号而能将直流电源提供的能量转换成某种频率稳定的交流信号的电路，

称为振荡电路。

（2）振荡电路的组成

正弦波振荡电路一般由以下 4 个部分组成。

放大电路：保证电路能够有从起振到动态平衡的过程，使电路获得一定幅值的输出量，实现能量的控制。

选频网络：确定电路的振荡频率，使电路产生单一频率的振荡，即保证电路产生正弦波振荡。

正反馈网络：引入正反馈满足相位关系，使放大电路能够维持振荡状态。

稳幅环节：也就是非线性环节，作用是使输出信号幅值稳定。

在实际电路中，选频网络和正反馈网络常常“合二为一”，对于分立元件组成的放大电路，依靠三极管特性的非线性来起到稳幅作用，不再另加稳幅环节。

正弦波振荡电路常用选频网络所用元件来命名，分为 RC 正弦波振荡电路、LC 正弦波振荡电路和石英晶体正弦波振荡电路 3 种类型。RC 正弦波振荡电路的振荡频率较低，一般在 1MHz 以下；LC 正弦波振荡电路的振荡频率多在 1MHz 以上；石英晶体正弦波振荡电路也可等效为 LC 正弦波振荡电路，其特点是振荡频率非常稳定。

2. 判断电路是否可能产生正弦波振荡的方法和步骤

① 观察电路是否包含了放大电路、选频网络、正反馈网络和稳幅环节 4 个组成部分。

② 判断放大电路是否能够正常工作，即是否有合适的静态工作点以及动态信号是否能够输入、输出和放大。

③ 利用瞬时极性法判断电路是否满足正弦波振荡的相位条件（正反馈）。

④ 判断电路是否满足正弦波振荡起振条件。具体方法是分别求解电路的 A_u 和 F_u，然后判断 $|A_uF_u|$ 的乘积是否大于 1。

知识点五　正弦波振荡器常见的电路形式

1. LC 振荡器

（1）LC 并联谐振回路

由电感 L 与电容 C 组成的并联谐振电路，是电子线路中常用的选频网络。电路形式如图 8-14 所示，其中电阻 R 是电感 L 的等效直流电阻。

① 谐振频率 f_0：$f_0=\dfrac{1}{2\pi\sqrt{LC}}$。

② 谐振阻抗 Z_0：$Z_0=\dfrac{L}{rC}$。

③ 回路品质因数 Q：$Q=\dfrac{\omega_0 L}{r}=\dfrac{1}{r\omega_0 C}=\dfrac{1}{r}\sqrt{L/C}$。

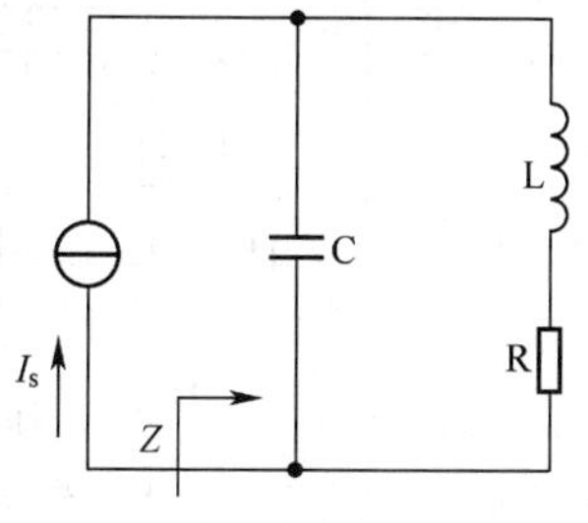

图 8-14　LC 并联谐振电路

④ 频率特性：如图 8-15 所示。

（2）变压器反馈振荡器

变压器反馈振荡器的电路形式如图 8-16 所示。

以三极管 VT 为核心组成了基本放大器，对振荡信号放大，保证振荡的振幅条件。

变压器的 N_1 绕组与电容 C 组成了 LC 并联谐振电路，构成了选频网络，满足其振荡频率的电磁信号被选择放大，其他频率的信号被衰减。

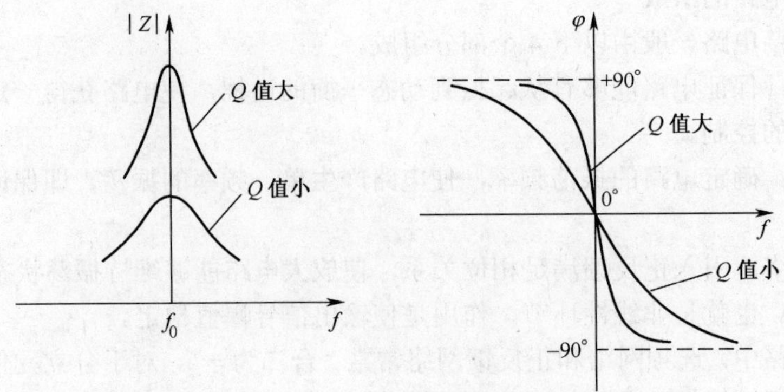

图 8-15 LC 并联谐振的频率特性

变压器的 N_2 绕组与电容 C_1 组成了正反馈网络，由电路可以分析，利用变压器绕组的同名端，可以保证反馈信号的极性满足正反馈的要求。

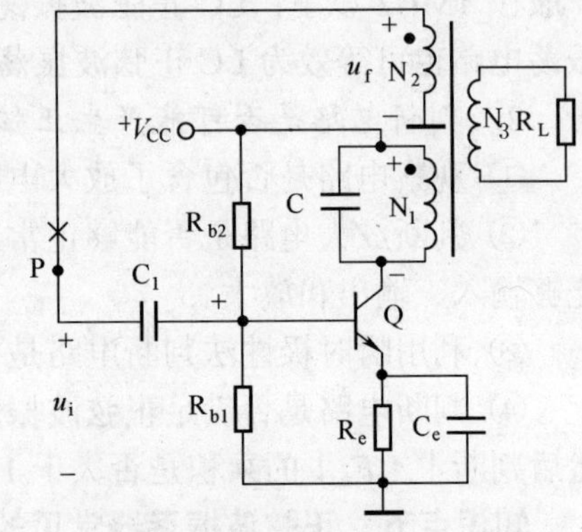

图 8-16 变压器反馈振荡器电路

本电路中没有采用独立的限幅电路，而是利用了三极管自身的非线性特点实现了稳幅作用，振荡信号由变压器的 N_3 绕组输出。

（3）三点式振荡电路

在 LC 振荡电路中经常用到三点式振荡电路，三点式振荡电路是指三极管的 3 个极（对于交流信号）分别与 LC 谐振回路的 3 个端点直接相接的振荡电路。根据元器件的选择方式不同，分为电感三点式振荡电路和电容三点式振荡电路两种形式，它们的基本电路形式如图 8-17 所示，实际应用中还有不同的变形改进电路形式。

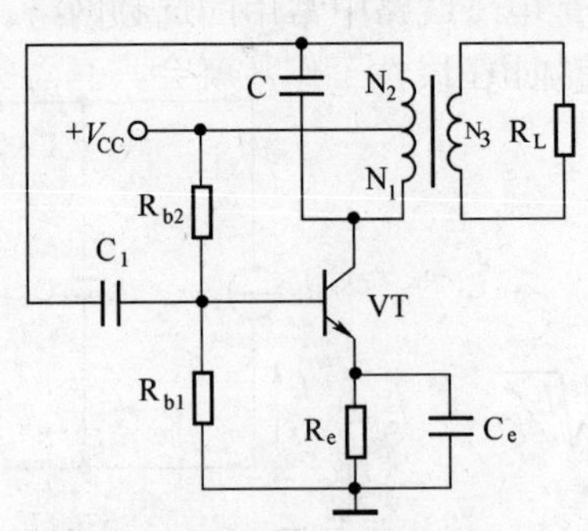

（a）电感三点式振荡电路

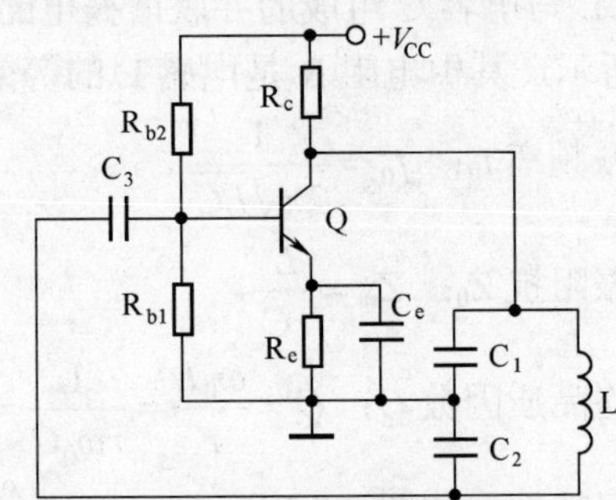

（b）电容三点式振荡电路

图 8-17 三点式振荡电路

判断三点式振荡电路的相位关系是否满足相位平衡条件的方法可概括为“射同基（集）反”，即与射极相连的两个电抗元件的性质相同（同为感性元件可为容性元件），与基极（或集电极）相连的两个元件的性质要相反。

2. RC 振荡电路

常用 LC 振荡电路产生的正弦波频率较高，若要产生频率较低的正弦振荡，势必要求振荡回路要有较大的电感和电容，这样不但元件体积大、笨重、安装不便，而且制造困难、成本高。因此，200kHz 以下的正弦振荡电路一般采用振荡频率较低的 RC 振荡电路。常用的 RC 振荡电路有相移式和桥式两种。

（1）RC 移相式振荡器

RC 移相式振荡器的基本电路形式如图 8-18 所示。电路中以三极管 VT 为核心组成了分压式基本电路，而由 R_c、C_1，R_1、C_2，R_2、C_3 组成了三节 RC 移相网络，其中 $R_1=R_2=R_c$，$C_1=C_2=C_3$，每节 RC 网络最大可以移相 90°，利用三节 RC 网络可以保证对于某一频率的信号可以移相 180°，再加上三极管放大电路的倒相作用，总的相移为 360°，从而达到振荡电路的相位条件。

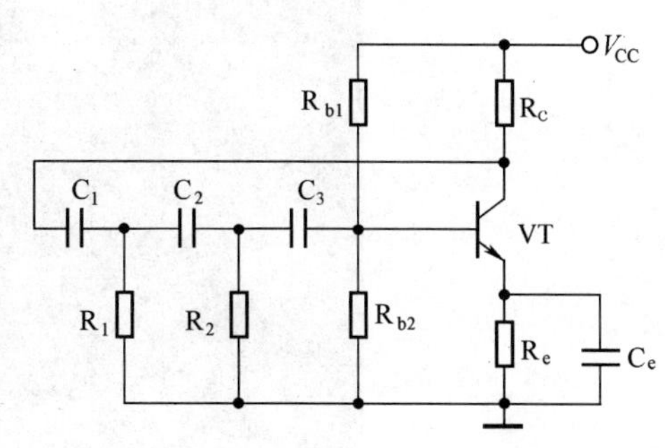

图 8-18　RC 移相式振荡电路

其振荡频率为

$$f_0 = \frac{1}{2\pi\sqrt{6}RC}$$

（2）RC 文氏电桥振荡电路

图 8-19 所示是文氏电桥振荡电路，其中利用集成运放构成了基本放大电路，两个电阻 R 与两个电容 C 分别组成一个串联 RC 网络和一个并联 RC 网络，再共同组成了 RC 桥式电路，作为选频网络和正反馈网络。

当信号的频率$\omega=\omega_0=1/RC$ 时，F_u 可以达到最大值，并等于 1/3，且相位角$\varphi_F=0°$。

在负反馈支路上采用具有负温度系数的热敏电阻，如图 8-19（a）中的 R_t 所示。起振后，振荡电压振幅逐渐增大，加在 R_t 上的平均功率增加，温度升高，使 R_t 阻值减小，负反馈加深，放大器增益迅速下降。这样，放大器在线性工作区就会具有随振幅增加而增益下降的特性，满足振幅平衡和稳定条件。可见，文氏电桥振荡器是依靠外加热敏电阻形成可变负反馈来实现振幅平衡和稳定的，这种方法称为外稳幅。

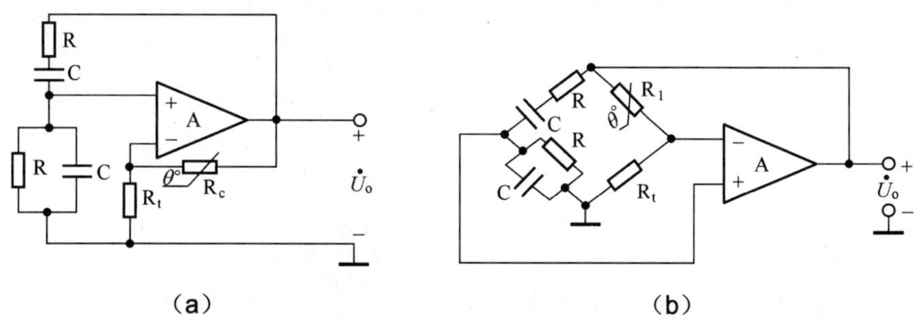

图 8-19　文氏电桥振荡电路

3. 石英晶体振荡器

（1）石英晶体的基本特点

从一块石英晶体上按一定方位角切下薄片（简称为晶片，它可以是正方形、矩形或圆形等），在它的两个对应面上涂敷银层作为电极，在每个电极上各焊一根引线接到引脚上，再加上封装外壳就构成了石英晶体谐振器，简称为石英晶体或晶体、晶振。其产品一般用金属外壳封装，也有用玻璃壳、陶瓷或塑料封装的。常见的晶振形式如图 8-20 所示。

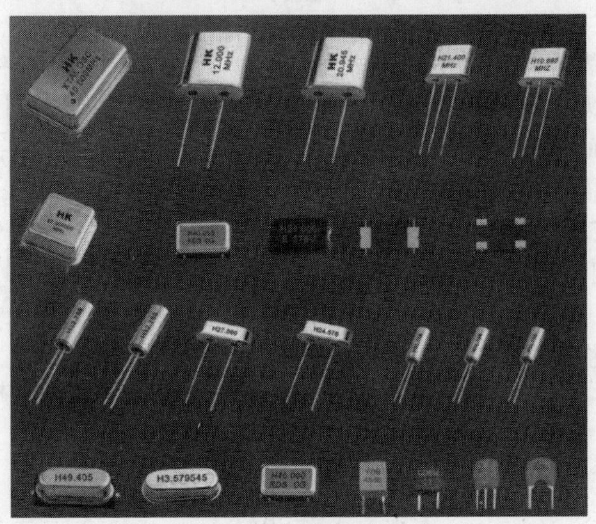

图 8-20　晶振的外观

压电效应：若在石英晶体的两个电极上加一电场，晶片就会产生机械变形；反之，若在晶片的两侧施加机械压力，则在晶片相应的方向上将产生电场，这种物理现象称为压电效应。

压电谐振：如果在晶片的两极上加交变电压，晶片就会产生机械振动，同时晶片的机械振动又会产生交变电场。一般情况下，晶片机械振动的振幅和交变电场的振幅非常微小，但当外加交变电压的频率为某一特定值时，振幅明显加大，比其他频率下的振幅大得多，这种现象称为压电谐振，它与 LC 回路的谐振现象十分相似。它的谐振频率与晶片的切割方式、几何形状、尺寸等有关。

石英晶体谐振器的等效电路如图 8-21 所示，它有两个谐振频率。

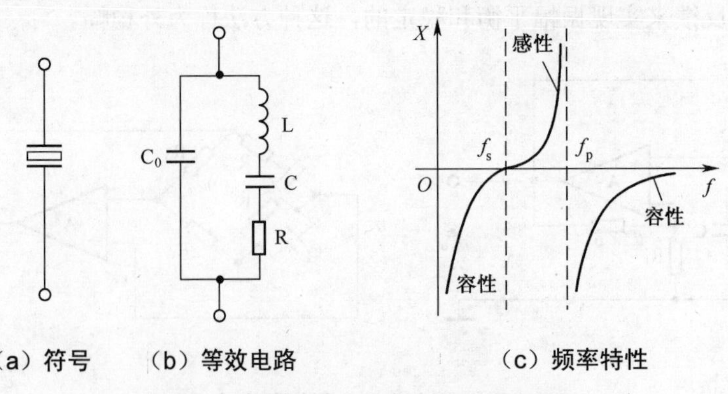

图 8-21　晶振符号、等效电路及频率特性

① 当L、C、R 支路发生串联谐振时，它的等效阻抗最小（等于 R）。串联揩振频率用“f_s”表示，石英晶体对于串联揩振频率 f_s 呈纯阻性，谐振频率为

$$f_s = \frac{1}{2\pi\sqrt{LC}}$$

② 当频率高于 f_s 时，L、C、R 支路呈感性，可与电容 C_0 发生并联谐振，其并联频率用“f_p”表示，并联谐振频率为

$$f_p = f_s\sqrt{1+\frac{C}{C_0}}$$

根据石英晶体的等效电路，可定性地画出它的电抗—频率特性曲线，如图 8-21（c）所示。可见，当频率低于串联谐振频率 f_s 或者频率高于并联谐振频率 f_p 时，石英晶体呈容性。仅在 $f_s < f < f_p$ 极窄的范围内，石英晶体呈感性。

（2）石英晶体振荡电路形式

① 串联型石英晶体振荡器：当石英晶体发生串联谐振，即 $f=f_s$ 时，呈纯阻性，相移为零。此时若把石英晶体作为放大电路的反馈网络，并起选频作用，只要满足相位条件就构成了串联型石英晶体振荡器，如图 8-22 所示。

② 并联型石英晶体振荡器：利用石英晶体在频率 f_s 和 f_p 之间呈感性特点，与外接电容器可构成并联晶体振荡器，又称电容三点式振荡器，如图 8-23 所示。由于 f_s 和 f_p 非常接近，故其振荡器频率高度稳定。

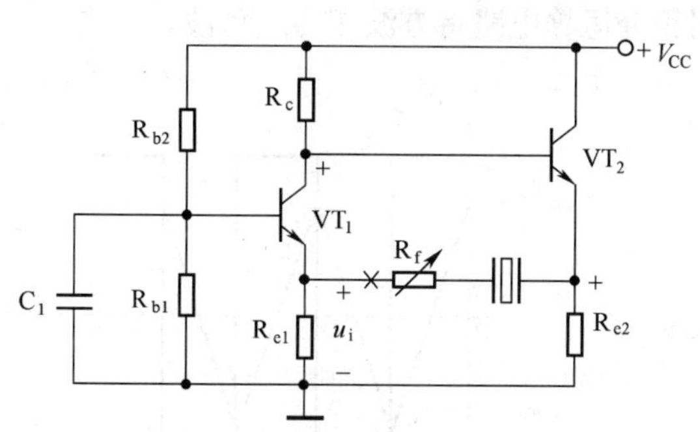

图 8-22 串联型石英晶体振荡器

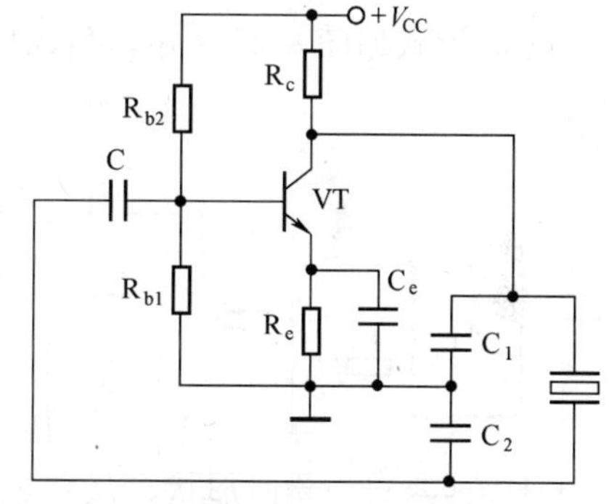

图 8-23 并联式晶体振荡电路形式

知识点六 非正弦波振荡器常见电路形式

在模拟电路中常常用到正弦信号，而数字电路中常用到方波、三角波等非正弦波信号，它们的产生方法主要用到集成运放组成的非正弦波振荡器。常用的电路有以下两种。

1. 比较器式方波发生器

比较器式方波发生器是一种常用的非正弦波发生器，如图 8-24 所示。

比较器式方波发生器的工作原理如下。

① 电容初始电压为零，设电源接通瞬间电压比较器输出高电平$+U_Z$（第一暂态），电压比较器同相输入端的电位为 $u_+ = \frac{R_1}{R_1+R_f}U_Z$，此时 u_O 通过电阻 R 向电容 C 充电，电容电压 u_C 按时间常数 $\tau=RC$ 的指数规律上升。

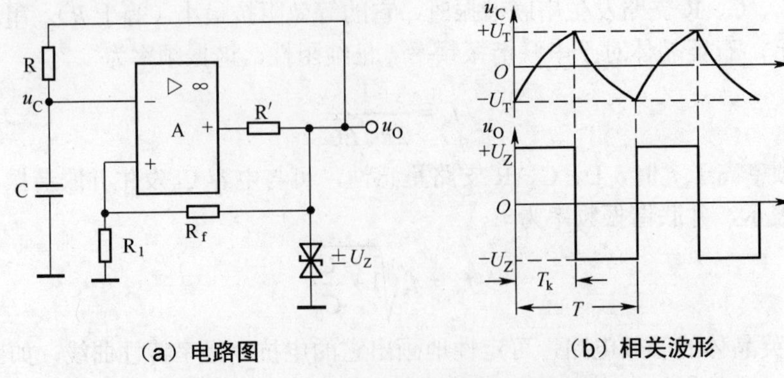

（a）电路图　　　　（b）相关波形

图 8-24　方波发生器电路图及相关波形

② 当 u_C 上升到 $u_C \geqslant u_+$ 时，比较器翻转，输出低电平 $-U_Z$（第二暂态），电压比较器同相输入端电位变为 $u_+ = -\dfrac{R_1}{R_1 + R_f}U_Z$，此时电容按时间常数 $\tau=RC$ 规律放电，u_C 下降，当 u_C 下降到 u_+ 时，比较器又一次改变状态，输出电压跳变为高电平 $+U_Z$。

周期 T 为

$$T = RC\ln\left(1 + \frac{2R_1}{R_f}\right)$$

2. 三角波发生器

电路形式如图 8-25 所示，电路中利用积分运算电路将方波变为三角波。

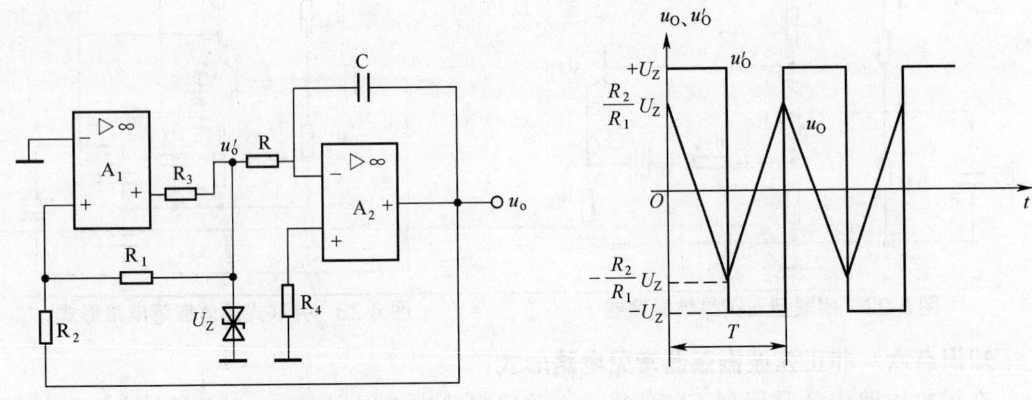

（a）电路图　　　　（b）相关波形

图 8-25　三角波发生器电路图和相关波形

项目学习评价

一、思考练习题

1. 晶闸管分为哪两大类？它们的符号各是什么？有什么区别？

2．说说晶闸管与三极管在控制原理上的不同点。

3．如何检测晶闸管的好坏？

4．反馈电路对放大器性能有什么影响？

5．如何判断反馈的极性和类型？

6．集成运算放大器有什么特点？

7．振荡电路要具备哪些环节和必备条件？

8．常用的非正弦波振荡器的电路有哪些？它们是如何工作的？

二、自我评价、小组互评及教师评价

评价方面	项目评价内容	分值	自我评价	小组互评	教师评价	得分
理论知识	① 正确判断电路中反馈电路的类型	10				
	② 正确认识集成运算放大器的工作特点	10				
	③ 能找到振荡电路中的定时元件和反馈电路	10				
	④ 理解非正弦波振荡器的工作原理	10				
实操技能	① 能准确判断晶闸管的电极并能检测其性能	10				
	② 能正确识读迷你闪光彩灯电路原理图，并正确焊接电路	20				
	③ 正确调试电路，保证功能正常	20				
学习态度	① 严肃认真的学习态度	5				
	② 严谨条理的工作态度	5				
安全文明生产	文明拆装，实习后清理实习现场，保证不漏装元器件和螺丝					

三、个人学习总结

成功之处	
不足之处	
改进方法	

项目九　声光控电子开关的制作

项目情境创设

数字电路的应用改变了我们的生活，本项目我们通过组装生活中经常碰到的声光控电子开关来学习简单的数字电路知识。

项目学习目标

学习目标		学习方式	学　时
知识目标	① 掌握数字电路的基本门电路和逻辑电路知识 ② 掌握组合逻辑电路 ③ 掌握触发器及时序逻辑电路的基本结构	实验	6
技能目标	① 能读懂声光控电子开关的电路原理图和装配图 ② 能根据原理图和 PCB 图进行安装、焊接相应的元器件 ③ 会调试和检修声光控电子开关	讲授	12

项目基本功

一、项目基本技能

任务一　声光控电子开关识图

声光控电子开关是一种集声、光、定时于一体的，既节电又方便的自控开关，一般安装在住宅楼和办公楼楼道、走廊、仓库、地下室、厕所等公共场所。白天光线充足时，无论多大的声音干扰也不能开灯；晚上光线变暗后，当有人走动时，发出的脚步声、咳嗽声等可以自动打开开关点亮灯泡，延时一段时间后自动熄灭。

1. 声光控电子开关原理图和 PCB 图

（1）声光控电子开关原理图（如图 9-1 所示）

（2）声光控电子开关 PCB 图（如图 9-2 所示）

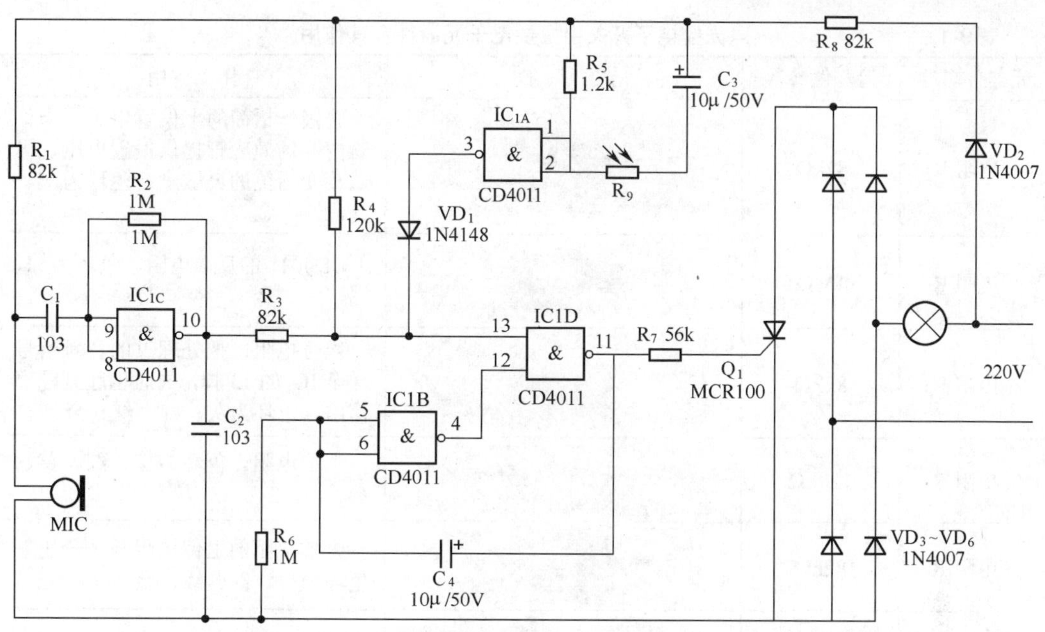

图 9-1 声光控电子开关原理图

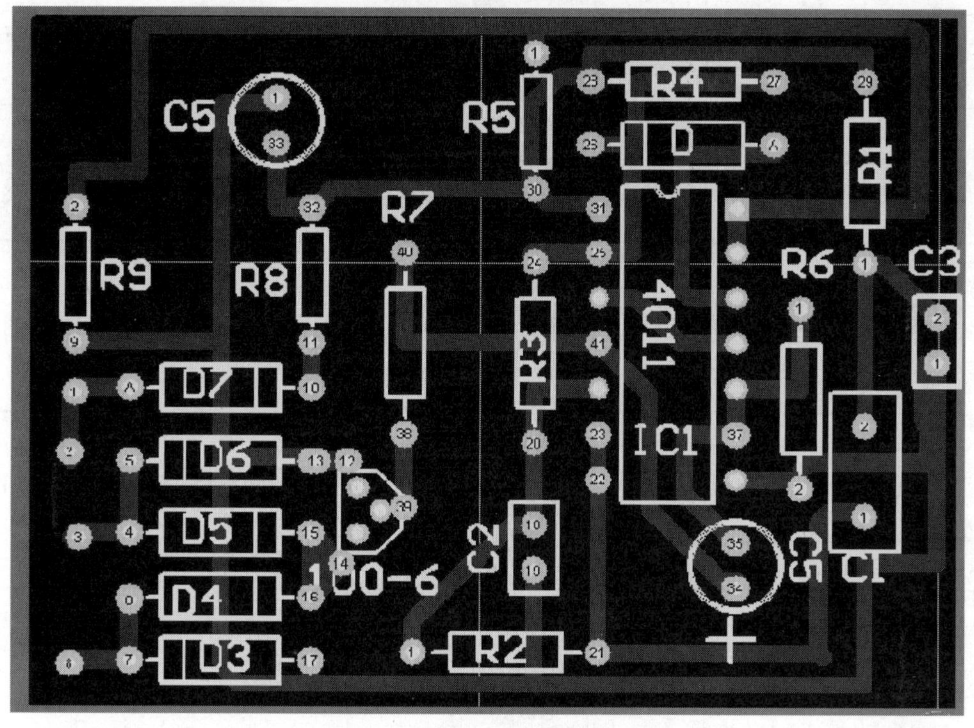

图 9-2 声光控电子开关 PCB 图

2. 认识声光控电子开关中的电子元器件

声光控电子开关中主要的电子元器件及其作用如表 9-1 所示。

表 9-1　声光控电子开关中主要电子元器件及其作用

元器件名称	元器件参数	图　形	作　用
电阻 R_1	82kΩ	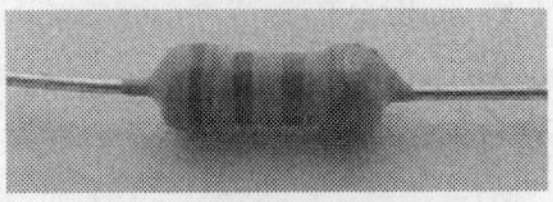	驻极体话筒的上偏置电阻，为话筒内的场效应管提供偏置电压，可以改变话筒的灵敏度。色环为灰、红、红、金
电阻 R_2	1MΩ		CD4011 的反馈电阻。色环为棕、黑、绿、金
电阻 R_3	82kΩ		耦合电阻，把处理过的音频信号送至 IC_1 的 13 脚，同时也起到隔离作用。色环为灰、红、红、金
电阻 R_4	120kΩ		上拉电阻。色环为棕、红、黄、金
电阻 R_5	82kΩ	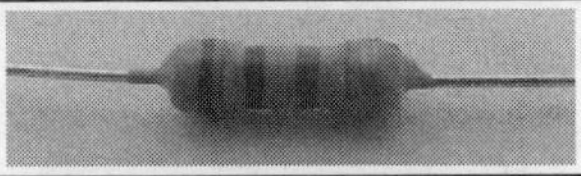	光敏电阻的上偏电阻与之分压。色环为棕、红、红、金
电阻 R_6	5.1MΩ		灯亮后延时熄灭的定时电阻。色环为绿、棕、绿、金
电阻 R_7	56kΩ	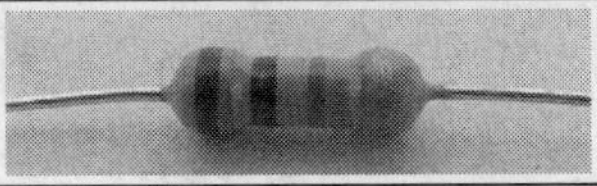	耦合隔离电阻，是触发器的组成元件。色环为绿、蓝、橙、金
电阻 R_8	82kΩ		降压限流电阻，用于将 220V 交流电半波整流后的直流电压降压为低压，供控制电路用。色环为绿、蓝、红、金
光敏电阻 R_9	680kΩ		利用半导体的光电特性，将光线的明暗变化转换为其电阻大小的变化
电容 C_1	103 0.01μF 无极性电容		耦合电容，将光电信号耦合进 IC_1 中
电容 C_2	103 0.01μF 无极性电容		高频滤波电容
电容 C_3	10μF/50V		滤波电容，对半波整流的脉动直流电压滤除交流成分

续表

元器件名称	元器件参数	图　形	作　用
电容 C_4	10μF/50V		延时电路的定时电容，与电阻 R_6 决定了灯光点亮时间
二极管 VD_1	1N4148		
二极管 VD_2～VD_6	1N4007		整流二极管，VD_2 构成半波整流电路，为控制电路供电。 VD_3～VD_6 构成桥式整流电路，为晶闸管 VS 供电
驻极体话筒 MIC	MIC		将声音信号转换为电信号
集成电路 IC_1	CD4011		内含 4 个与非门电路
晶闸管 VS	MCR100		用于控制电路的通断，控制灯泡是否通断

3. 电路工作原理

白天光线射到光敏电阻 R_9 上时，其阻值变得很小，使与非门 IC_{1A} 输入端的 1、2 脚为低电平，输出被锁定为高电平，经二极管 VD_1 送至 IC_{1D} 的 13 脚，使 13 脚钳位为高电平，封锁了声音通道，此时输出为低电平，晶闸管 VS 不导通，即灯泡亮灭不受声音控制。

夜间，光敏电阻 R_9 因无光线照射而呈高电阻，使与非门 IC_{1A} 的输入端 1 脚变成高电平，3 脚输出低电平，由于二极管 VD_1 的存在，使 IC_{1D} 的 13 脚电压与之无关，这为声音通道开通创造了条件。没有声音信号时，话筒没有输出，与非门 IC_{1C} 的 8、9 脚输入为低电平，10 脚输出高电平，经电阻 R_3 送至 IC_{1D} 的 13 脚，此时 IC_{1D} 输出为低电平，晶闸管 VS 不导通，即灯泡不亮。当楼梯有人走动或有人谈话时，话筒 MIC 拾取了声音信号，输出电平升高，IC_{1C} 反相后变为低电平，经电阻 R_3 送至 IC_{1D} 的 13 脚，此时 IC_{1D} 输出为高电平，触发晶闸管 VS 导通，即灯泡点亮。IC_{1D} 的 11 脚高电平对电容 C_4、R_6 充电，当电容充满电后，IC_{1B} 的 5、6 脚电压变为低电平，经 IC_{1B} 反相后送至 IC_{1D} 的 12

脚，也为高电平，此时声音脉冲已经过去，13 脚又变为高电平，二者共同作用，使输出端 11 脚变为低电平，不再触发晶闸管 VS，晶闸管 VS 关闭，灯泡自动熄灭。

该电路的延迟时间（即灯每次点亮的时间）主要由电阻 R_5 与电容 C_2 的放电时间常数决定，改变 R_5 或 C_2 的数值，可以调整电路的延迟时间。

任务二　主要元器件的识别及检测

1. 驻极体话筒的识别及检测

（1）驻极体话筒的识别

驻极体话筒体积小、结构简单、电声性能好、价格低廉，广泛应用于各种声电转换电器中。驻极体话筒外壳内设置了一个场效应管作为阻抗转换器，为此在工作时需要直流工作电压的支持，使用时要分清极性，如图 9-3 所示。

（2）驻极体话筒灵敏度检测

将万用表拨至 R×100 挡，两表笔分别接话筒两电极（注意不能错接到话筒的接地极），待万用表显示一定读数后，用嘴对准话筒轻轻吹气（吹气要慢而均匀），边吹气边观察表针的摆动幅度。吹气瞬间表针摆动幅度越大，话筒灵敏度就越高，送话、录音效果就越好。若摆动幅度不大（微动）或根本不摆动，说明此话筒性能差，不宜应用。

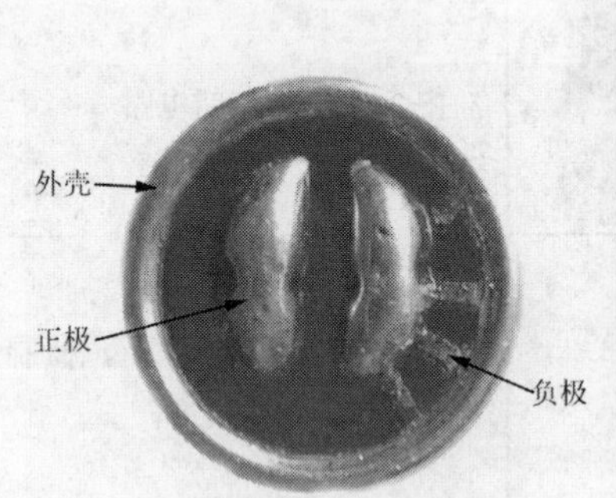

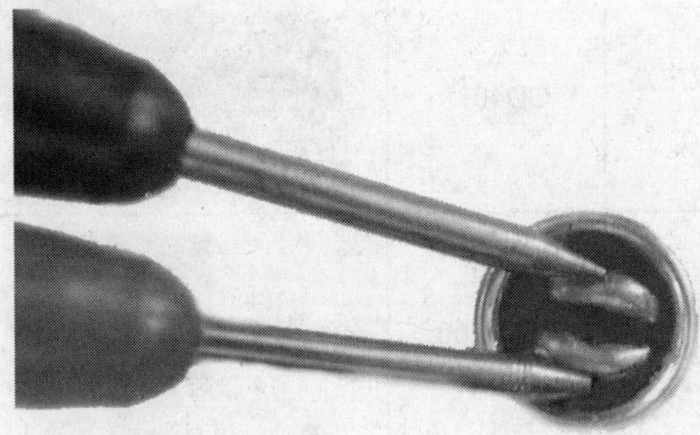

图 9-3　驻极体话筒的识别及检测

2. 光敏电阻的识别及检测

（1）光敏电阻的识别

光敏电阻是利用金属的硫化物、硒化物和碲化物等半导体的光电效应制成的一种电阻值随入射光的强弱而改变的电阻器。其表面蛇形状的部分就是用于感光的光电材料，如图 9-4 所示，使用时该面朝向光源。

（2）光敏电阻的检测

① 将万用表拨置 R×100k 挡或 R×1k 挡，用万用表两表笔分别碰触两电极，并将感光面朝向光源，此时阻值应该很小，约为 5kΩ，该阻值越小说明光敏电阻性能越好。若此值很大甚至无穷大，表明光敏电阻内部开路损坏，不能继续使用。

② 用一黑纸片将光敏电阻的感光面遮住，再用万用表测量电阻值，阻值应接近无穷大。此值越大说明光敏电阻性能越好。若此值很小或接近零，说明光敏电阻已烧穿损坏，不能继续使用。

电极
光敏材料
（a）

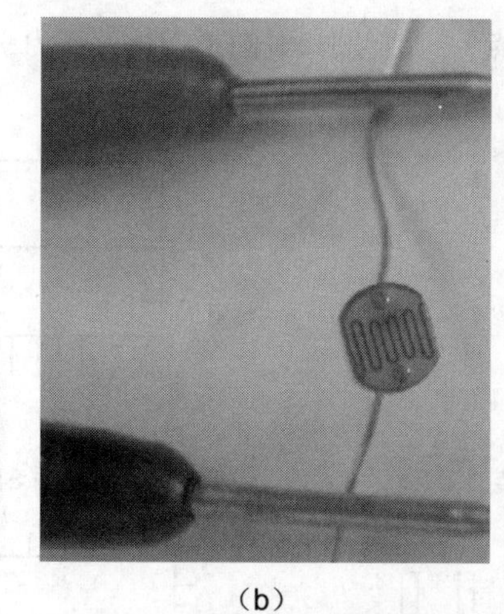
（b）

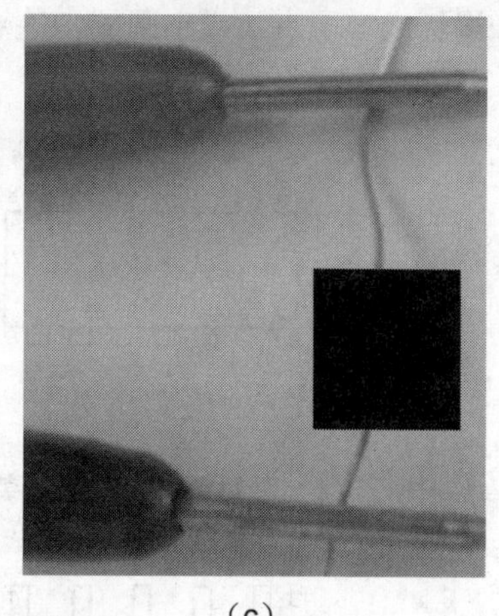
（c）

图 9-4　光敏电阻的识别及检测

③ 将光敏电阻透光窗口对准入射光线，用小黑纸片在光敏电阻的遮光窗上部晃动，使其间断受光，此时万用表指针应随黑纸片的晃动而左右摆动。如果万用表指针始终停在某一位置不随纸片晃动而摆动，说明光敏电阻的光敏特性不良，也不能使用。

3. 集成电路 CD4011 的识别及检测

（1）认识集成电路

集成电路是采用半导体制作工艺，在一块较小的单晶硅片上制作许多晶体管及电阻器、电容器等元器件，并按照多层布线或隧道布线的方法将元器件组合成完整的电子电路。它能使整个电路的体积大大缩小，且引出线和焊接点的数目也大为减少，从而使电子元件向着微小型化、低功耗和高可靠性方面迈进了一大步，它在电路中用字母“IC”（也有用“N”等）表示。集成电路按其功能、结构的不同，可以分为模拟集成电路和数字集成电路两大类；按集成度高低的不同，可分为小规模、中规模、大规模和超大规模。

集成电路按外形可分为圆形（金属外壳晶体管封装型，一般适合用于大功率）、扁平型（稳定性好、体积小）和双列直插型。

集成电路的常见封装方式如图 9-5 所示。

（a）双列直插式 DIP 封装

（b）单列直插 SIP 封装

（c）四侧引脚扁平 QFP 封装

（d）双侧引脚扁平 DFP 封装

图 9-5　集成电路的常见封装方式

（2）集成电路引脚识别

集成电路的外壳上都有供识别引脚排序定位（或称第 1 脚）的标记，一般在器件正面的一端标上小圆点（或小圆圈、色点）、弧形凹口、圆形凹坑，作为引脚定位标记，如图 9-6 所示。

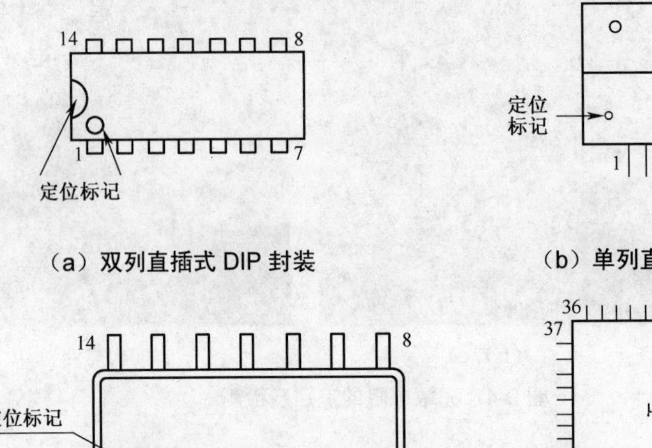

（a）双列直插式 DIP 封装　（b）单列直插 SIP 封装

（c）双侧引脚扁平 DFP 封装　（d）四侧引脚扁平 QFP 封装

图 9-6　常见集成电路引脚识别方法

识别数字 IC 引脚的方法是：将 IC 正面的字母、代号对着自己，使定位标记朝左下方，则处于最左下方的引脚是第 1 脚，再按逆时针方向依次数引脚，便是第 2 脚、第 3 脚等，如图 9-6 所示。

（3）CD4011 的检测

① CD4011 的功能。CD4011 是 4 个与非门集成电路，内部有 4 个 2 端输入的与非门电路，其内部方框图如图 9-7 所示。

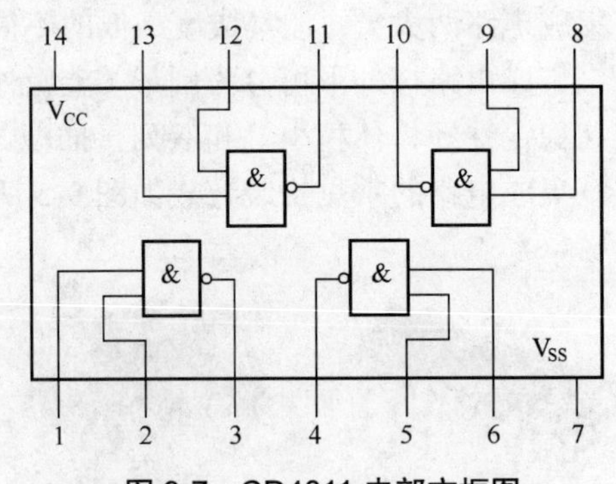

图 9-7　CD4011 内部方框图

② CD4011 的检测。用万用表电阻挡测量正电源（14）脚与负电源（7）脚之间的正、反向直流电阻，因为内部并接了一只二极管，所以具有单向导电性特点，一次电阻值大，一次电阻值小。

分别对 4 个与非门单独测量，两个输入引脚间电阻为无穷大，输入引脚与输出引脚之间也具有单向导电性的特点，一次电阻值大，一次电阻值小，否则说明集成电路已损坏。

任务三　声光控电子开关的安装与调试

1．声光控电子开关的安装

（1）检测声光控电子开关各元器件及部件

① 检查电路板是否有破裂现象，检查覆铜是否有开裂现象。

② 检查套件的外壳是否有破损现象。

③ 用万用表分别检查元器件是否损坏。

（2）焊接声光控电子开关的元器件

① 安装电阻、二极管，采用卧式安装方式，光敏电阻先不要安装。

② 安装电容，要注意电解电容 C_3、C_4 的极性。

③ 安装集成电路 CD4011，焊接时注意引脚顺序，方向不要装反。焊接时间要快。

④ 接着安装晶闸管 VS，注意不要将引脚焊错。

⑤ 利用电阻器剪下的引脚，先给驻极体话筒焊接上两个引脚，再将话筒焊到电路板上，要注意极性，同时注意话筒要装到外壳上的安装位上，以便于接收外界触发声音，提高灵敏度。

⑥ 把光敏电阻插在电路板上，调整好高度再焊接，保证光敏电阻能露出外壳上的感光窗，便于感受环境的光线变化，如图 9-8 所示。

图 9-8　电路板的安装

⑦ 组装灯头部分，并焊接上引线，注意不要让灯头的电极短路，如图 9-9 所示。

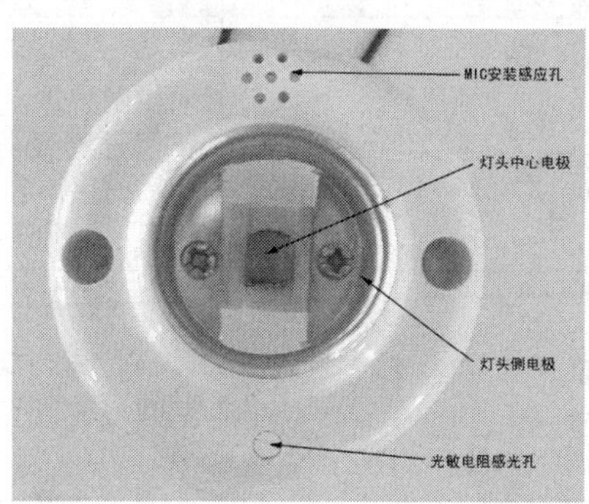

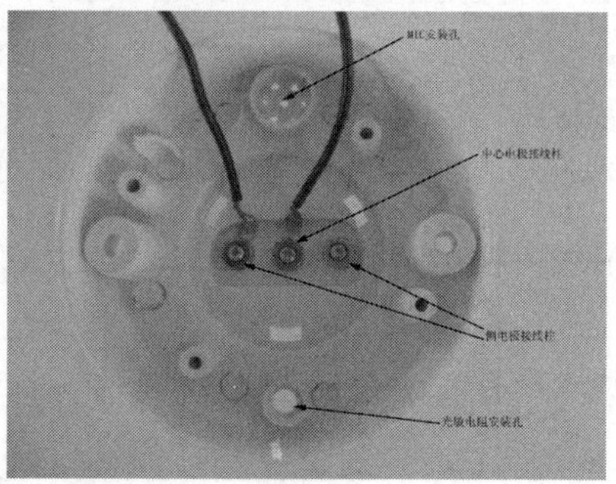

图 9-9　灯头的组装

2. 声光控电子开关的调试

（1）通电前检查

① 直观检查电路板上的元器件是否焊接错误，以及焊点是否有连焊、虚焊现象，并

加以修整。

② 用万用表电阻挡分别检测交流输入端、电容 C_3 两端是有短路现象，并找到故障点加以修整。

③ 用万用表检查晶闸管的阳极与阴极之间的电阻值，判断输出是否有短路现象。

（2）通电试验

确定元器件焊接无误、焊点无短路故障后，将光敏电阻完全遮盖或暂时去掉，通电试验。通电一瞬间，灯泡会闪亮一下，然后就应该熄灭。拍手后，灯点亮一段时间后熄灭，等待下一次的触发。

能正常点亮后，去掉光敏电阻上的遮挡物，再通电试验，此时应该无论怎么拍手灯泡也不会点亮。

（3）调试声光控电子开关

① 调整延时亮灯时间。可以调整延时定时电容 C_4 的容量，根据需要更换相应容量的电容。另外，可以将电阻 R_6 更换相应的阻值调整延时时间。

② 调整声音灵敏度。将驻极体话筒的供电电阻 R_1 用电位器代替，调整电位器使灵敏度达到要求。将电位器焊下来，用万用表测量其阻值，用等值的电阻代替换上即可。

③ 调整光照灵敏度。将光敏电阻的上偏电阻 R_5 用电位器代替，调整电位器使光照灵敏度达到要求。将电位器焊下来，用万用表测量其阻值，用等值的电阻代替换上即可。

二、项目基本知识

知识点一　数字电路基本知识与基本门电路

1. 数字信号与数字电路

（1）模拟信号与数字信号

电子线路中的电信号可以分为模拟信号和数字信号两大类，其比较见表 9-2。

表 9-2　模拟信号与数字信号

名　称	定　义	典型信号波形	举　例
模拟信号	凡在数值上和时间上都是连续变化的信号	u, O, t	如随声音、温度、图像等物理量作连续变化的电压和电流
数字信号	凡在数值上和时间上不连续变化的信号	u, 1, O, t	只有高、低电平跳变的矩形脉冲信号

（2）数字电路的特点

① 数字电路的工作信号是不连续变化的数字信号，所以数字电路中的三极管多工作于开关状态，放大状态仅是极短的过渡过程。

② 由于数字电路的研究对象是电路输入与输出之间的逻辑关系，因而不能采用模拟

电路的分析方法。分析数字电路的工具是逻辑代数，表达电路的功能主要用真值表，逻辑函数表达式和波形图。

③ 在数字电路中研究的仅是“1”和“0”表示的两种不同状态，所以数字电路的基本单元简单，易于集成化和系列化，电路的抗干扰能力强，使用方便。

2. 数制及其转换

（1）数制

数制就是数的进位制。常见的数制及特点见表 9-3。

表 9-3 数制及特点

名　称	特　点	基本数码	说　明
十进制数	逢十进一	0、1、2、3、4、5、6、7、8、9	同一个数码在不同的位置上表示的数值是不同的
二进制数	逢二进一	0、1	
八进制数	逢八进一	0、1、2、3、4、5、6、7	
十六进制数	逢十六进一	0、1、2、3、4、5、6、7、8、9、A、B、C、D、E、F	

任何一个二进制数可以写成 $S=a_{n-1}\times2^{n-1}+a_{n-2}\times2^{n-2}+\cdots+a_1\times2^1+a_0\times2^0$，其中 2^{n-1}、2^{n-2}、…、2^1、2^0 是各位的“位权”，a_{n-1}、a_{n-2}、…、a_1、a_0 是各个数的数码，由具体数字来决定。例如，$1101=1\times2^{4-1}+1\times2^{3-1}+0\times2^{2-1}+1\times2^{1-1}$。

八进制和十六进制与十进制的关系，和二进制与十进制的关系相类似，所不同的是“逢八进一”或“逢十六进一”，这里不再研究。

（2）二进制和十进制的互化

① 二进制数化为十进制数

把二进制数按权展开，然后把所有各项的数值按十进制数相加即可得到等值的十进制数值，即“乘权相加”法。例如，将二进制数 1101 化为十进制数，即

$$(1101)_2=(1\times2^3+1\times2^2+0\times2^1+1\times2^0)_{10}=(2^3+2^2+0+1)_{10}=(13)_{10}$$

② 十进制数化为二进制数

把十进制数逐次地用 2 除，并记下余数，一直除到商为零，然后把全部余数按相反的次序排列起来，就是等值的二进制数，即“除 2 取余倒记”法。例如，把十进制数 97 化为二进制数，即

除数	被除数		余数		读数方向
2	97	……	余 1 →	a_0	↑ 读数方向
2	48	……	余 0 →	a_1	
2	24	……	余 0 →	a_2	
2	12	……	余 0 →	a_3	
2	6	……	余 0 →	a_4	
2	3	……	余 1 →	a_5	
2	1	……	余 0 →	a_6	
	0				

所以，$(97)_{10}=a_6a_5a_4a_3a_2a_1a_0=(1100001)_2$。

3. 晶体管的开关特性

（1）二极管的开关特性

利用二极管的单向导电性，可以把它作为开关使用。当给二极管加正向电压时，二极管导通，二极管的导通压降很小（硅管约为 0.7V，锗管约为 0.3V），可视为开关的闭合。当二极管加反向电压时，二极管截止，相当于开关的断开。二极管的开关特性应用见图 9-10。

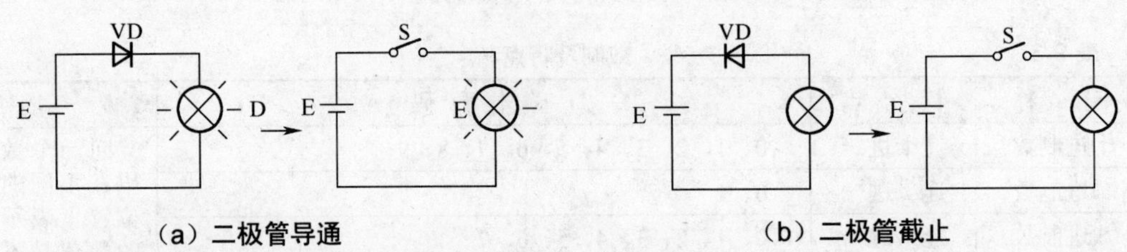

（a）二极管导通　　（b）二极管截止

图 9-10　二极管的开关特性

（2）二极管限幅电路

二极管限幅电路又叫削波电路，削波的含义就是将输入波形中不需要的部分去掉。限幅电路常由二极管和电阻构成。为了便于分析，我们把二极管当作理想开关。根据限幅二极管与负载的关系，可分为串联限幅和并联限幅，分别如图 9-11 和图 9-12 所示。

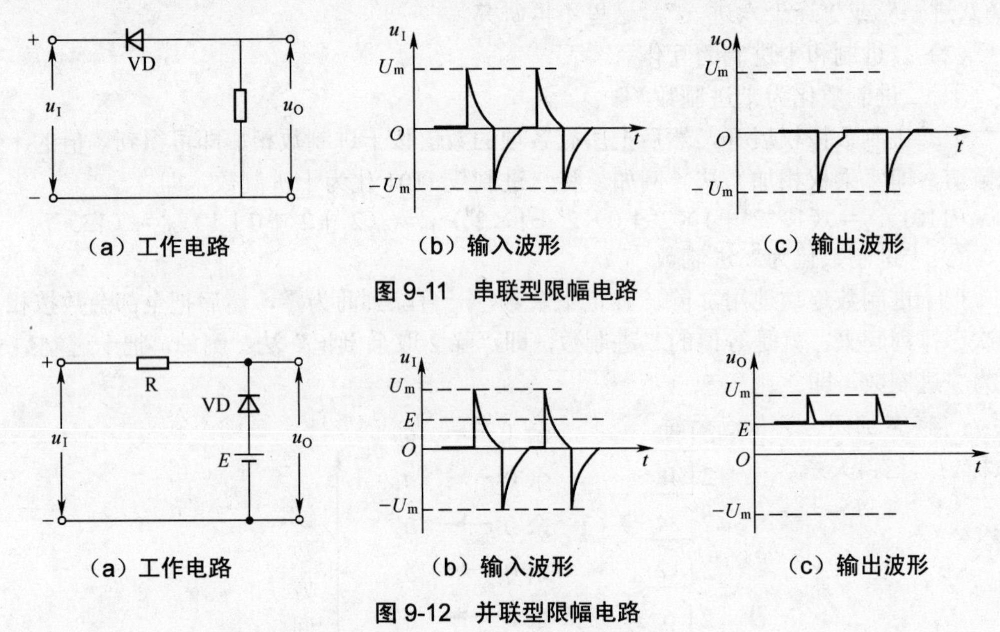

（a）工作电路　　（b）输入波形　　（c）输出波形

图 9-11　串联型限幅电路

（a）工作电路　　（b）输入波形　　（c）输出波形

图 9-12　并联型限幅电路

（3）晶体管反相器——三极管构成的基本开关电路

由三极管构成的反相器电路如图 9-13 所示。图中，V_{GB} 是使三极管可靠截止而设置的偏置电源，具有抗干扰作用。

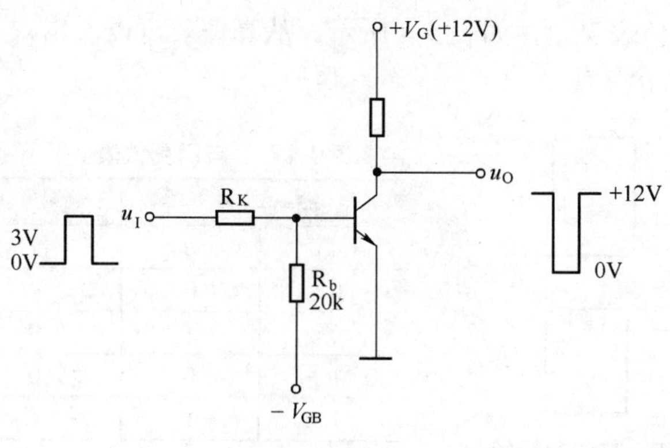

（a）工作原理图

（b）输入输出波形图

图 9-13　晶体管反相器

反相器的工作原理如下：当输入低电位时，三极管截止（相当于开关的断开），输出为高电位（+12V）；当输入为高电位时，三极管饱和（相当于开关的闭合），输出为低电位（理想状态时认为是 0V）。可见，输出信号与输入信号是反相的，即输入低电平，输出高电平；输入高电平，输出低电平，反相器因此而得名。

4. 认识逻辑门电路

逻辑门是指按照一定的逻辑关系打开或关闭的门。逻辑门电路是指具有多个输入端和一个输出端的开关电路，它是按照一定的规律而动作的。逻辑门电路是数字电路的基本单元。为了描述逻辑关系，通常用“0”和“1”来表示某一事物的两种对立状态，如电平的高和低、逻辑条件的满足和不满足。在逻辑电路中习惯上用“1”表示高电平（或满足条件），用“0”表示低电平（或不满足条件），这种表示方法称为正逻辑体制；反之，用“1”表示低电平，用“0”表示高电平，则称负逻辑体制。本书没有特别说明处均采用正逻辑体制。

（1）与门

① 与逻辑关系

与逻辑关系可用图 9-14 说明。串联电路中灯泡 Y 亮与开关 A、B 的关系是：开关全部闭合时灯泡亮，否则灯泡就不亮。也就是说，当决定某件事情（灯亮）的所有条件（开关 A、B 全部闭合）都满足时，这件事情（灯亮）才能发生，否则不发生，这种逻辑关系称为与逻辑关系。

与门电路有不同的电路形式，可以用二极管、三极管或场效应管等组成具体的电路。

② 与门逻辑符号和逻辑表达式

与门逻辑符号如图 9-15 所示，其输入端可以是两个也可以是 3 个或多个。

与逻辑表达式为 $Y=A\times B$（逻辑乘）或 $Y=A\cdot B=AB$。

③ 与门真值表

与门逻辑关系除了用逻辑函数表达式表示外，还可以用真值表表示。真值表是一种表明逻辑门电路输入端状态和输出端状态逻辑对应关系的表格。它包括了全部可能的输入值组合及其对应的输出值。真值表是表示逻辑门电路功能的一个表格。

将图 9-15 所示的逻辑关系用真值表表示，如表 9-4 所示。从真值表可以看出，与门电路的逻辑功能是“有 0 出 0，全 1 出 1”。

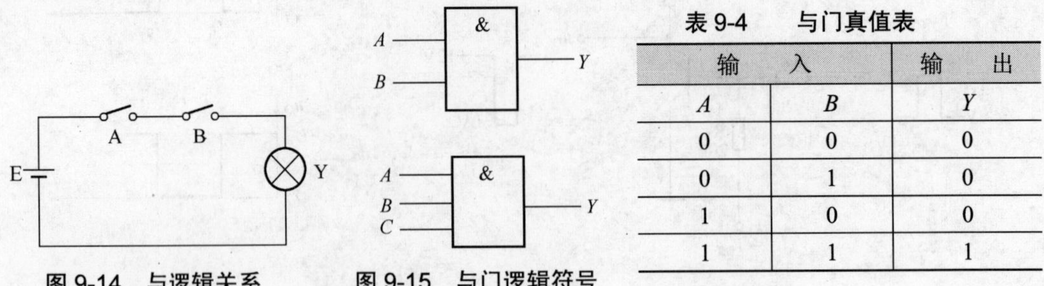

图 9-14　与逻辑关系　　图 9-15　与门逻辑符号

表 9-4　与门真值表

输　入		输　出
A	*B*	*Y*
0	0	0
0	1	0
1	0	0
1	1	1

（2）或门

① 或逻辑关系

或逻辑关系可采用图 9-16 说明。图中电路由 A、B 两并联开关和灯泡 Y 组成。很显然，只要开关 A、B 中有一个（或一个以上）闭合，灯就会亮；只有两个开关都断开时灯才不亮。这就是说，在决定一件事情的各种条件中，至少具备一个条件，这件事件就会发生，这样的逻辑关系称为或逻辑关系。

② 或门逻辑符号和逻辑函数表达式

或门的逻辑符号见图 9-17。或门的逻辑函数表达式为 $Y=A+B$。

③ 或门真值表

或门真值表见表 9-5。从真值表可以看出，或门的逻辑功能为“有 1 出 1，全 0 出 0”。

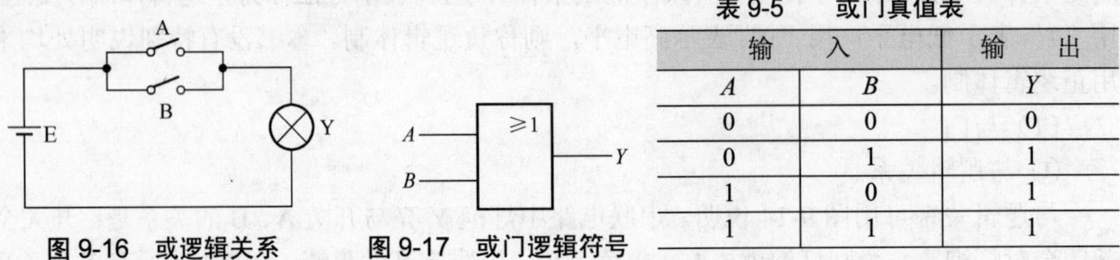

图 9-16　或逻辑关系　　图 9-17　或门逻辑符号

表 9-5　或门真值表

输　入		输　出
A	*B*	*Y*
0	0	0
0	1	1
1	0	1
1	1	1

（3）非门

① 非门逻辑关系

非逻辑关系可用图 9-18 说明。开关 A 与灯泡 Y 并联，当开关 A 断开时，灯亮；当开关闭合时，灯不亮。这就是说，事情（灯亮）和条件（开关）总是呈相反状态，这种关系称非逻辑关系。

② 非门逻辑符号和逻辑表达式

非门逻辑符号见图 9-19。非门逻辑函数表达式为 $Y=\overline{A}$。

③ 非门真值表

非门逻辑的真值表见表 9-6。从真值表中可以看出，非门逻辑功能为“有 1 出 0，有 0 出 1”。

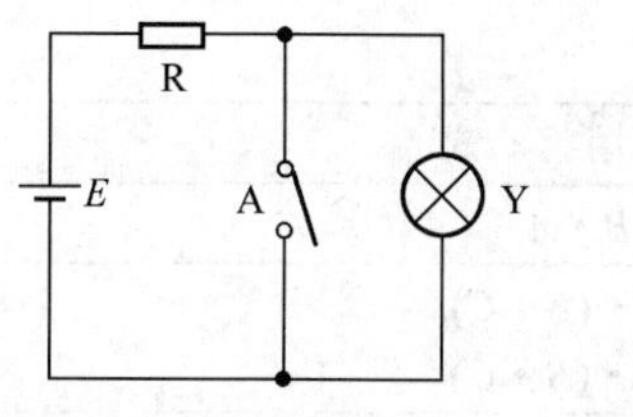

图 9-18　非逻辑关系

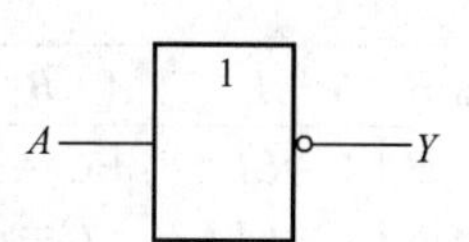

图 9-19　非门逻辑符号

表 9-6　非门真值表

输　　入	输　　出
A	Y
0	1
1	0

（4）简单组合逻辑门电路

实用中，常把与门、或门和非门组合到一起构成简单的组合逻辑门电路。常用的组合逻辑门电路有与非门、或非门和异或门。它们的特点如表 9-7 所示。

表 9-7　　组合逻辑门电路

项　　目	与　非　门	或　非　门	异　或　门
逻辑符号	&	≥1	=1
逻辑表达式	$Y=\overline{AB}$	$Y=\overline{A+B}$	$Y=\overline{A}B+A\overline{B}=A\oplus B$
真值表	输入 A B / 输出 Y 0　0　1 0　1　1 1　0　1 1　1　0	输入 A B / 输出 Y 0　0　1 0　1　0 1　0　0 1　1　0	输入 A B / 输出 Y 0　0　0 0　1　1 1　0　1 1　1　0
逻辑功能	有 0 出 1，全 1 出 0	有 1 出 0，全 0 出 1	相异出 1，相同出 0

5. 逻辑代数基础

逻辑代数又称布尔代数或开关代数，是研究逻辑电路的数学工具。

（1）逻辑代数的基本公式和基本定律

逻辑代数的基本公式见表 9-8。

表 9-8　　逻辑代数的基本公式

关 系 名 称	关系表达式
常量与常量的关系	$0+0=0$　$0+1=1$　$1+1=1$ $0\cdot0=0$　$0\cdot1=0$　$1\cdot1=1$
常量与变量的关系	$0+A=A$　$1+A=1$ $0\cdot A=0$　$1\cdot A=A$
变量与反变量的关系	$A+\overline{A}=1$　$A\cdot\overline{A}=0$

逻辑代数的基本定律见表 9-9。

表 9-9　　　　　　　　逻辑代数的基本定律

定律名称	应用公式
交换律	$A+B=B+A$　　$A\cdot B=B\cdot A$
结合律	$A+B+C=(A+B)+C=A+(B+C)$ $A\cdot B\cdot C=(A\cdot B)\cdot C=A\cdot(B\cdot C)$
重叠律	$A+A=A$ $A\cdot A=A$
分配律	$A+BC=(A+B)(A+C)$ $A\cdot(B+C)=AB+AC$
吸收律	$A+AB=A$　　$A\cdot(A+B)=A$
非非律	$\overline{\overline{A}}=A$
反演律（德·摩根定律）	$\overline{A+B}=\overline{A}\bullet\overline{B}$　　$\overline{A\bullet B}=\overline{A}+\overline{B}$

（2）逻辑函数的代数化简

同一个逻辑关系可以采用不同的逻辑函数表达式，由于不同的逻辑函数式用不同的逻辑电路来实现，所以逻辑函数式越简单，与之对应的电路也就越简单。逻辑函数式的化简是指通过一定方法把逻辑函数表达式化为最简式，这样不仅可以节省器件，还可以降低成本、提高工作效率，这就是化简的意义。

“与或”表达式是最常见的表达式，其最简式的含义是：首先满足乘积项个数最少；其次是每个乘积项中的变量个数最少。

利用逻辑代数知识将函数式化简的方法叫代数法化简。常用的化简方法见表 9-10。

表 9-10　　　　　　　　常用的化简方法

方法名称	化简依据	应用示例
并项法	利用 $\overline{A}+A=1$，可以把两项合并为一项，并消去一个变量	$\overline{A}BC+ABC=(\overline{A}+A)BC=BC$
吸收法	利用公式 $A+AB=A$，消去 AB 项	$C+CDE=C$　　$AD+ABCD=AD$
消去法	利用 $A+\overline{A}B=A+AB+\overline{A}B=A+B$，消去多余因子 $\overline{A}$	$AB+\overline{A}C+\overline{B}C=AB+(\overline{A}+\overline{B})C$ $=AB+\overline{AB}C=AB+C$ $\overline{AB}+ABC=\overline{AB}+C$
配项法	一般是在适当项中配上 $A+\overline{A}=1$ 的关系式，同其他项的因子进行化简	$AB+\overline{A}C+BC=AB+\overline{A}C+(A+\overline{A})BC$ $=AB+\overline{A}C+ABC+\overline{A}BC$ $=AB+\overline{A}C$

用代数法化简时，往往是上述几种方法的综合运用。

【例 9-1】 化简函数 $Y=AB\overline{C}+A\overline{B}C+\overline{A}BC+ABC$。

解：

$$Y=AB\overline{C}+A\overline{B}C+\overline{A}BC+ABC$$
$$=AB\overline{C}+ABC+A\overline{B}C+ABC+\overline{A}BC+ABC$$
$$=AB+AC+BC$$

6. 逻辑函数的卡诺图化简

（1）逻辑函数的最小项表示法

最小项是指包含逻辑函数中所有输入变量的一个乘积项。每一个输入变量均以原变量或反变量的形式在乘积项中出现一次。

【例 9-2】求 $Y = AB + A\overline{C}$ 的最小项表达式。

解：写最小项的方法是利用配项法把逻辑代数式中的每一项转换成最小项。

$$\begin{aligned} Y &= AB + A\overline{C} = AB(C+\overline{C}) + A\overline{C}(B+\overline{B}) = ABC + AB\overline{C} + AB\overline{C} + A\overline{B}\overline{C} \\ &= ABC + AB\overline{C} + A\overline{B}\,\overline{C} \end{aligned}$$

（2）逻辑函数的卡诺图

卡诺图也称最小项方格图，它将最小项按一定规则排列成方格阵列，每个方格代表一个最小项，如图 9-20 所示。

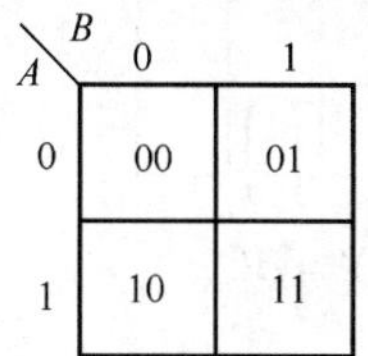

（a）二变量卡诺图

A \ BC	00	01	11	10
0	000	001	011	010
1	100	101	111	110

（b）三变量卡诺图

AB \ CD	00	01	11	10
00	0000	0001	0011	0010
01	0100	0101	0111	0110
11	1100	1101	1111	1110
10	1000	1001	1011	1010

（c）四变量卡诺图

图 9-20　各种变量卡诺图

卡诺图中每一个小方格就代表一个最小项，因此可以用卡诺图代表逻辑函数。具体方法是：逻辑函数中有哪些最小项，就在卡诺图中相应的方格中填 1，其余方格填 0（也可不填），所得即为逻辑函数的卡诺图。

【例 9-3】画出逻辑函数 $Y = ABC + A\overline{B}C + \overline{A}B\overline{C}$ 的卡诺图。

解：首先画一个空白三变量卡诺图，如图 9-21（a）所示。

其次，将 $Y = ABC + A\overline{B}C + \overline{A}B\overline{C}$ 中最小项分别表示成 111、101、010，在卡诺图对应的小方格内对应的填入 1，其他小方格填 0，就得到逻辑函数的卡诺图，如图 9-21（b）所示。

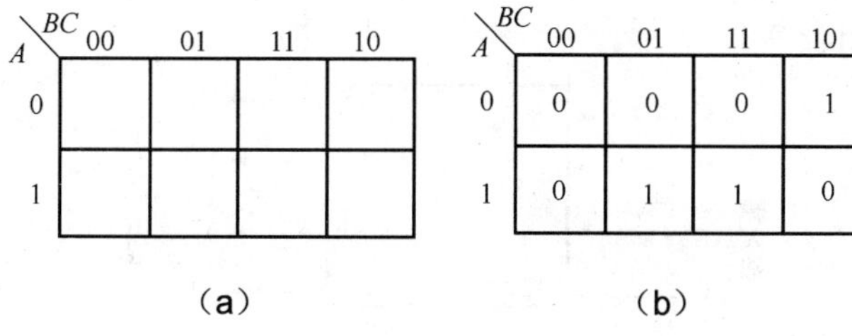

（a）　　（b）

图 9-21　$Y = ABC + A\overline{B}C + \overline{A}B\overline{C}$ 的卡诺图

（3）卡诺图化简逻辑函数

由卡诺图的相邻性原则可以知道，相邻的两个最小项只有一个变量相反，其他变量都相同，如 0111 与 0110 是相邻两个最小项，即 $\overline{A}BCD$、$\overline{A}BC\overline{D}$ 只有一个 D 的变量不同，可利用并项法将 D 变量化简掉。同理，4 个相邻最小项合并成一项，可以消去两个变量；8 个相邻最小项合并成一项时，可以消去 3 个变量（二去一、四去二、八去三；去掉不同项、留下相同项）。

在图 9-22 中，给出了两个相邻项的合并示例。图 9-22（a）中横向 01 不改变，而纵向为 01 和 11 即 $\overline{C}D$ 和 CD，其化简方法为保留横向 01 和纵向中不变 1，即横向中保留 $\overline{A}B$，纵向保留 D，其化简结果为 $Y=\overline{A}BD$。

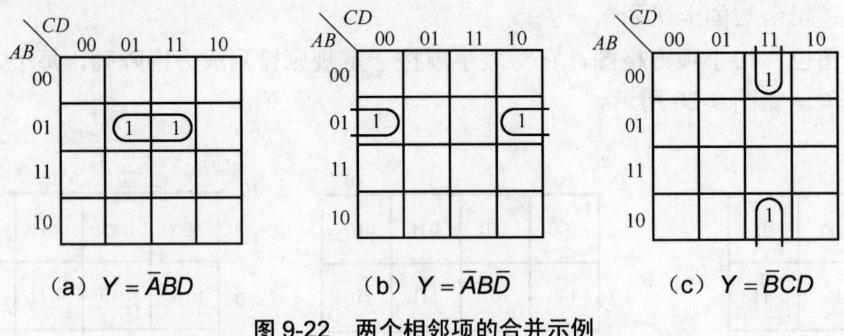

图 9-22 两个相邻项的合并示例

同理，图 9-22（b）、9-22（c）化简的结果分别是 $Y=\overline{A}B\overline{D}$、$Y=\overline{B}CD$。

注意：

① 圈越大越好，每个圈所包围的方格的个数为 2^n 个；

② 圈的数目越少越好；

③ 同一个“1”方格可以被多次圈，但每一个圈内至少应有一个方格未被其他圈圈过，否则该项所表示的乘积项是多余的。

知识点二 常用的组合逻辑电路

按照电路的结构和工作原理，数字电路可分为组合逻辑电路和时序逻辑电路两大类。在任何时刻电路的稳定输出只取决于同一时刻各输入变量的取值，而与电路以前的状态无关，就称为组合逻辑电路，简称组合电路。

1. 编码器

数字电路中只有“1”和“0”两种数码，也就是只有“高电平”和“低电平”两种工作状态，需要将若干个“0”和“1”按一定规律排列在一起，代表不同的数码和不同的含义，这样的过程就叫做“编码”。图 9-23 所示是常见的 10-4 线编码器，也是 8421BCD 编码器，其真值表如表 9-11 所示。

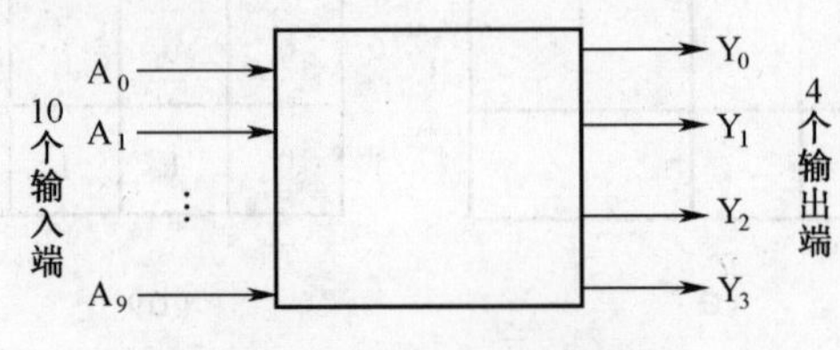

图 9-23 10-4 线编码器

表 9-11　　8421BCD 编码器真值表

十进制数	输入变量	输出变量			
		Y_3	Y_2	Y_1	Y_0
0	A_0	0	0	0	0
1	A_1	0	0	0	1
2	A_2	0	0	1	0
3	A_3	0	0	1	1
4	A_4	0	1	0	0
5	A_5	0	1	0	1
6	A_6	0	1	1	0
7	A_7	0	1	1	1
8	A_8	1	0	0	0
9	A_9	1	0	0	1

逻辑表达式为

$$Y_0=A_1+A_3+A_5+A_7+A_9$$
$$Y_1=A_2+A_3+A_6+A_7$$
$$Y_2=A_4+A_5+A_6+A_7$$
$$Y_3=A_8+A_9$$

2. 译码器

译码是编码的逆过程，即将代码译为一定的输出信号，常用的是将二进制数转换为相应的信号或字符，实现译号功能的就是译号器。

（1）二进制译码器

将输入的 4 位 8421BCD 码译成 0～9 共 10 个十进制数的电路称为二—十进制译码器，它有 4 个输入端（A_0、A_1、A_2、A_3）和 10 个输出端（Y_0～Y_9），又称为 4-10 线译码器。常用的集成二—十进制译码器是 74LS42，其引脚排列如图 9-24 所示，输出低电平有效，输入为 1010～1111 时，各输出端均为高电平，真值表如表 9-12 所示。

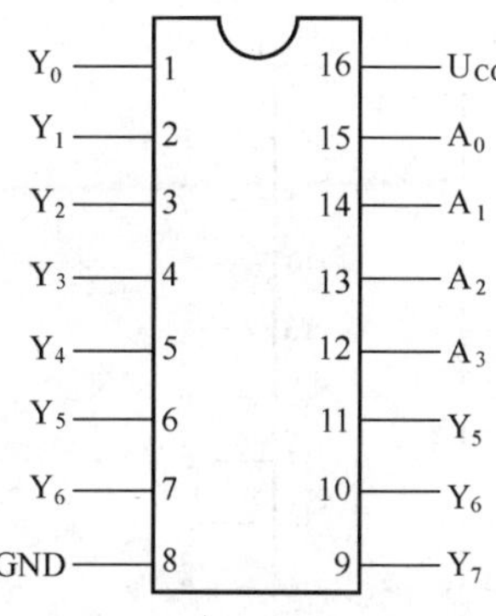

图 9-24　74LS42 引脚排列

74LS42 的输出逻辑表达式为

$$Y_0=\overline{\bar{A}_3\bar{A}_2\bar{A}_1\bar{A}_0} \qquad Y_1=\overline{\bar{A}_3\bar{A}_2\bar{A}_1A_0}$$
$$Y_2=\overline{\bar{A}_3\bar{A}_2A_1\bar{A}_0} \qquad Y_3=\overline{\bar{A}_3\bar{A}_2A_1A_0}$$
$$Y_4=\overline{\bar{A}_3A_2\bar{A}_1\bar{A}_0} \qquad Y_5=\overline{\bar{A}_3A_2\bar{A}_1A_0}$$
$$Y_6=\overline{\bar{A}_3A_2A_1\bar{A}_0} \qquad Y_7=\overline{\bar{A}_3A_2A_1A_0}$$
$$Y_8=\overline{A_3\bar{A}_2\bar{A}_1\bar{A}_0} \qquad Y_9=\overline{A_3\bar{A}_2\bar{A}_1A_0}$$

表 9-12　　　　74LS42 集成 4-10 线译码器真值表

十进制数	输入信号				输出信号									
	A_3	A_2	A_1	A_0	Y_9	Y_8	Y_7	Y_6	Y_5	Y_4	Y_3	Y_2	Y_1	Y_0
0	0	0	0	0	0	1	1	1	1	1	1	1	1	1
1	0	0	0	1	1	0	1	1	1	1	1	1	1	1
2	0	0	1	0	1	1	0	1	1	1	1	1	1	1
3	0	0	1	1	1	1	1	0	1	1	1	1	1	1
4	0	1	0	0	1	1	1	1	0	1	1	1	1	1
5	0	1	0	1	1	1	1	1	1	0	1	1	1	1
6	0	1	1	0	1	1	1	1	1	1	0	1	1	1
7	0	1	1	1	1	1	1	1	1	1	1	0	1	1
8	1	0	0	0	1	1	1	1	1	1	1	1	0	1
9	1	0	0	1	1	1	1	1	1	1	1	1	1	0

（2）显示译码器

显示译码器是一种将二进制代码表示的数字及符号用人们习惯的形式直观地显示出来的电路，常见的七段显示管是主要显示方法之一。七段数码管及显示方式如图 9-25 所示。

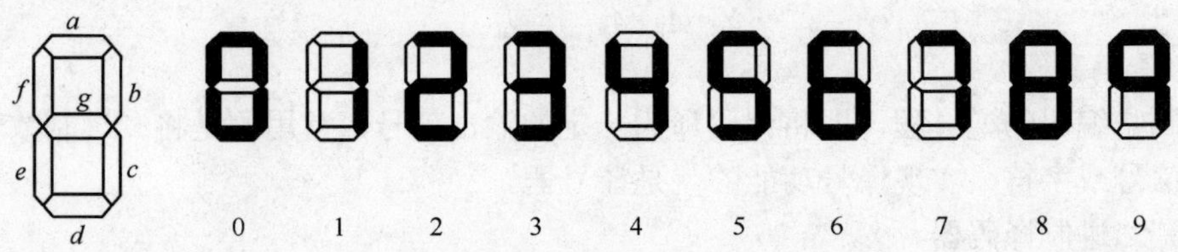

图 9-25　七段数码管显示方式

七段数码显示译码器主要分为两种，一是输出低电平有效，和共阳极的数码管搭配使用，如 74LS47；另一种是输出高电平有效，和共阴极的数码管搭配使用，如 74LS48。

74LS47 的逻辑符号与引脚功能图如图 9-26 所示，真值表如表 9-13 所示。

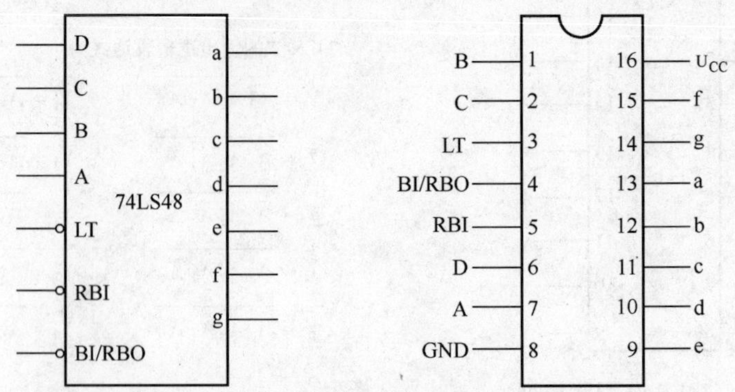

图 9-26　74LS47 的逻辑符号与引脚功能图

表 9-13　　74LS47 真值表

十进制数	输入信号						BI/RBO	输出信号						
	LT	*RBI*	A_3	A_2	A_1	A_0		*a*	*b*	*c*	*d*	*e*	*f*	*g*
0	1	1	0	0	0	0	1	1	1	1	1	1	1	0
1	1	×	0	0	0	1	1	0	1	1	0	0	0	0
2	1	×	0	0	1	0	1	1	1	0	1	1	0	1
3	1	×	0	0	1	1	1	1	1	1	1	0	0	1
4	1	×	0	1	0	0	1	0	1	1	0	0	1	1
5	1	×	0	1	0	1	1	1	0	1	1	0	1	1
6	1	×	0	1	1	0	1	0	0	1	0	1	1	1
7	1	×	0	1	1	1	1	1	1	1	0	0	1	0
8	1	×	1	0	0	0	1	1	1	1	1	1	1	1
9	1	×	1	0	0	1	1	1	1	1	1	0	1	1
消隐	×	×	×	×	×	×	0	0	0	0	0	0	0	0
脉冲消隐	×	0	0	0	0	0	0	0	0	0	0	0	0	0
灯测试	0	×	×	×	×	×	1	1	1	1	1	1	1	1

说明如下。

① LT 为试灯输入端。当 *LT*=0 时，数码管的 7 段全部点亮，与输入信号无关。

② BI/RBO 为消隐（灭灯）输入端。当 *BI*/*RBO*=0 时，数码管的 7 段全部熄灭，与输入信号无关。

③ RBI 为灭零输入端。当 *RBI*=0 时，数码管在 $A_3=A_2=A_1=A_0=0$ 时，本应显示 0，但是在 *RBI*=0 作用下，使译码器输出全为高电平。其结果和加入灭灯信号的结果一样，将 0 熄灭。而 *RBI*=1 时，正常显示 0。

④ 正常译码时：*LT*=*BI*/*RBO*=*RBI*=1，即全部置为有效。

3．数据选择器与数据分配器

（1）数据选择器

数据选择器又叫多路开关，简称 MUX，其逻辑功能就是根据地址选择码从多路数据中选择一路数据作为输出信号，也就是利用一条线路传送多路信号，如图 9-27 所示。常用的数据选择器有 4 选 1、8 选 1、16 选 1 等多种类型。

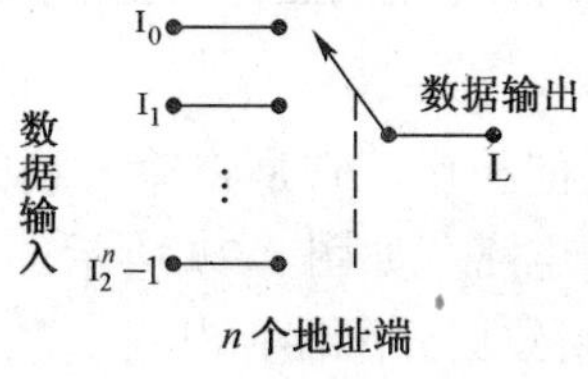

图 9-27　数据选择器示意图

74LS151 是常用的 8 选 1 数据选择器，其引脚排列与逻辑功能如图 9-28 所示。真值表如表 9-14 所示。

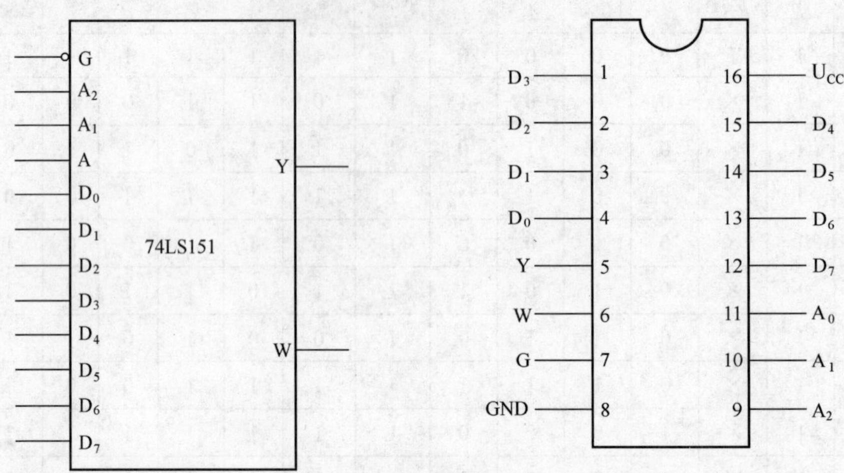

图 9-28　74LS151 引脚排列及逻辑功能

74LS151 的逻辑功能为：当使能端 G=1 时，输出被锁定；当使能端 G=0 时，输出开放，根据地址码 $A_2A_1A_0$ 的状态，选择 D_0～D_7 中的一个通道传送给输出端 Y，同时反相输出到 W 端。

表 9-14　　74LS151 真值表

输入				输出	
A_2	A_1	A_0	G	Y	W
×	×	×	1	0	1
0	0	0	0	D_0	$\overline{D_0}$
0	0	1	0	D_1	$\overline{D_1}$
0	1	0	0	D_2	$\overline{D_2}$
0	1	1	0	D_3	$\overline{D_3}$
1	0	0	0	D_4	$\overline{D_4}$
1	0	1	0	D_5	$\overline{D_5}$
1	1	0	0	D_6	$\overline{D_6}$
1	1	1	0	D_7	$\overline{D_7}$

（2）数据分配器

数据分配器与数据选择器功能相反，它是将输入数据按照地址码的要求分配到多个输出端的其中一个相应输出端的电路，如图 9-29 所示。

74LS138 常用来作为 1～8 路数据分配器，其逻辑功能如图 9-30 所示。

图中，G_1 为使能端，G_{2A} 为信号输入端，根据 $A_2A_1A_0$ 的状态，将 G_{2A} 端的电压信号

送至输出端 Y_0～Y_7 中的一个。例如，$A_2A_1A_0$=001 时，Y_1 输出。

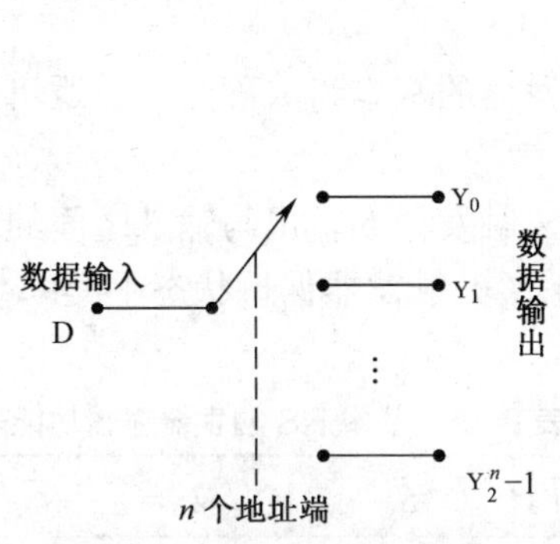

图 9-29　数据分配器示意图

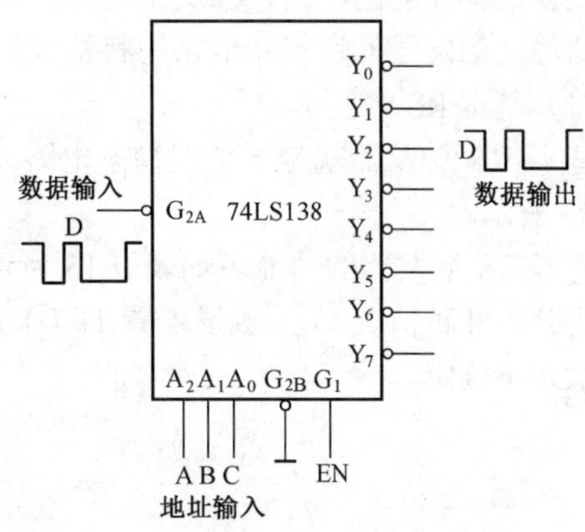

图 9-30　74LS138 逻辑功能

4. 数字比较器

数字比较器是用于比较两个二进制数的大小，根据比较结果输出相应信号的电路。两个一位二进制数的比较器逻辑图如图 9-31 所示。

在电路中常用到的是多位比较器，74LS85 就是一个集成的 4 位比较器，其逻辑功能如图 9-32 所示。

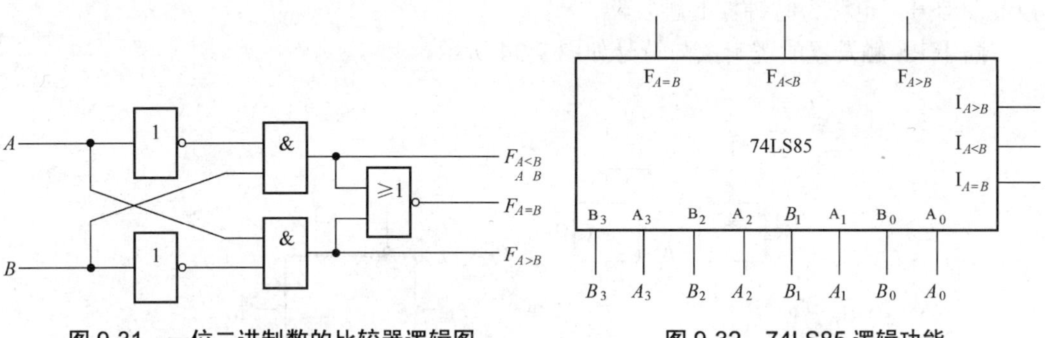

图 9-31　一位二进制数的比较器逻辑图

图 9-32　74LS85 逻辑功能

知识点三　触发器和时序逻辑电路的基本知识

组合逻辑电路的输出状态与电路的原始状态无关，只与当前的输入状态有关，也就是说电路没有记忆功能。如果在电路中增加“记忆”功能，就构成了时序电路，这时电路的输出状态不仅与输入端的当前状态有关，还与电路以前的状态有关。触发器是时序电路的基本单元。

1. 触发器

触发器是数字电路中广泛应用的能够记忆一位二值信号的基本逻辑单元电路。触发器具有两个能自行保持的稳定状态，用逻辑“1”和“0”表示，所以又叫做双稳态电路。在不同的输入信号作用下，其输出可以置成“1”态或“0”态，而且当输入信号消失后，触发器的新状态将保持下来。

根据逻辑功能的不同，触发器又可分为RS触发器、同步RS触发器、D触发器、JK触发器等。触发器的逻辑功能常用特性表、特性方程、状态转换图和时序图来表示。

（1）基本RS触发器

基本RS触发器就是一个双稳态电路，是各种触发器的基本组成部分，其逻辑图如图9-33所示。

基本RS触发器的功能表如表9-15所示。基本RS触发器的输出与输入之间的逻辑关系可分为4种情况：① 触发器置1；② 触发器置0；③ 触发器保持状态不变；④ 触发器状态不确定。

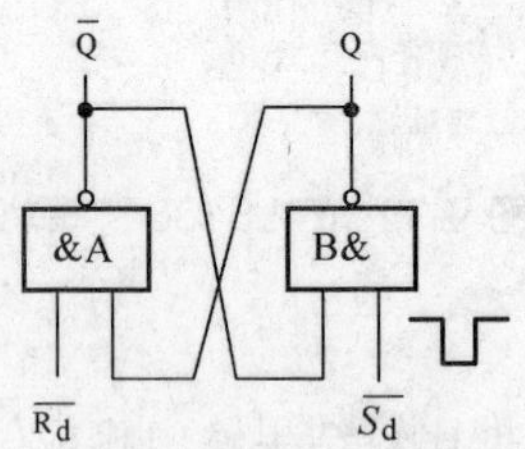

图9-33 基本RS触发器逻辑图与符号

表9-15 基本RS触发器逻辑功能表

$\overline{R}_d$	$\overline{S}_d$	Q_{n+1}	$\overline{Q}_{n+1}$
0	1	0	1
1	0	1	0
1	1	Q_n	$\overline{Q}_n$
0	0	1	1 不定

（2）同步RS触发器

同步RS触发器是在基本RS触发器的基础上增加了一个*CP*时钟脉冲，作为输入主控触发信号，也称为时钟控制触发器。

同步RS触发器的逻辑图与符号如图9-34所示。

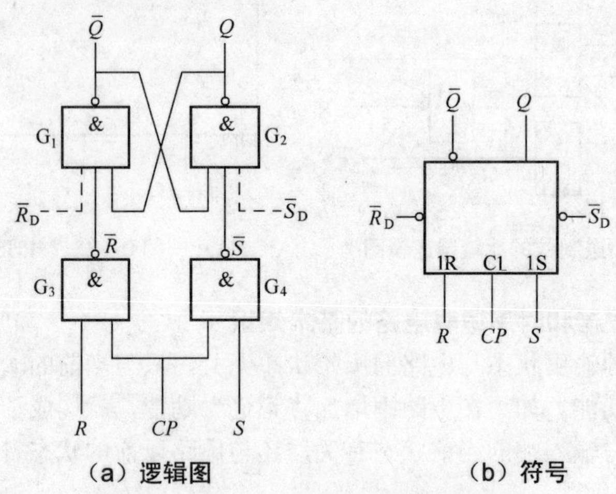

（a）逻辑图　（b）符号

图9-34 同步RS触发器的逻辑图与符号

同步RS触发器当*CP*脉冲等于0时，无论输入信号*R*、*S*如何变化，输出端Q均保持原态；只有当*CP*脉冲等于1时，输出端Q才随*R*、*S*信号变化而改变。其功能如表9-16所示。

表 9-16　　同步 RS 触发器的功能表

CP=1		Q^{n+1}
S	R	
0	0	Q^n
0	1	0
1	0	1
1	1	不定

同步 RS 触发器的特性方程为

$$\begin{cases} Q^{n+1} = S + \bar{R}Q^n \\ RS = 0 \end{cases}$$

（3）D 触发器

为避免同步 RS 触发器同时出现 R 和 S 都为 1 的情况，可在 R 和 S 之间接入非门 G，如图 9-35 所示。此时将加到 S 端的输入信号经非门取反后再加到 R 输入端，即 R 端不再由外部信号控制，这样构成的单输入的触发器即为 D 触发器。

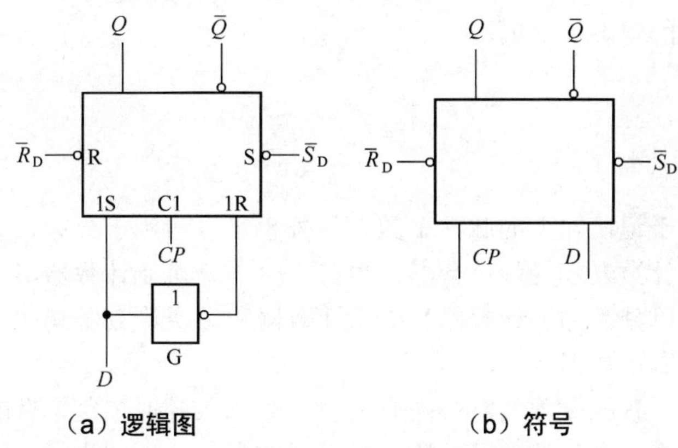

（a）逻辑图　　（b）符号

图 9-35　D 触发器的逻辑图和符号

D 触发器的逻辑功能分析如下。

① 当 CP=0 时，与同步 RS 触发器相同，其输出端保持原状态不变。

② 当 CP=1 时，若 D=1，则触发器输入端 S=1、R=0，根据同步 RS 触发器的特性可知，触发器被置 1，即 Q=D=1；若 D=0，则 S=0、R=1，触发器被置 0，即 Q=D=0。

D 触发器的特征（特性）方程为

$$Q^{n+1}=D \qquad CP=1 \text{ 期间有效}$$

（4）JK 触发器

JK 触发器是一种具有置 0、置 1、保持和翻转功能的触发器。与前述的 RS 触发器相比，它的应用潜力更大、通用性更强，而且克服了 RS 触发器存在不定状态的问题，即输入信号 J、K 间不再有约束。其逻辑图与符号见图 9-36。

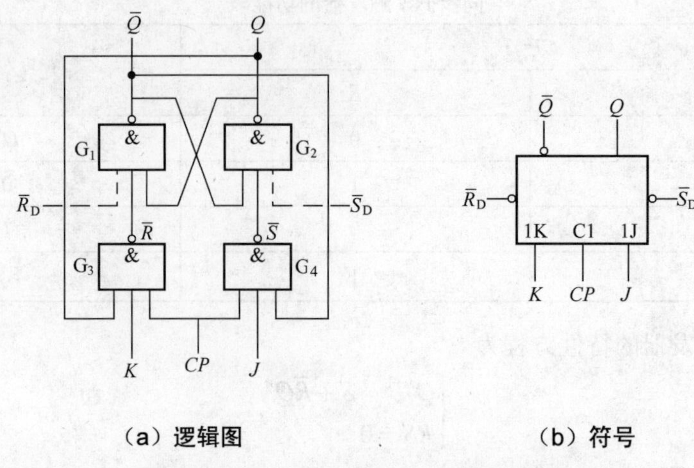

（a）逻辑图　　　　　　（b）符号

图 9-36　同步 JK 触发器的逻辑图和符号

同步 JK 触发器的逻辑功能分析如下。

① 当 CP 脉冲等于 0 时，G_3、G_4 门被封锁，输出均为 1，触发器保持原态，$Q^{n+1}=Q^n$。

② 当 CP 脉冲等于 1 时，G_3、G_4 门解除封锁，触发器的输出（次态）取决于 J、K 的输入信号及电路的现态（Q^n）。

其特征方程为

$$Q^{n+1}=J\overline{Q}^n+\overline{K}Q^n$$

2. 计数器

计数器主要用于记忆输入的脉冲个数，另外也可以应用于分频、定时、测量电路。计数器可分为同步计数器和异步计数器，也可以分为二进制计数器、十进制计数器和 n 进制计数器，还可以分为加法计数器、减法计数器和可逆计数器。

（1）异步二进制计数器

异步计数器中，各触发器的时钟端有的受计数输入脉冲控制，有的受其他触发器输出端控制。因此，组成异步计数器的所有触发器的翻转是不同步的，即各触发器的状态变化有先后。异步 3 位二进制计数器电路如图 9-37 所示。

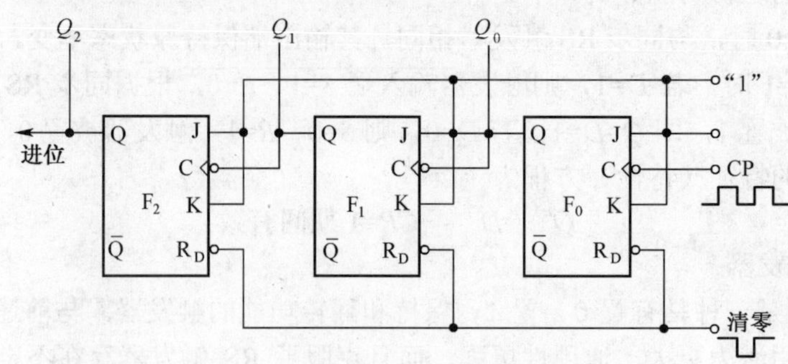

图 9-37　异步 3 位二进制计数器电路

时钟方程为

$$CP_0=CP\downarrow$$
$$CP_1=Q_0\downarrow$$
$$CP_2=Q_1\downarrow$$

JK 触发器特性方程为

$$Q^{n+1}=J\overline{Q^n}+\overline{K}Q^n(CP\downarrow)$$

状态方程为

$$Q_0^{n+1}=J_0\overline{Q_0^n}+\overline{K_0}Q_0^n=\overline{Q_0^n}(CP\downarrow)$$
$$Q_1^{n+1}=J_1\overline{Q_1^n}+\overline{K_1}Q_1^n=\overline{Q_1^n}(Q_0\downarrow)$$
$$Q_2^{n+1}=J_2\overline{Q_2^n}+\overline{K_2}Q_2^n=\overline{Q_2^n}(Q_1\downarrow)$$

输出状态如表 9-17 所示。

表 9-17　　　　　　　　　　异步 3 位二进制计数器状态表

CP	Q_2^n	Q_1^n	Q_0^n	Q_2^{n+1}	Q_1^{n+1}	Q_0^{n+1}
1	0	0	0	0	0	1
2	0	0	1	0	1	0
3	0	1	0	0	1	1
4	0	1	1	1	0	0
5	1	0	0	1	0	1
6	1	0	1	1	1	0
7	1	1	0	1	1	1
8	1	1	1	0	0	0

计数器状态图和时序图如图 9-38 所示。

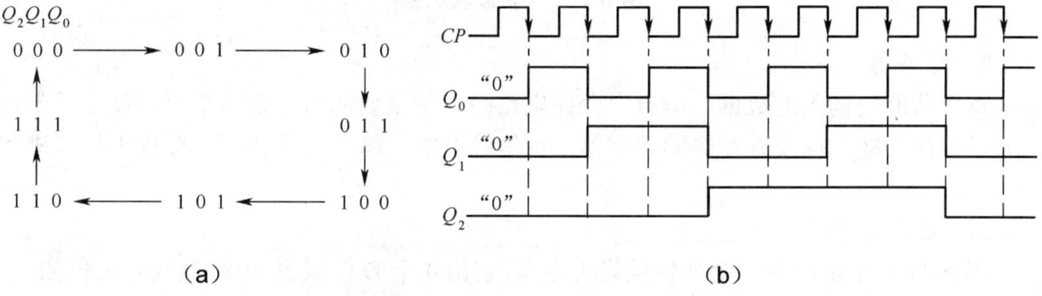

图 9-38　计数器状态图和时序图

从状态图可知，随着 CP 脉冲的递增，触发器输出值是递增的，经过 8 个 CP 脉冲完成一个循环过程，实现异步 3 位二进制（或 1 位八进制）加法计数功能。

（2）十进制计数器

图 9-39 所示是一种十进制同步加法计数器，由 4 个 CP 下降沿触发的 JK 触发器组成。

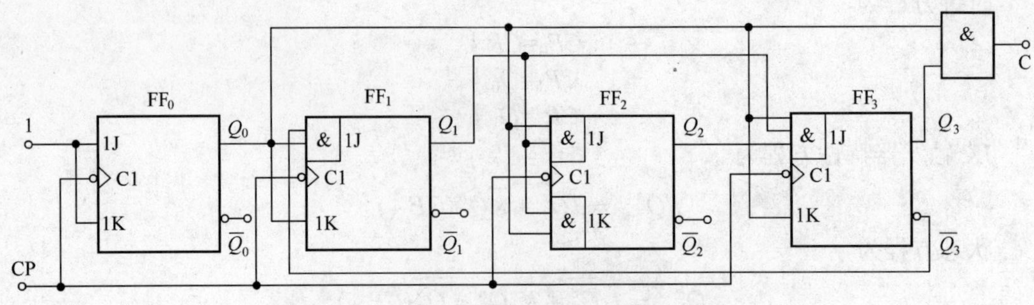

图 9-39　十进制同步计数器

状态方程为

$$
\begin{cases}
Q_0^{n+1} = \overline{Q}_0^n = 1 \cdot \overline{Q}_0^n + \overline{1} \cdot Q_0^n \\
Q_1^{n+1} = \overline{Q}_3^n Q_0^n \cdot \overline{Q}_1^n + \overline{Q}_0^n \cdot Q_1^n \\
Q_2^{n+1} = \overline{Q}_2^n Q_1^n Q_0^n + Q_2^n \overline{Q}_1^n + Q_2^n \overline{Q}_0^n \\
\quad\;\; = Q_1^n Q_0^n \cdot \overline{Q}_2^n + \overline{Q_1^n Q_0^n} \cdot Q_2^n \\
Q_3^{n+1} = Q_2^n Q_1^n Q_0^n \cdot \overline{Q}_3^n + \overline{Q}_0^n \cdot Q_3^n
\end{cases}
$$

状态图如图 9-40 所示。可以看出其周期为 10，因此为十进制计数器。

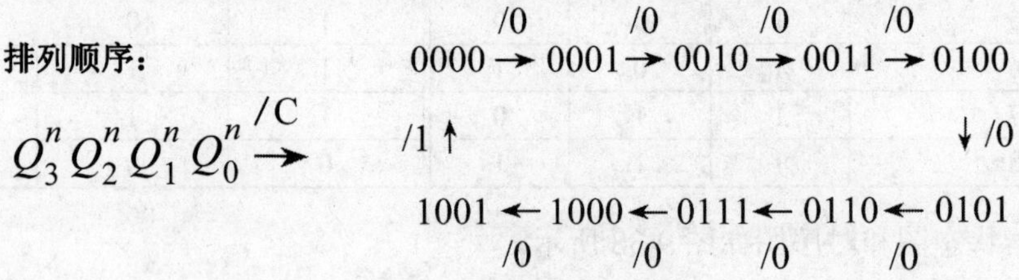

排列顺序：

$Q_3^n Q_2^n Q_1^n Q_0^n \xrightarrow{/C}$

0000 →/0 0001 →/0 0010 →/0 0011 →/0 0100

/1 ↑　　　↓ /0

1001 ←/0 1000 ←/0 0111 ←/0 0110 ←/0 0101

图 9-40　十进制状态图

3. 寄存器

寄存器能将输入的数据、信息保存在电路中，是重要的数字逻辑单元，使电子电路具有了记忆功能。构成寄存器的基本单元也是触发器，每个触发器可以存放 1 位二进制数码。

（1）4 位寄存器

图 9-41 所示电路是一个 4 位数码寄存器，它由 4 个 D 触发器构成，其动作过程如下。

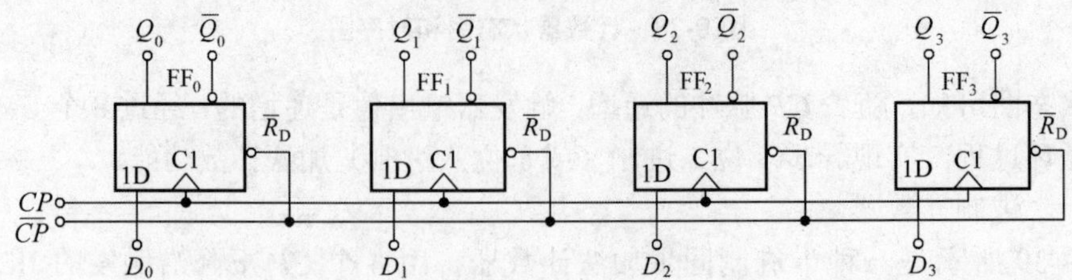

图 9-41　4 位寄存器

① 清零，令 $\overline{CR}$=0，使触发器清零，即使 Q_0～Q_3 的起始均为“0”态。

② 写入，令 $\overline{CR}$=1，CP 上升沿来到时，D_0～D_9 的数据输入到各自的触发器，使 Q_0=D_0、Q_1=D_1、Q_2=D_2、Q_3=D_3。

③ 保持。在 CR=1、CP 上升沿以外时间，寄存器内容将保持不变。

（2）移位寄存器

移位寄存器是指寄存器中储存或输入的数码能逐位地向左或向右移动的寄存器，可分为左移寄存器、右移寄存器和双向移动寄存器。

图 9-42 所示是由 4 个 D 触发器组成的 4 位右移寄存器电路，第 1 位触发器的 D 输入端接输入数据，第 2 个触发器的 D 端接第 1 个触发器的输出端 Q，移位脉冲并接到各自的 CP 端。

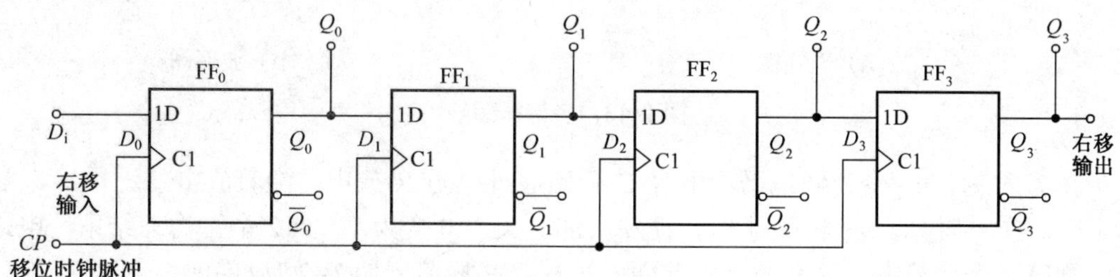

图 9-42　右移寄存器

由电路可以看出

$$D_0=D_i，D_1=Q_0^n，D_2=Q_2^n，D_3=Q_3^n$$

$$Q_0^{n+1}=D_i，Q_1^{n+1}=Q_0^n，Q_2^{n+1}=Q_1^n，Q_3^{n+1}=Q_2^n$$

单向移位寄存器主要具有以下特点。

① 单向移位寄存器中的数码，在 CP 脉冲操作下，可以依次右移或左移。

② n 位单向移位寄存器可以寄存 n 位二进制代码。n 个 CP 脉冲即可完成串行输入工作，此后可从 Q_0～Q_{n-1} 端获得并行的 n 位二进制数码，再用 n 个 CP 脉冲又可实现串行输出操作。

③ 若串行输入端状态为“0”，则 n 个 CP 脉冲后，寄存器便被清零。

4. 脉冲信号的产生与整形

（1）多谐振荡器

多谐振荡器电路是一种矩形波产生电路，这种电路不需要外加触发信号便能连续地、周期性地自行产生矩形脉冲。因为矩形脉冲是由基波和多次谐波构成的，因此称为多谐振荡器电路。图 9-43 所示是由门电路组成的多谐振荡器。其工作原理如下。

在 t_1 时刻，u_{i1}（u_o）由 0 变为 1，于是 u_{o1}（u_{i2}）由 1 变为 0，u_{o2} 由 0 变为 1。由于电容电压不能跃变，故 u_{i3} 必定跟随 u_{i2} 发生负跳变。这个低电平保持 u_o 为 1，以维持已进入的这个暂稳态。

在这个暂稳态期间，u_{o2}（高电平）通过电阻 R 对电容 C 充电，使 u_{i3} 逐渐上升。在 t_2 时刻，u_{i3} 上升到门电路的阈值电压 U_T，使 u_o（u_{i1}）由 1 变为 0，u_{o1}（u_{i2}）由 0 变为 1，u_{o2} 由 1 变为 0。同样，由于电容电压不能跃变，故 u_{i3} 跟随 u_{i2} 发生正跳变。这个高电平

保持 u_o 为 0。至此，第 1 个暂稳态结束，电路进入第 2 个暂稳态。

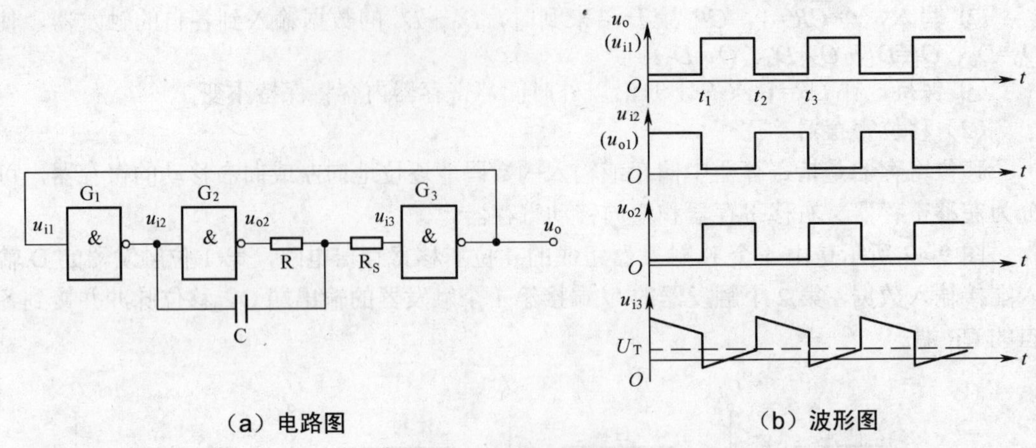

（a）电路图　　（b）波形图

图 9-43　多谐振荡器

在 t_2 时刻，u_{o2} 变为低电平，电容 C 开始通过电阻 R 放电。随着放电的进行，u_{i3} 逐渐下降。在 t_3 时刻，u_{i3} 下降到 U_T，使 u_o（u_{i1}）又由 0 变为 1，第 2 个暂稳态结束，电路返回到第 1 个暂稳态，又开始重复前面的过程。其振荡周期 T=2.2RC。

（2）单稳态电路

单稳态电路的工作状态只有一个稳定状态，一旦外来信号触发，工作状态翻转后经过一段时间会回到原来的稳定状态。单稳态触发器在数字电路中一般用于定时（产生一定宽度的矩形波）、整形（把不规则的波形转换成宽度、幅度都相等的波形）以及延时（把输入信号延迟一定时间后输出）等。

图 9-44 所示是由门电路组成的单稳态电路，其工作原理如下。

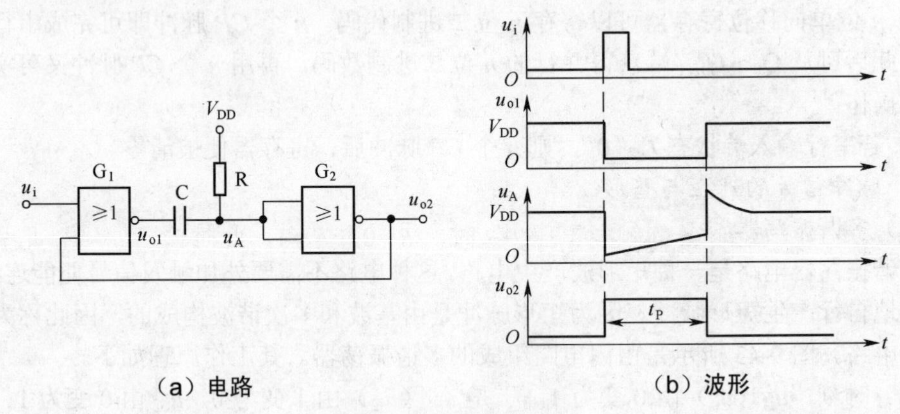

（a）电路　　（b）波形

图 9-44　单稳态电路

① 没有触发信号时，电路工作在稳态。当没有触发信号时，u_i 为低电平。因为门 G_2 的输入端经电阻 R 接至 V_{DD}，u_A 为高电平，因此 u_{o2} 为低电平；门 G_1 的 2 个输入均为 0，其输出 u_{o1} 为高电平，电容 C 两端的电压接近 0。这是电路的稳态，在触发信号到来之前，电路一直处于这个状态：u_{o1}=1，u_{o2}=0。

② 外加触发信号时，电路由稳态翻转到暂稳态。当正触发脉冲 u_i 到来时，门 G_1 输出 u_{o1} 由 1 变为 0。由于电容电压不能跃变，u_A 也随之跳变到低电平，使门 G_2 的输出 u_{o2} 变为 1。这个高电平反馈到门 G_1 的输入端，此时即使 u_i 的触发信号撤除，仍能维持门 G_1 的低电平输出。但是电路的这种状态是不能长久保持的，所以称为暂稳态。暂稳态时，u_{o1}=0，u_{o2}=1。

③ 电容充电时，电路由暂稳态自动返回到稳态。在暂稳态期间，V_{DD} 经 R 和 G_1 的导通工作管对 C 充电，随着充电的进行，C 上的电荷逐渐增多，使 u_A 升高。当 u_A 上升到阈值电压 U_T 时，G_2 的输出 u_{o2} 由 1 变为 0。由于这时 G_1 输入触发信号已经过去，G_1 的输出状态只由 u_{o2} 决定，所以 G_1 又返回到稳定的高电平输出。u_A 随之向正方向跳变，加速了 G_2 的输出向低电平变化。最后使电路退出暂稳态而进入稳态，此时 u_{o1}=1，u_{o2}=0。

（3）施密特触发器

施密特触发器有两个稳定状态，但与一般触发器不同的是，施密特触发器采用电位触发方式，其状态由输入信号电位维持。施密特触发器是一种能够把输入波形整形成为适合于数字电路需要的矩形脉冲的电路。

图 9-45 所示是一种形式的施密特触发器，其工作原理如下。

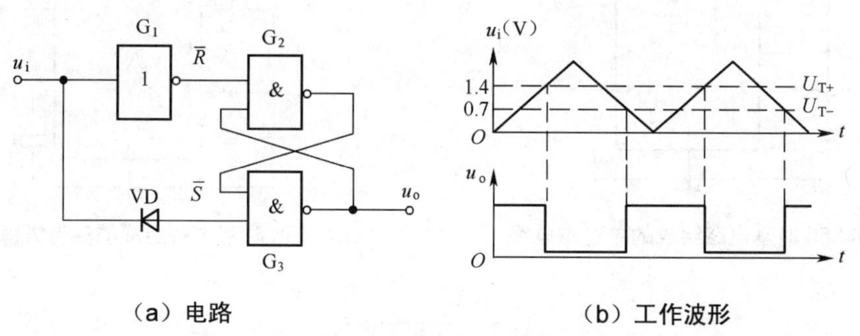

（a）电路　　（b）工作波形

图 9-45　施密特触发器

① u_i=0 时，$\overline{S}$=1，$\overline{R}$=1，u_o=1，是一个稳态。

② u_i 电压升高到 G_1 的触发电压 U_{T+}时，$\overline{R}$=0，$\overline{S}$=1，此时输出 u_o=0，是另一个稳态。

③ u_i 电压升高到最大值并下降到 VD 的导通电压 U_{T-}时，$\overline{R}$=1，$\overline{S}$=0，此时输出 u_o=1，回到第 1 个稳态。

（4）555 时基电路

555 时基电路是一种巧妙地将模拟电路和数字电路结合在一起的电路，它可以组成脉冲发生器、方波发生器、单稳态多谐振荡器、双稳态多谐振荡器、自由振荡器、内振荡器、定时电路、延时电路、脉冲调制电路，因此广泛应用于仪器仪表的各种控制电路及民用电子产品、电子琴、电子玩具等。

555 时基电路的引脚分布和内部结构如图 9-46 所示。

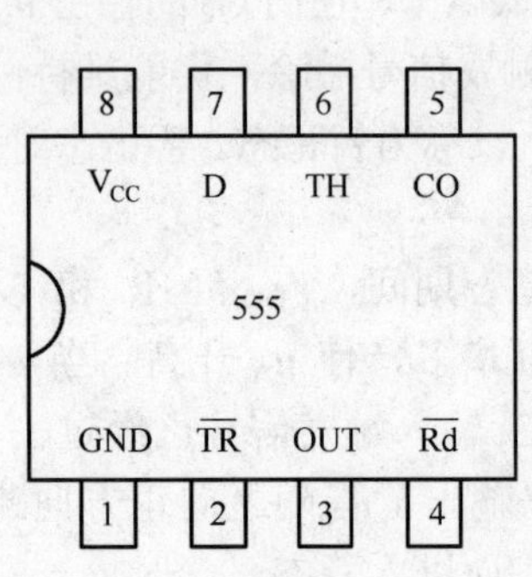

（a）引脚分布

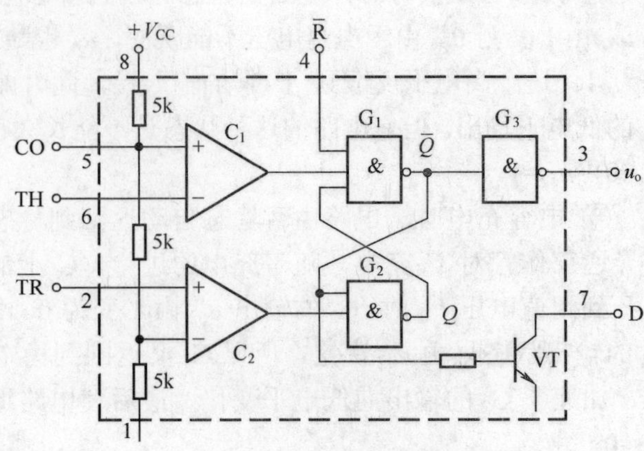

（b）内部结构

图 9-46　555 时基电路的引脚分布和内部结构

555 时基电路组成的常见电路如图 9-47 所示。

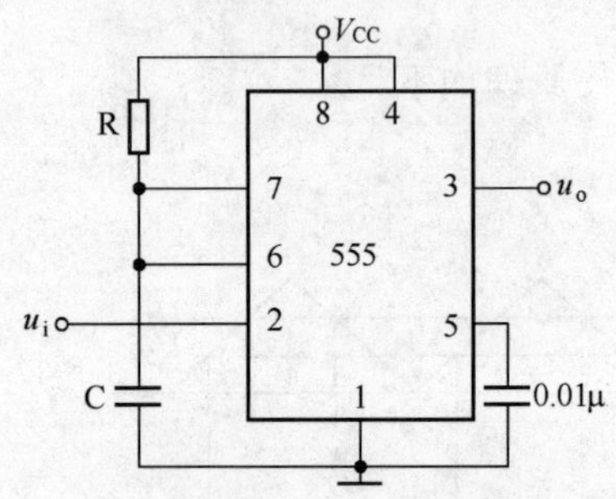

（a）555 时基电路组成的单稳态电路

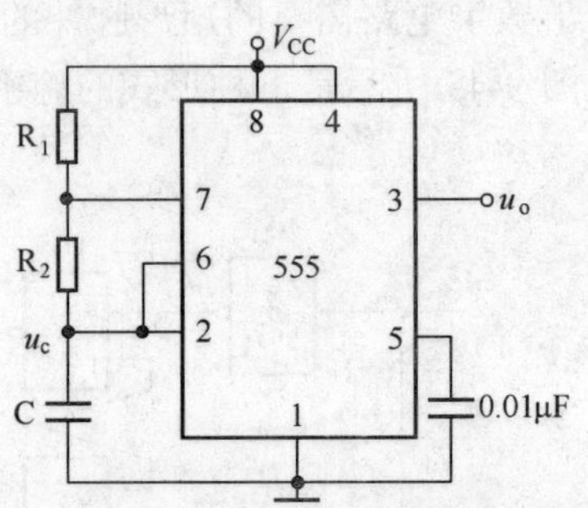

（b）555 时基电路组成的多谐振荡器电路

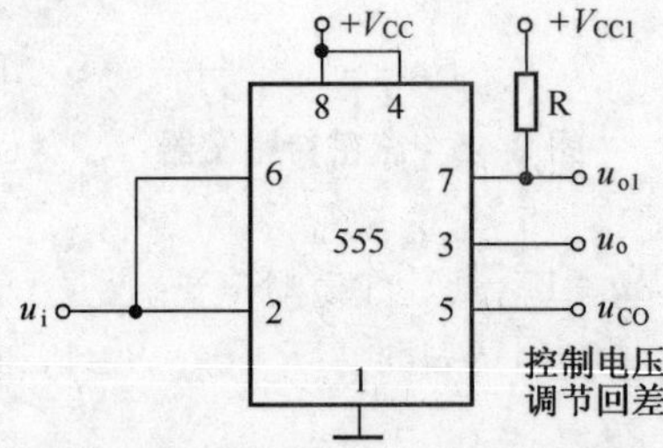

（c）555 时基电路组成的施密特电路

图 9-47　555 时基电路组成的常见电路

项目学习评价

一、思考练习题

1．CD4011 具有什么功能？如何确定其引脚顺序？

2．光敏电阻在声光控电子开关中起到什么作用？如何检测光敏电阻的好坏？

3．驻极体话筒在使用中应该注意什么问题，如何检测其是否损坏？

4．组装好声光控电子开关后，如果灯泡长亮不熄灭，故障可能在什么地方？

5．组装好声光控电子开关后，如果灯泡不能点亮，故障可能在什么地方？

6．常用的组合逻辑门电路都有哪些？有什么特点？

7．将二进制数 101110 换算成十进制数，将十进制数 25 换算成二进制数。

8．组合逻辑电路与时序电路的特点分别是什么？

9．基本 RS 触发器的功能是什么？

10．多谐振荡器、单稳态电路和施密特触发器的工作特点各是什么？

二、自我评价、小组互评及教师评价

评价方面	项目评价内容	分值	自我评价	小组互评	教师评价	得分
理论知识	① 常用的门电路的种类和特点	10				
	② 二进制数与十进制数之间的换算	5				
	③ 常见的组合逻辑门的功能	10				
	④ RS 触发器的基本功能	5				
	⑤ 多谐振荡器、单稳态电路和施密特触发器各自的特点	10				
实操技能	① 正确检测驻极体话筒	10				
	② 正确检测光敏电阻	10				
	③ 正确检测和判断 CD4011	10				
	④ 正确组装声光控电子开关	20				
学习态度	① 严肃认真的学习态度	5				
	② 严谨条理的工作态度	5				
安全文明生产	文明拆装，实习后清理实习现场，保证不漏装元器件和螺丝					

三、个人学习总结

成功之处	
不足之处	
改进方法	

世纪英才·中职教材目录（机械、电子类）

书　　名	书　　号	定　　价
模块式技能实训·中职系列教材（电工电子类）		
电工基本理论	978-7-115-15078	15.00 元
电工电子元器件基础（第 2 版）	978-7-115-20881	20.00 元
电工实训基本功	978-7-115-15006	16.50 元
电子实训基本功	978-7-115-15066	17.00 元
电子元器件的识别与检测	978-7-115-15071	21.00 元
模拟电子技术	978-7-115-14932	19.00 元
电路数学	978-7-115-14755	16.50 元
复印机维修技能实训	978-7-115-16611	21.00 元
脉冲与数字电子技术	978-7-115-17236	19.00 元
家用电动电热器具原理与维修实训	978-7-115-17882	18.00 元
彩色电视机原理与维修实训	978-7-115-17687	22.00 元
手机原理与维修实训	978-7-115-18305	21.00 元
制冷设备原理与维修实训	978-7-115-18304	22.00 元
电子电器产品营销实务	978-7-115-18906	22.00 元
电气测量仪表使用实训	978-7-115-18916	21.00 元
单片机基础知识与技能实训	978-7-115-19424	17.00 元
模块式技能实训·中职系列教材（机电类）		
电工电子技术基础	978-7-115-16768	22.00 元
可编程控制器应用基础（第 2 版）	978-7-115-22187	23.00 元
数学	978-7-115-16163	20.00 元
机械制图	978-7-115-16583	24.00 元
机械制图习题集	978-7-115-16582	17.00 元
AutoCAD 实用教程（第 2 版）	978-7-115-20729	25.00 元
车工技能实训	978-7-115-16799	20.00 元
数控车床加工技能实训	978-7-115-16283	23.00 元
钳工技能实训	978-7-115-19320	17.00 元
电力拖动与控制技能实训	978-7-115-19123	25.00 元
低压电器及 PLC 技术	978-7-115-19647	22.00 元
S7-200 系列 PLC 应用基础	978-7-115-20855	22.00 元
数控车床编程与操作基本功	978-7-115-20589	23.00 元

续表

书　名	书　号	定　价
中职项目教学系列规划教材		
单片机应用技术基本功	978-7-115-20591	19.00 元
电工技术基本功	978-7-115-20879	21.00 元
电热电动器具维修技术基本功	978-7-115-20852	19.00 元
电子线路 CAD 基本功	978-7-115-20813	26.00 元
电子技术基本功	978-7-115-20996	24.00 元
彩色电视机维修技术基本功	978-7-115-21640	23.00 元
手机维修技术基本功	978-7-115-21702	19.00 元
制冷设备维修技术基本功	978-7-115-21729	24.00 元
变频器与 PLC 应用技术基本功	978-7-115-23140	19.00 元
电子电器产品市场与经营基本功	978-7-115-23795-8	17.00 元